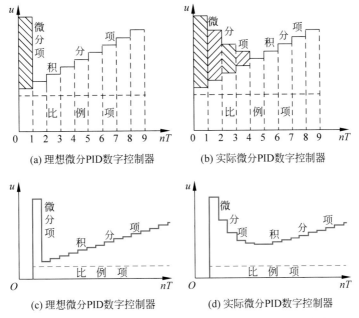

(a) 理想微分PID数字控制器   (b) 实际微分PID数字控制器

(c) 理想微分PID数字控制器   (d) 实际微分PID数字控制器

图 2.11　PID 数字控制器的开环阶跃响应曲线(示意图和实验图)

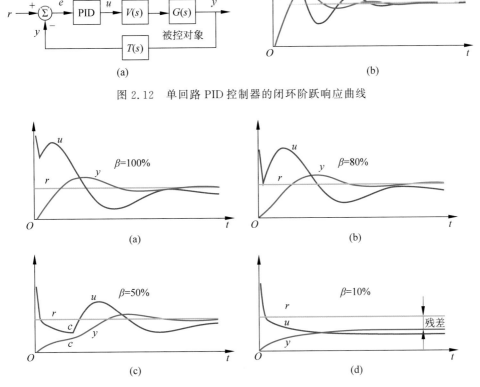

图 2.12　单回路 PID 控制器的闭环阶跃响应曲线

图 2.14　PID 控制器的积分分离曲线之二(改变 β)

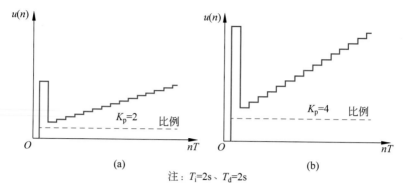

注：T_i=2s、T_d=2s

图 2.35　理想微分 PID 控制器的开环阶跃响应曲线之一（改变 K_p）

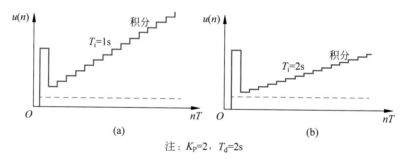

注：K_p=2，T_d=2s

图 2.36　理想微分 PID 控制器的开环阶跃响应曲线之二（改变 T_i）

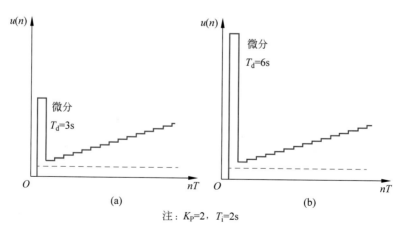

注：K_p=2，T_i=2s

图 2.37　理想微分 PID 控制器的开环阶跃响应曲线之三（改变 T_d）

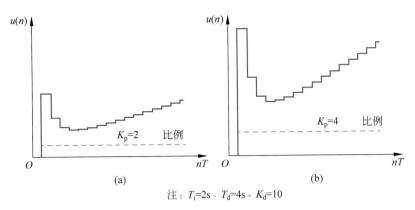

注：$T_i=2s$、$T_d=4s$、$K_d=10$

图 2.38　实际微分 PID 控制器的开环阶跃响应曲线之一（改变 K_p）

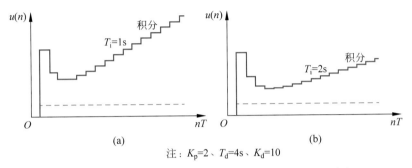

注：$K_p=2$、$T_d=4s$、$K_d=10$

图 2.39　实际微分 PID 控制器的开环阶跃响应曲线之二（改变 T_i）

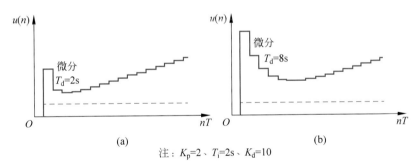

注：$K_p=2$、$T_i=2s$、$K_d=10$

图 2.40　实际微分 PID 控制器的开环阶跃响应曲线之三（改变 T_d）

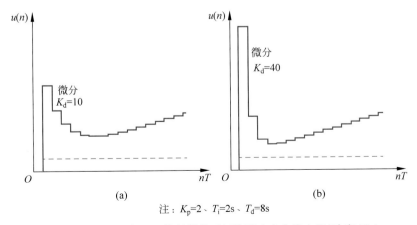

注：$K_p=2$、$T_i=2s$、$T_d=8s$

图 2.41　实际微分 PID 控制器的开环阶跃响应曲线之四（改变 K_d）

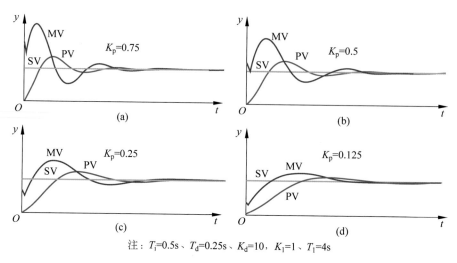

注：T_i=0.5s、T_d=0.25s、K_d=10，K_1=1、T_1=4s

图 2.42 单回路 PID 控制的闭环阶跃响应曲线之一（改变 K_p）

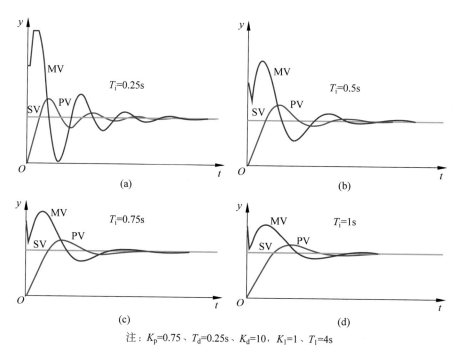

注：K_p=0.75、T_d=0.25s、K_d=10，K_1=1、T_1=4s

图 2.43 单回路 PID 控制的闭环阶跃响应曲线之二（改变 T_i）

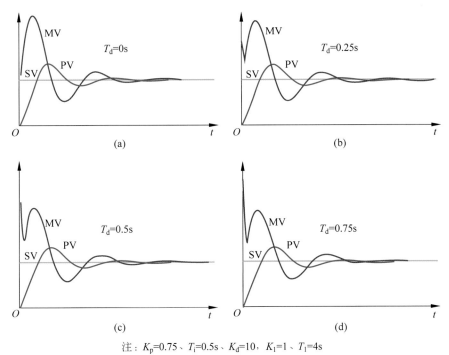

(a)　　　　　　　　　　　　　(b)

$T_d=0s$　　　　　　　　　　$T_d=0.25s$

(c)　　　　　　　　　　　　　(d)

$T_d=0.5s$　　　　　　　　　$T_d=0.75s$

注：$K_p=0.75$、$T_i=0.5s$、$K_d=10$，$K_1=1$、$T_1=4s$

图 2.44　单回路 PID 控制的闭环阶跃响应曲线之三（改变 T_d）

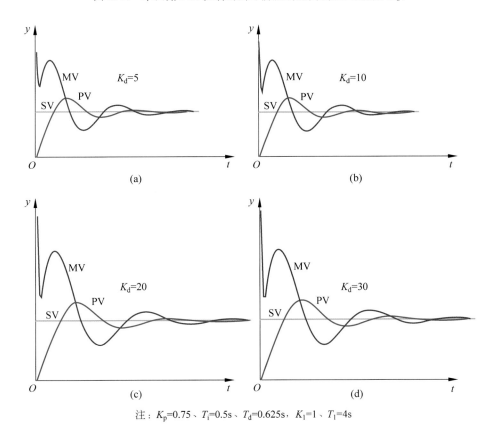

(a)　　　　　　　　　　　　　(b)

$K_d=5$　　　　　　　　　　$K_d=10$

(c)　　　　　　　　　　　　　(d)

$K_d=20$　　　　　　　　　$K_d=30$

注：$K_p=0.75$、$T_i=0.5s$、$T_d=0.625s$，$K_1=1$、$T_1=4s$

图 2.45　单回路 PID 控制的闭环阶跃响应曲线之四（改变 K_d）

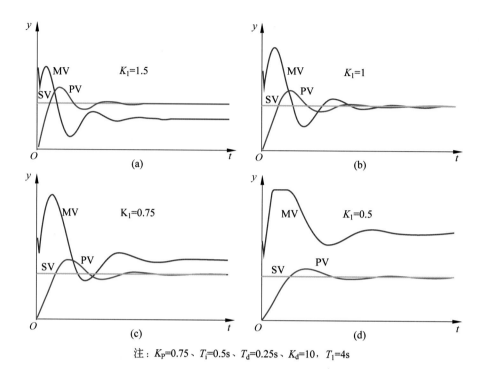

注：K_P=0.75、T_i=0.5s、T_d=0.25s、K_d=10，T_1=4s

图 2.46　单回路 PID 控制的闭环阶跃响应曲线之五（改变 K_1）

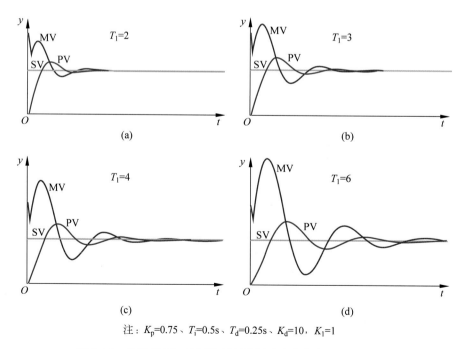

注：K_p=0.75、T_i=0.5s、T_d=0.25s、K_d=10，K_1=1

图 2.47　单回路 PID 控制的闭环阶跃响应曲线之六（改变 T_1）

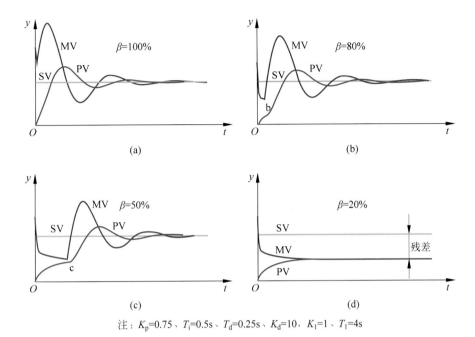

注：K_p=0.75、T_i=0.5s、T_d=0.25s、K_d=10，K_1=1、T_1=4s

图 2.48 单回路 PID 控制的闭环阶跃响应曲线之七（改变 β）

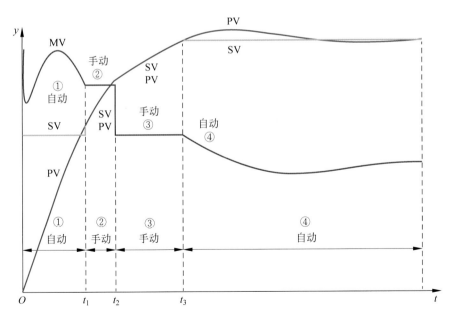

图 2.49 单回路 PID 控制的闭环阶跃响应曲线之八（手动自动切换）

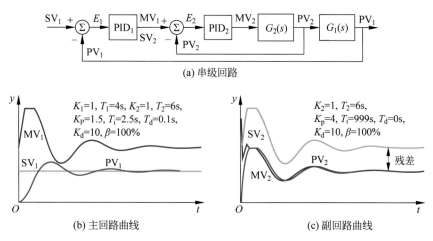

(a) 串级回路

(b) 主回路曲线   (c) 副回路曲线

图 2.50   串级 PID 控制的闭环阶跃响应曲线之一

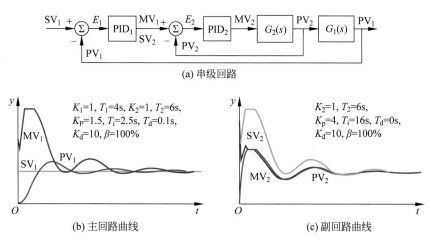

(a) 串级回路

(b) 主回路曲线   (c) 副回路曲线

图 2.51   串级 PID 控制的闭环阶跃响应曲线之二

高等学校自动化专业系列教材

教育部高等学校自动化专业教学指导分委员会牵头规划

Computer Control System Course

计算机控制系统教程

微课视频版

王锦标　编著

Wang　Jinbiao

清华大学出版社

北京

内 容 简 介

本书基于作者在清华大学自动化系五十余年的教学和科研经验,系统论述计算机控制系统的结构、原理、设计和应用,既有理论分析也有应用实例。全书共4篇,论述了直接数字控制(DDC)系统、集散控制系统(DCS)、现场总线控制系统(FCS)和可编程控制器(PLC)系统4类典型的计算机控制系统。每篇层次分明,条理清晰,体现了系统性、先进性、理论性和实用性。

本书配有丰富的网络资源,包括67个讲解重点和难点的"微课视频"文件(累计时长约35小时)及对应的67个"微课视频讲解"文件、95个详细分析和扩展内容的"教学课件视频"文件(累计时长约37小时)、5个"实验演示视频"文件(累计时长约12分钟)、7个"实验演示讲解视频"(累计时长约4小时)、4个"习题与思考题答案"文件、1个"教学大纲"文件以及1个"学习建议"文件。读者可以扫描对应的二维码获取上述247个网络文件,观看视频,相当于听作者讲课,身临其境。这些网络资源可帮助读者加深对知识点的理解,提高学习效率,同时获取更多书本之外的知识。

本书将研发与应用、理论与实际相结合,既可以作为高等院校自动化专业、计算机控制及相关专业的教材,也可以供相关科技人员参考。

图书在版编目(CIP)数据

计算机控制系统教程:微课视频版/王锦标编著.—北京:清华大学出版社,2023.2
高等学校自动化专业系列教材
ISBN 978-7-302-61391-6

Ⅰ.①计… Ⅱ.①王… Ⅲ.①计算机控制系统-高等学校-教材 Ⅳ.①TP273

中国版本图书馆 CIP 数据核字(2022)第 124671 号

责任编辑:曾 珊 李 晔
封面设计:傅瑞学
责任校对:韩天竹
责任印制:刘海龙

出版发行:清华大学出版社
    网   址:http://www.tup.com.cn,http://www.wqbook.com
    地   址:北京清华大学学研大厦 A 座   邮 编:100084
    社 总 机:010-83470000   邮 购:010-62786544
    投稿与读者服务:010-62776969,c-service@tup.tsinghua.edu.cn
    质量反馈:010-62772015,zhiliang@tup.tsinghua.edu.cn
    课件下载:http://www.tup.com.cn,010-83470236
印 装 者:三河市君旺印务有限公司
经 销:全国新华书店
开 本:185mm×260mm 印 张:17 彩 插:4   字 数:426 千字
版 次:2023 年 4 月第 1 版   印 次:2023 年 4 月第 1 次印刷
印 数:1～1500
定 价:69.00 元

产品编号:093319-01

前言
PREFACE

本书在《计算机控制系统》(清华大学出版社,2004)的基础上,根据"高等学校自动化专业系列教材"编审委员会制定的招标教材大纲(编号:Auto-3-1-V01)编写成《计算机控制系统》(第2版)(清华大学出版社,2008),又经过十年的使用、更新、修订成《计算机控制系统》(第3版)(清华大学出版社,2019),并且出版了《计算机控制系统》可视化教学光盘(清华大学出版社,2022)。光盘内容远多于《计算机控制系统》(第3版),是作者几十年授课经验的结晶,不仅有PPT动画播放文件,而且有实验演示视频。

为了适应更多高校教材及不同层次读者的需求,作者在《计算机控制系统》的基础上进行精选,修订成本书。如果读者有兴趣学习更多的知识,建议阅读作者的相关书籍,详见参考文献[1]~[6]。

本书配有丰富的网络资源,包括67个讲解重点和难点的"微课视频"文件(累计时长约35小时)及对应的67个"微课视频讲解"文件、95个详细分析和扩展内容的"教学课件视频"文件(累计时长约37小时)、5个"实验演示视频"文件(累计时长约12分钟)、7个"实验演示讲解视频"(累计时长约4小时)、4个"习题与思考题答案"文件、1个"教学大纲"文件以及1个"学习建议"文件。读者可以扫描对应的二维码获取上述247个网络文件,观看视频,相当于听作者讲课,身临其境。这些网络资源可帮助读者加深对知识点的理解,提高学习效率,同时获取更多书本之外的知识。这些网络资源文件,既便于老师讲课,也利于读者自学,其特色是图文并茂、动静结合、一目了然、易教易学。

本书作者于1970年从清华大学毕业,留校任教至今,在清华大学自动化系从事自动控制理论、自动化仪表及计算机控制的教学和科研工作。本书汇集了作者多年的教学经验和科研成果,既具有系统性和先进性,也体现了理论性和实用性。

本书系统地论述了计算机控制系统的结构、原理、设计和应用,既有理论分析又有应用实例。全书共4篇,论述了直接数字控制(DDC)系统、集散控制系统(DCS)、现场总线控制系统(FCS)和可编程控制器(PLC)系统4类典型的计算机控制系统。每篇层次分明,条理清晰,体现了系统性、先进性、理论性和实用性。

直接数字控制(DDC)系统是计算机控制的基础。本书深入论述了DDC系统的形成、发展、体系结构、控制算法、硬件、软件、设计和应用,分析了DDC系统的输入、输出、控制和运算功能,并引入功能块及组态的概念。

集散控制系统(DCS)是计算机控制的主流系统。本书概述了DCS的产生、发展、特点和优点,论述了DCS的体系结构、控制站、操作员站、工程师站和应用设计。分析了DCS的分散控制和集中管理的设计思想,以及分而自治和综合协调的设计原则。

现场总线控制系统(FCS)是新型的计算机控制系统。本书概述了现场总线和FCS的产生、特点和优点,介绍了低速、中速和高速现场总线,论述了 FCS 的体系结构、现场控制层和应用设计,叙述了现场总线仪表及其在现场总线上构成控制回路的原理。

　　可编程控制器(PLC)系统是一种以逻辑控制为主、连续控制为辅的控制系统。本书概述了 PLC 的功能、原理和体系结构,叙述了指令表(IL)、梯形图(LD)、功能块图(FBD)、顺序功能图(SFC)、结构化文本(ST)5 种编程语言,论述了 PLC 的指令系统和应用设计。

　　本书既有基础知识又有先进技术,既有理论分析又有应用实例。本书是研发与应用、理论与实际相结合的教材,既可以作为高等院校自动化专业、计算机控制及相关专业的教材,也可以供相关科技人员参考。

　　在本书的编写过程中,清华大学自动化系的很多同事以及同行好友给予了许多支持和帮助,在此对各位同仁表示感谢。

　　书中难免有缺点和不足之处,殷切希望广大读者批评指正。

王锦标　教授

清华大学自动化系

2023 年 1 月

目 录

CONTENTS

第 1 篇　直接数字控制系统

第 2 篇　集散控制系统

第 4 篇　可编程控制器系统

第1篇

直接数字控制系统

计算机控制应用非常广泛,涉及工业、国防和民用的各个领域。计算机控制系统是以计算机、自动控制理论和自动化仪表等技术为基础,将这些技术集成起来构成的。典型的计算机控制系统有4类:

(1) 直接数字控制系统(Direct Digital Control,DDC);

(2) 集散控制系统或分散控制系统(Distributed Control System,DCS);

(3) 现场总线控制系统(Field-bus Control System,FCS);

(4) 可编程控制器系统或可编程逻辑控制器(Programmable Logic Controller,PLC)。

计算机控制系统的基础是计算机、自动控制理论、自动化仪表、模拟电路、数字电路、通信网络等基础知识。本书的目的是介绍如何综合运用这些基础知识构成人们所需的计算机控制系统。也可以比喻成,这些基础知识是"珍珠",计算机控制系统是"项链",本书讲述构成"项链"的原理和方法。

DDC系统的算法分为常规控制算法和现代控制算法。常规控制算法以比例积分微分(Proportion Integral Differential,PID)控制为主,并以PID控制块的形式呈现在用户面前,以PID控制块为核心可以组成简单控制系统和复杂控制系统。现代控制算法以软件包的形式呈现在用户面前,提供操作监控画面、菜单和窗口,便于使用。

DDC系统的硬件以工业PC(Industry Personal Computer,IPC)为主,分为主机单元、输入/输出单元和人机接口单元。主机单元有主机模板或模块、外部设备、通信接口或网络接口。输入/输出单元有各种类型的输入/输出(Input/Output,I/O)模板或模块,常用的有模拟量输入(Analog Input,AI)、数字量输入(Digital Input,DI)、模拟量输出(Analog Output,AO)、数字量输出(Digital Output,DO)。人机接口单元有显示器(Cathode Ray Tube,CRT 和 Liquid Crystal Display,LCD)、键盘、打印机和操作监视设备。

DDC 系统的软件分为系统软件、输入/输出软件、控制运算软件、人机接口软件和组态(Configuration)软件。系统软件是平台,输入/输出软件是基础,控制运算软件是核心,人机接口软件是界面,组态软件是工具。

DDC 系统的设计分为开发设计和应用设计。开发设计的任务是设计制造硬件、设计开发软件,将 DDC 系统的硬件和软件商品化。应用设计的任务是设计控制方案、选购硬件和软件、组态设计、施工设计和现场调试,将 DDC 应用于生产过程。

DDC 系统的控制算法、硬件技术、软件技术和设计方法可以应用于 DCS、FCS、PLC 等各类典型的计算机控制系统,也就是说,DDC 是计算机控制系统的基础,在此基础上可以构成 DCS、FCS、PLC。为此,本书将首先论述 DDC,为后续论述 DCS、FCS、PLC 提供所需的基本概念、原理、技术和方法。

本篇主要内容有 DDC 系统的形成和发展、DDC 系统的体系结构、DDC 系统的控制算法、DDC 系统的硬件、DDC 系统的软件、DDC 系统的设计和应用。

<table>
<tr><td>第 1 章
CHAPTER 1</td><td></td></tr>
</table>

DDC 系统的概述

直接数字控制(DDC)是一种基本的计算机控制系统,它的基本组成是计算机硬件、软件和算法,它是计算机应用于工业控制的基础。为了让读者对 DDC 系统或计算机控制系统有一个基本的认识,本章将概述 DDC 系统的形成和发展,DDC 系统的硬件结构、软件结构和网络结构。

课件视频 01

1.1 DDC 系统的形成和发展

直接数字控制(DDC)是在仪表控制系统、操作指导控制系统和设定量控制系统的基础上逐步发展形成的。由 DDC 可以形成监督计算机控制系统,进一步发展形成 DCS、FCS、PLC。

1.1.1 DDC 系统的形成

闭环控制回路的组成,如图 1.1 所示,除被控对象外,主要由变送器、控制器和执行器3 部分组成,俗称控制三要素。图 1.1(a)和图 1.1(b)为控制原理图,其中(b1)为变送器(温度变送器)实物、(b2)为执行器(电动调节阀)实物、(b3)为工业 PC(IPC)实物,控制器由计算机软件实现。变送器由传感器、放大器及其配件组成。执行器由执行机构、调节机构及其配件组成。

微课视频 01

微课讲解 01

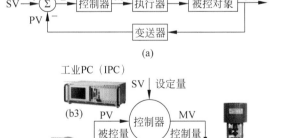

微课视频 02

图 1.1 闭环控制回路

微课讲解 02

课件视频 02

首先,变送器将被控对象的被控量(如温度、压力、流量、物位、成分)或过程量(Process Variable,PV)送给控制器;再将设定量(Set-point Value,SV)或设定值送给控制器,控制器根据 PV 和 SV 之间的偏差(Error,E)及控制算法计算出控制量或操作量(Manipulation Variable,MV);然后将 MV 送给执行器(如电动调节阀、气动调节阀),由执行器对被控对象施加控制作用,使 PV 接近 SV 而达到控制目的。闭环控制回路采用负反馈,才能使闭环控制系统稳定,这是系统稳定的基本条件。

例如,房间空调闭环控制回路,如图 1.2 所示,控制器由工业 PC(IPC)中的软件实现。首先温度变送器将房间温度 PV 送给控制器,人们将房间设定温度 SV(如 20℃)送给控制器,控制器根据房间温度 PV 与设定温度 SV 的偏差 E(SV-PV)计算出控制量 MV,再将 MV 送给执行器(如空调气阀)调节空调气,使房间温度 PV 达到设定温度 SV。这是一个典型的闭环负反馈控制回路,只有负反馈系统才能稳定。当房间温度 PV 降低时,偏差 E(SV-PV)加大,控制量 MV 增大,通过空调气阀将空调气加大,使房间温度升高;反之,当房间温度 PV 升高时,偏差 E(SV-PV)减小,控制量 MV 减小,通过空调气阀将空调气减小,使房间温度降低。由此可见,闭环控制回路采用负反馈,才能使闭环控制系统稳定,这是系统稳定的基本条件。

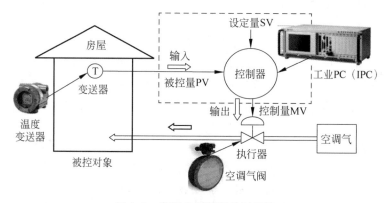

图 1.2　房间空调闭环控制回路

20 世纪 50 年代采用仪表分散控制,人们将变送器、控制器和执行器分散安装于生产装置,详细内容见参考文献[1]～[4]。

20 世纪 60 年代采用仪表集中控制,人们将电动单元组合仪表(DDZ-Ⅱ型仪表信号为 0～10mA DC,DDZ-Ⅲ型仪表信号为 4～20mA DC)的控制器、指示仪、记录仪等集中安装于中央控制室,变送器和执行器分散安装于生产现场,详细内容见参考文献[1]～[4]。

从 20 世纪 70 年代开始,人们将计算机用于生产过程控制,从而产生了直接数字控制(DDC),详细内容见参考文献[1]～[4]。

DDC 系统或计算机控制系统的基本构成,如图 1.3 所示,主要由控制站、工程师站、操作员站和控制网络组成。

在图 1.3 中,控制站(Control Station,CS)或控制计算机(Control Computer,CC)、工程师站(Engineer Station,ES)和操作员站(Operator Station,OS)通过控制网络(C-NET)互连,变送器、执行器、开关、电磁阀等 I/O 器件分散安装于生产现场。控制站(CS)或控制计算机(CC)实现控制算法或控制策略,即控制器由控制计算机中软件实现。操作员站(OS)

供操作员监控系统,一是通过显示器(LCD)的动态立体画面观测被控对象的运行状况,二是通过键盘或画面向被控对象发送命令。工程师站(ES)供控制工程师进行组态(configuration):一是输入输出信号的组态,二是控制回路的组态,三是动态立体画面的组态。控制站或控制计算机的主流机型是工业 PC(IPC),操作员站和工程师站的主流机型是个人计算机(PC)。

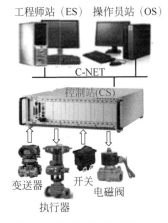

图 1.3　DDC 系统的基本构成

　　DDC 系统的输入输出分为模拟量(AI、AO)和数字量(DI、DO)两类,如图 1.4 所示。计算机是数字设备,只能输入和输出数字信号。而被控对象的非电量信号经变送器转换成模拟电信号,执行器也只能接收模拟电信号。因此,计算机和被控对象之间存在信号的互相转换。

　　图 1.4(a)所示的模拟量输入(AI)信号流,首先将被控对象的非电量信号(如温度、压力、流量、物位、成分等)经变送器(如图 1.4 中的(a1)为压力变送器)转换成电信号(如 4~20mA DC、1~5V DC 等),再经模拟量输入(AI)或 A/D 通道转换成数字信号(如 10101010),作为控制器的输入被控量(PV)。图 1.4(a)所示的模拟量输出(AO)信号流,首先将控制器的输出控制量(MV)数字信号(如 01010101)经模拟量输出(AO)或 D/A 通道转换成电信号(如 4~20mA DC、1~5V DC),再经执行器(如图 1.4 中的(a2)为电动调节阀)作用于被控对象。从而形成模拟量输入、控制、输出的闭环控制系统。

　　图 1.4(b)所示的数字量输入(DI)信号流,首先将被控对象的非电量信号(如开关、按钮、触点等)经变送器(如图 1.4 中的(b1)为开关)转换成电信号(如 0/5V DC),再经数字量输入(DI)通道转换成数字信号(0/1),作为控制器的输入被控量(PV)。图 1.4(b)所示的数字量输出(DO)信号流,首先将控制器的输出控制量(MV)数字信号(0/1)经数字量输出(DO)通道转换成电信号(0/5V DC),再经执行器(如图 1.4 中的(b2)为电磁阀)作用于被控对象,从而形成数字量输入、控制、输出的闭环控制系统。

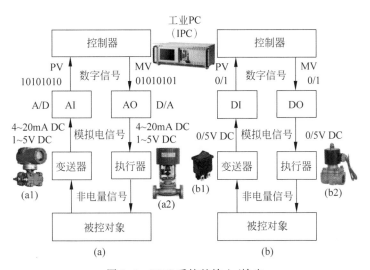

图 1.4　DDC 系统的输入/输出

上述变送器、执行器的详细内容,请参阅相关自动化仪表的书籍。

闭环控制回路的信号流程,如图 1.5 所示,从被控对象开始依次有以下 5 种信号:

(1) 模拟信号 $y(t)$(被控量)是时间上连续、幅值上也连续的信号。

(2) 离散模拟信号 $y^*(t)$ 是时间上离散、幅值上连续的信号。

(3) 数字信号 $y(nT)$、$e(nT)$ 和 $r(nT)$(设定量)是时间上离散、幅值上量化的信号,量化精度取决于 A/D 字长和输入信号量程,如 0~5V DC 输入信号,若用 8 位 A/D,则量化精度为 19.60mV DC/位;若改用 12 位 A/D,则量化精度为 1.22mV DC/位。

(4) 数字信号 $u(nT)$(控制量)是时间上离散、幅值上量化的信号,量化精度取决于运算字长 C,即为 $1/(2^c-1)$。

(5) 量化模拟信号 $u^*(t)$ 是时间上连续、幅值上连续量化的信号,量化精度取决于 D/A 字长和输出信号量程,如 4~20mA DC 输出信号,若用 8 位 D/A,则量化精度为 0.0627mA/位;若改用 12 位 D/A,则量化精度为 0.0039mA/位。

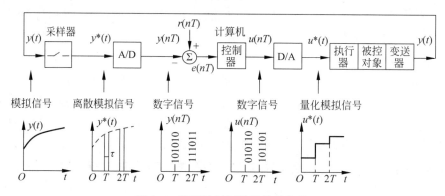

图 1.5　闭环控制回路的信号流程

1.1.2　DDC 系统的发展

课件视频 03

计算机控制系统是从操作指导控制、设定量控制(Set-Point Control,SPC)、直接数字控制(Direct Digital Control,DDC)、监督计算机控制(Supervisory Computer Control,SCC)等类系统逐步发展完善的,如图 1.6 所示。前两种属于计算机与仪表的混合系统,其中,图 1.6(a1)为电动 PID 调节器,图 1.6(b1)为数字 PID 调节器,直接参与控制的仍然是仪表,计算机只起到操作指导和改变设定量(SV)的作用;后两种计算机承担全部任务,而且 SCC 属于两级计算机控制。

操作指导控制的构成如图 1.6(a)所示。计算机首先通过模拟量输入(AI)通道和数字量输入(DI)通道实时地采集被控对象的参数,然后根据一定的运算控制和分析判断,再通过显示器(CRT、LCD)或打印机输出操作指导信息,最后由人对仪表(如图 1.6 中的(a1)为电动 PID 调节器)实施操作。操作指导控制属于计算机开环控制系统。

设定量控制(SPC)的构成如图 1.6(b)所示。计算机首先通过模拟量输入(AI)通道和数字量输入(DI)通道实时地采集被控对象的参数,然后根据一定的运算控制和分析判断,直接向仪表输出设定量(SV),最后由仪表(如图 1.6 中的(b1)为数字 PID 调节器)实施控制。设定量控制(SPC)属于计算机开环控制系统。

直接数字控制(DDC)的构成如图 1.6(c)所示,其中,图 1.6 中的(c1)为 DDC 计算机。计算机首先通过模拟量输入(AI)通道和数字量输入(DI)通道实时地采集被控对象的参数,然后按照一定的控制策略进行计算,最后发出控制信号或操作命令,再通过模拟量输出(AO)通道和数字量输出(DO)通道作用于被控对象。DDC 属于计算机闭环控制系统,是计算机在生产过程中最普遍的一种应用方式。DDC 是计算机控制系统的基础。

监督计算机控制(SCC)的构成如图 1.6(d)所示,其中,图 1.6 中的(d1)为 DDC 计算机,图 1.6 中的(d2)为 SCC 计算机。SCC 属于两级计算机控制,其中第一级完成直接数字控制(DDC)的任务,DDC 计算机实施常规控制算法,该级也称 DDC 级;第二级 SCC 计算机实施最优控制或高等控制算法,为 DDC 计算机提供各种控制信息,比如最佳设定量(SV)或最优控制量(MV),该级也称 SCC 级。

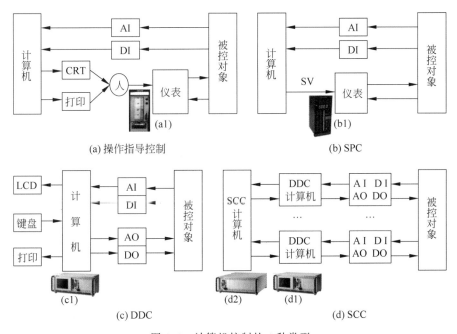

图 1.6　计算机控制的 4 种类型

由于工业 PC(IPC)硬件和软件的通用性比较好,因此已经成为 DDC 的主流机型。

在上述 4 种类型的计算机控制的基础上,逐渐发展形成了典型的集散控制系统(DCS)、现场总线控制系统(FCS)、可编程控制器系统(PLC),分别在本书第 2、3、4 篇叙述。

1.2　DDC 系统的体系结构

DDC 系统的体系结构分为硬件结构、软件结构和网络结构。其中硬件结构分为主机单元、输入/输出单元和人机接口单元;软件结构分为系统软件、输入/输出软件、控制运算软件、人机接口软件、通信接口软件和组态软件;网络结构分为串行通信总线和通信网络。

1.2.1 DDC 系统的硬件结构

DDC 系统的硬件由输入/输出单元、主机单元和人机接口单元组成,如图 1.7(a)所示。其中输入/输出单元是 DDC 系统的耳目和手脚,主机单元是 DDC 系统的心脏和大脑,人机接口单元是 DDC 系统对外的窗口。

DDC 系统的硬件结构之一,如图 1.7(b)所示的模板式结构。其中主机单元是一块集成的主机模板,主机模板上有 CPU(Central Processing Unit,中央处理器)、内存、串行接口、并行接口、网络接口、外部设备接口等,并且可以外接硬盘、光盘等。人机接口单元的 LCD 显示器、键盘、鼠标和打印机也连接到主机模板的对应端口。输入/输出单元的 AI 板、AO 板、DI 板和 DO 板用作过程 I/O 数据通道。主机模板、AI 板、AO 板、DI 板和 DO 板都插在总线板(见图 1.7(d))上,并且安装于一个机箱(见图 1.7(c))内。现以工业 PC(IPC)为例,在一个机箱(见图 1.7(c))内有一块符合 PC 总线标准的总线板(见图 1.7(d)),除了插入一块必须配置的主机模板外,其他 I/O 板和功能模板可以由用户按需要灵活配置。

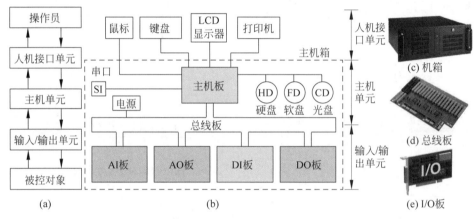

图 1.7 DDC 硬件结构之一(模板式结构)

DDC 系统的硬件结构之二,如图 1.8 所示的模块式结构,主机单元和输入/输出单元(AI、AO、DI、DO)采用模块式结构。主机模块(见图 1.8(a))和输入/输出模块(见图 1.8(c))通过串行通信总线(RS-485)互连,也可以用控制网络(C-NET)互连。人机接口单元的显示器(LCD)、键盘、鼠标和打印机连接到主机模块的对应端口。其特点是主机单元和输入/输出单元可以分离,输入/输出模块可以分散安装于生产现场,亦称远程 I/O 单元。

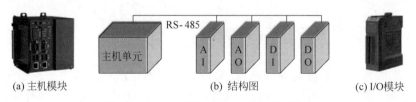

图 1.8 DDC 硬件结构之二(模块式结构)

DDC 系统的硬件结构方式有上述模板式和模块式两种,其安装方式又可以分为盒式、台式和柜式 3 种。

（1）盒式（box）是将主机单元、输入/输出单元和人机接口单元集中于一个机盒，盒正面是显示器（LCD）和键盘。盒式结构体积小，重量轻，可以直接安装于生产设备，便于现场操作、监视，适用于小型数据采集和控制系统。

（2）台式（desk）是将主机单元和输入/输出单元集中于一个机箱内，再将该机箱以及显示器、键盘、鼠标、打印机置于操作台或终端桌上。台式结构体积大，部件多，适用于中型数据采集和控制系统。

（3）柜式（panel）是将主机单元集中于主机箱内，输入/输出单元集中于I/O机箱内，或将这两个单元集中于一个机箱内，这些机箱适用于机柜式安装，再将显示器（LCD）、键盘、鼠标、打印机置于操作台或终端桌上。柜式结构体积较大，部件较多，适用于大型数据采集和控制系统。

1.2.2 DDC系统的软件结构

DDC系统的硬件只能构成裸机，它只为计算机控制系统提供了硬件基础。裸机只是系统的躯干，既无运算功能，也无控制算法。因此，必须为裸机提供软件，才能把人的知识用于对生产过程的控制。软件是各种程序、控制算法和管理方法的统称，软件的优劣不仅关系到硬件功能的发挥，而且关系到计算机对生产过程的控制品质和管理水平。DDC系统的软件主要由系统软件、输入/输出软件、控制运算软件、人机接口软件、通信接口软件和组态软件组成，如图1.9所示。

系统软件包括操作系统、算法语言、数据库、诊断软件等。如Windows操作系统、C++语言、实时操作系统、实时数据库等。

输入/输出软件的功能，一是采集来自输入单元（AI、DI）的原始数据，再进行数据处理，然后将数据转换成实时数据库所需要的数据格式或数据类型；二是接收来自实时数据库的数据，再进行数据格式转换，然后送到输出单元（AO、DO）输出；三是以可视化功能块图的方式呈现在用户面前。

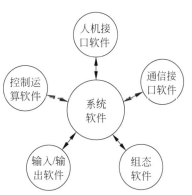

图1.9 DDC系统的软件结构

微课视频03

微课讲解03

课件视频05

控制运算软件的功能，一是实现连续控制、逻辑控制、顺序控制的控制算法及运算功能；二是以可视化功能块图、逻辑梯形图和顺序功能图的方式呈现在用户面前。

人机接口软件的功能，一是提供形象直观、图文并茂、具有动态效果、友好简便的操作监视画面；二是提供打印报表；三是以可视化的图形方式呈现在用户面前。

通信接口软件的功能，一是与I/O设备或网络通信；二是与第三方软件通信；三是以可视化的图形方式呈现在用户面前。

组态软件的功能是为用户使用输入/输出软件、控制运算软件、人机接口软件、通信接口软件提供可视化平台，供用户构造所需的控制回路、操作监控画面、打印报表等。

人们习惯将数码照相机戏称为"傻瓜"机，其原因是使用简单方便、按键即拍。与此类似，用户从应用的角度看当今的控制计算机，也可以将其戏称为"傻瓜"机，其原因是在组态软件的平台上，控制计算机的应用功能以各种类型的功能块图、窗口、对话框、菜单、图片等可视化方式呈现在显示器（CRT、LCD）上，用户只需要像搭积木那样将这些可视化图素简单组合,就可以构成所需的控制回路或控制策略、操作监控画面、打印报表等。

房间空调闭环控制回路的组态,如图 1.10 所示。用户只需购买安装相应的空调设备、控制计算机、温度变送器、执行器(空调气阀)等相关设备。

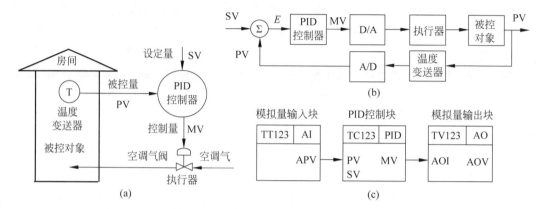

图 1.10 房间空调闭环控制回路的组态

人们习惯将如图 1.10(a)所示控制示意图改写成如图 1.10(b)所示单回路 PID 闭环控制系统原理图,用户在组态软件的支持下,只需在显示器(LCD)上构成如图 1.10(c)所示的单回路 PID 控制组态图,形成组态文件再下装到控制计算机中运行,就可以构成房间温度空调系统。

组态的含义是,将输入信号抽象成输入功能块,如模拟量输入(AI)功能块 TT123;将控制算法抽象成控制功能块,如 PID 控制块 TC123;将输出信号抽象成输出功能块,如模拟量输出(AO)功能块 TV123;连接相应的功能块输出输入端,设置功能块参数,构成控制回路;如图 1.10(c)所示。其中 TT123、TC123、TV123 为功能块的名字(或工位号),AI、PID、AO 为功能块的算法代码,功能块左侧、右侧分别为信号输入、输出端,例如 PV、SV、AOI 为输入端,APV、MV、AOV 为输出端。

1.2.3 DDC 系统的网络结构

DDC 系统的硬件结构,如图 1.7 和图 1.8 所示。

在图 1.7 中,采用总线板,这种计算机内部的模板和模板之间进行通信的总线,称为内部总线。比如工业 PC(IPC)的常用总线有 PC/XT(62 线)、PC/AT 或 ISA(62 线+36 线)、PCI(124 线)、PC104(104 线)和 Compact PCI 总线。

在图 1.8 中,I/O 模块通过串行通信总线(RS-485)与主机单元(或主机模块)连接,两者可以在一个机柜内或相距较远,这种计算机外部通信的总线称为外部总线。比如 RS-232、RS-422 和 RS-485 串行总线,这些仅适用于 DDC 系统的下层通信。

图 1.7 和图 1.8 仅是单台 DDC,适用于 I/O 信号和控制回路较少且比较集中的被控对象;反之,对于 I/O 信号和控制回路较多且比较分散的被控对象,可能要用多台 DDC,每台 DDC 之间必须交换信息,则要用控制网络(Control Network,C-NET)连接多台 DDC,如图 1.11 所示。

微课视频 04

微课讲解 04

课件视频 06

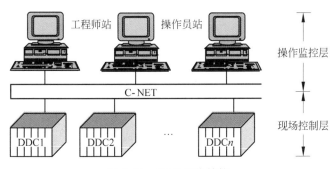

图 1.11 DDC 网络结构

DDC 系统的上层通信采用控制网络(C-NET),它具有良好的实时性、快速的响应性、极高的安全性、恶劣环境的适应性、网络的互联性和网络的开放性等特点。一般选用工业以太网(Ethernet),其传输介质为电缆或光缆,传输速率为 1~100Mbps,传输距离为 1~5km。

DDC 最小系统的组成是 1 台控制站(CS)或控制计算机(CC),其功能是输入、输出、控制、运算、通信等;1 台操作员站(OS),其功能是人机交互或人机界面(如动态立体画面、打印报表)、监控生产过程;1 台工程师站(ES),其功能是进行控制回路组态、人机界面组态;这 3 台设备通过控制网络(C-NET)互连,如图 1.12(a)所示。类似于图 1.1 的单回路 PID 控制的计算机实现的组态图,如图 1.12(b)所示,此组态图在工程师站上形成。

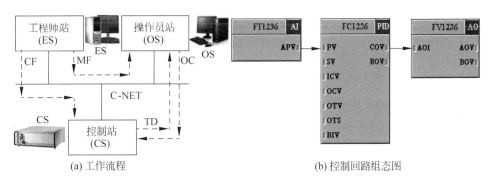

(a) 工作流程   (b) 控制回路组态图

图 1.12 DDC 最小系统

DDC 最小系统的工作流程分为组态、下装、运行 3 个阶段,如图 1.12(a)所示。

(1) 组态:在工程师站(ES)上,首先进行控制回路的组态,如图 1.12(b)所示的单回路 PID 控制,形成控制回路组态文件(Control loop configuration File,CF);然后进行人机界面组态,形成人机界面组态文件(Man machine interface configuration File,MF)。

(2) 下装:在工程师站(ES)上,首先将控制回路组态文件(CF)下装到控制站(CS),然后将人机界面组态文件(MF)下装到操作员站(OS)。

(3) 运行:起动系统运行,控制站(CS)中的控制回路及功能块运行,并将实时数据(Real Time Data,TD)上传到操作员站(OS);操作员站(OS)运行,人们通过动态立体画面监视生产过程,并将操作命令(Operation Command,OC)下传到控制站(CS)。

本章小结

生产过程控制技术从仪表控制发展到计算机控制,计算机控制又是从操作指导控制、设定量控制(SPC)、直接数字控制(DDC)、监督计算机控制(SCC)逐步发展完善的。

DDC 是计算机控制系统的基础,在此基础上发展形成了 DCS、FCS、PLC 等各类典型的计算机控制系统。DDC 系统从单板机、模板机发展到工业 PC(IPC)。由于 IPC 硬件和软件的通用性比较好,因此已经成为 DDC 的主流机型。

DDC 系统的硬件结构分成主机单元、输入/输出单元和人机接口单元,结构方式有模板式和模块式两种,安装方式有盒式、台式和柜式 3 种。DDC 系统的软件结构分为系统软件、输入/输出软件、控制运算软件、人机接口软件、通信接口软件和组态软件。

DDC 系统的网络结构分为上、下两层,下层采用 RS-232、RS-422 和 RS-485 串行通信总线,上层采用控制网络(C-NET)。

本章概述了 DDC 系统的形成和发展,DDC 系统的硬件结构、软件结构和网络结构。下面几章将叙述 DDC 系统的控制算法、硬件、软件、设计和应用。

第 2 章

DDC 系统的控制算法

DDC 系统的控制算法分为连续控制、逻辑控制和顺序控制 3 类,其中连续控制算法又分为两类:一类是常规 DDC 算法,另一类是现代 DDC 算法。前者是用经典控制理论及算法构成控制器,其中尤以 PID 控制器为代表,可以构成各类控制回路,常用的有单回路、串级、前馈、比值、选择性、分程、纯迟延补偿和解耦控制回路等。后者是用现代控制理论及算法构成控制器,常用的有最优控制器、预测控制器、自适应控制器等。这两类连续控制算法也适用于 DCS、FCS、PLC,也就是说,DDC、DCS、FCS、PLC 的连续控制算法有其共性。

目前在 DDC、DCS、FCS、PLC 中,PID 控制算法仍然占主导地位,并作为常规 DDC 算法的核心算法。本章将详细讨论数字 PID 控制算法的原理分析、工程实现、编程调试、工程应用、参数整定。关于现代 DDC 算法,读者可以阅读参考文献[8]～[10]。

2.1　数字 PID 控制算法的原理分析

按被控量与设定量的偏差进行比例(P)、积分(I)、微分(D)控制的 PID(Proportion Integral Differential)控制器(亦称 PID 调节器)是应用最为广泛的一种常规控制器。它具有原理简单、易于实现、鲁棒性(robustness)强和适用面广等优点。

用计算机实现 PID 控制,已不仅仅是简单地把 PID 控制算法数字化,而是与逻辑判断和运算功能进一步结合起来,使 PID 控制更加灵活多样,更能满足生产过程提出的各式各样的要求。

在计算机控制系统中,一般采用两种 PID 控制算法:一种是理想微分 PID 控制算法,另一种是实际微分 PID 控制算法。为了提高控制性能,有必要对这两种 PID 控制算法进行改进。用 PID 控制算法构成 PID 控制器,以 PID 控制器为核心,构成各类控制回路,例如,单回路、串级、前馈、比值、选择性、分程、纯迟延补偿、解耦控制等。下面叙述这两种 PID 控制算法的原理、开环阶跃响应、闭环阶跃响应及其改进。

在连续生产过程控制系统中,采用比例积分微分(PID)控制器的闭环控制系统,如图 2.1(a)所示。其中有被控量 y、设定量 r、偏差 e、控制量 u、扰动量 n,被控对象 $G(s)$ 的传递函数(或拉氏变换式)比较复杂并且随被控对象而变,执行器 $V(s)$ 的传递函数简化为常数 1,变送器 $T(s)$ 的传递函数也简化为常数 1,图 2.1 中的(T)为变送器(压力变送器),图 2.1 中的(V)为执行器(电动调节阀),图 2.1 中的(C)为工业 PC(IPC)。

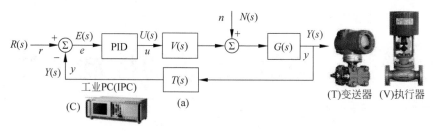

图 2.1　比例积分微分(PID)控制系统框图

理想微分 PID 控制算法的算式为

$$u = K_p\left(e + \frac{1}{T_i}\int e\,dt + T_d\,\frac{de}{dt}\right) \tag{2.1.1}$$

或写成传递函数形式

$$\frac{U(s)}{E(s)} = K_p\left(1 + \frac{1}{T_i s} + T_d s\right) \tag{2.1.2}$$

其中,K_p 为比例增益,K_p 与比例带 δ 成倒数关系,即 $K_p = 1/\delta$;T_i 为积分时间,T_d 为微分时间,u 为控制量,e 为被控量 y 与设定量 r 之间的偏差。

由于 de/dt 为理想微分,所以称其为理想微分 PID 控制算法。物理器件(电子电路)无法实现 de/dt,只有计算机软件可以实现其差分算式。

PID 控制算法由比例(P)、积分(I)、微分(D) 3 部分组成,按需要可以组成 P、PI、PD 和 PID 控制算法,分别构成如图 2.1 所示的 P、PI、PD 和 PID 控制器闭环控制系统,下面依次分析这几种系统。

2.1.1　比例(P)控制算法

微课视频 05

采用比例(P)控制器的闭环控制系统,如图 2.1 所示,用 P 控制算法构成 P 控制器,其中比例(P)控制算法的算式为

$$u = K_p e \tag{2.1.3}$$

被控对象 $G(s)$ 的传递函数式为

微课讲解 05

$$G(s) = \frac{K_1}{1 + T_1 s} \tag{2.1.4}$$

其中,K_1 为对象增益、T_1 为对象时间常数,这是典型的一阶惯性对象。

设定量 $R(s)$ 为阶跃信号,其算式为

$$R(s) = \frac{R}{s} \tag{2.1.5}$$

课件视频 07

扰动量 $N(s)$ 为阶跃信号,其算式为

$$N(s) = \frac{N}{s} \tag{2.1.6}$$

扰动量 $N(s)$ 是指对被控对象的干扰,例如房间空调系统,突然开窗户或开门,使房间温度改变,这就是扰动。

比例(P)控制器的开环阶跃响应曲线如图 2.2 所示,其阶跃输入为 e,对应输出控制量 $u_1 < u_2 < u_3$,其中比例增益 $K_{p1} < K_{p2} < K_{p3}$,这说明输出控制量 u 与比例增益 K_p 成正比。

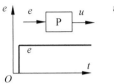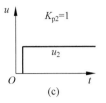

图 2.2 比例(P)控制器的开环阶跃响应曲线

若令扰动量 $N(s)=0$,试求设定量 $R(s)$ 为阶跃信号 $R(s)=R/s$ 作用下,如图 2.1 所示的比例(P)控制器闭环控制系统的稳态误差。

首先求被控量 $Y(s)$ 到设定量 $R(s)$ 之间的传递函数为

$$[R(s)-Y(s)]K_p \frac{K_1}{1+T_1 s}=Y(s)$$

$$[R(s)-Y(s)]K_p K_1=(1+T_1 s)Y(s)$$

$$R(s)K_p K_1=(1+T_1 s+K_p K_1)Y(s)$$

$$\frac{Y(s)}{R(s)}=\frac{K_p K_1}{1+T_1 s+K_p K_1} \tag{2.1.7}$$

若令扰动量 $N(s)=0$,稳态误差 $E_r(s)$ 为

$$E_r(s)=R(s)-Y(s)$$

$$=R(s)-\frac{K_p K_1}{1+T_1 s+K_p K_1}R(s)$$

$$=\left[1-\frac{K_p K_1}{1+T_1 s+K_p K_1}\right]R(s)$$

$$=\frac{1+T_1 s}{1+T_1 s+K_p K_1}R(s) \tag{2.1.8}$$

根据终值定理,系统在设定量为阶跃信号 $R(s)=R/s$ 作用下的稳态误差 e_r 为

$$e_r=\lim_{s\to 0}sE_r(s)=\lim_{s\to 0}s \frac{1+T_1 s}{1+T_1 s+K_p K_1}R(s)$$

$$=\lim_{s\to 0}s \frac{1+T_1 s}{1+T_1 s+K_p K_1} \frac{R}{s}$$

$$=\frac{R}{1+K_p K_1} \tag{2.1.9}$$

◆**分析 1**:由式(2.1.9)可知,比例增益 K_p 和对象增益 K_1 越大,稳态误差 e_r 越小,这说明采用比例(P)控制器的控制结果有稳态误差或残差($y\neq r$)。

若令设定量 $R(s)=0$,试求扰动量 $N(s)$ 为阶跃信号 $N(s)=N/s$ 作用下,图 2.1 所示的比例(P)控制器闭环控制系统的稳态误差。

首先求被控量 $Y(s)$ 到扰动量 $N(s)$ 之间的传递函数为

$$[-Y(s)K_p+N(s)]\frac{K_1}{1+T_1 s}=Y(s)$$

$$[-Y(s)K_p+N(s)]K_1=(1+T_1 s)Y(s)$$

$$N(s)K_1=(1+T_1 s+K_p K_1)Y(s)$$

$$\frac{Y(s)}{N(s)} = \frac{K_1}{1 + T_1 s + K_p K_1} \tag{2.1.10}$$

若令设定量 $R(s) = 0$,稳态误差 $E_n(s)$ 为

$$E_n(s) = R(s) - Y(s) = 0 - Y(s) = \frac{-K_1}{1 + T_1 s + K_p K_1} N(s) \tag{2.1.11}$$

根据终值定理,系统在扰动量为阶跃信号 $N(s) = N/s$ 作用下的稳态误差 e_n 为

$$e_n = \lim_{s \to 0} s E_n(s) = \lim_{s \to 0} s \frac{-K_1}{1 + T_1 s + K_p K_1} N(s)$$

$$= \lim_{s \to 0} s \frac{-K_1}{1 + T_1 s + K_p K_1} \frac{N}{s}$$

$$= \frac{-K_1 N}{1 + K_p K_1} \tag{2.1.12}$$

◆**分析2**:由式(2.1.12)可知,比例增益 K_p 和对象增益 K_1 越大,稳态误差 e_n 越小,这说明采用比例(P)控制器的控制结果有稳态误差或残差($y \neq r$)。

★**结论**:从上述理论推导式(2.1.9)和式(2.1.12)可知,比例(P)控制器的控制结果有稳态误差或残差,即被控量 y 和设定量 r 之间始终存在偏差($y \neq r$)。

比例(P)控制器是可调增益的放大器,改变比例增益 K_p,只改变系统的增益,而不影响系统的相位,因为比例(P)控制器的相角为0。加大比例增益 K_p,可以提高系统的增益,减小系统的稳态误差,但是其后果将会导致系统振荡甚至不稳定。闭环控制系统的首要要求是稳定性,比例增益 K_p 的设置必须保证系统具有一定的稳定裕度。

比例(P)控制器的输出控制量 u 与输入偏差 e 成比例关系,只要有偏差 e 的变化,控制量 u 和执行器(气动或电动调节阀)的动作幅度立即与偏差 e 成比例地变化,因此比例调节作用及时迅速,这是它的一个显著优点。它的缺点是控制结果有稳态误差或残差,而且还必须有偏差 e,否则系统无法正常工作。也就是说,当被控量 y 受干扰影响而偏离设定量 r 后,不可能再回到原先的数值上,因为如果被控量 y 与设定量 r 之间的偏差 e 为0,比例(P)控制器的输出控制量 u 也为0,系统也就无法保持平衡。

闭环控制系统中被控对象 $G(s)$ 的传递函数一般可以近似为一阶惯性环节,如式(2.1.4)所示,比例增益 K_p 对系统调节过程的影响如图2.3所示。比例增益 K_p 从较小逐渐增大到 K_p 合适、K_p 较大,再增大到 K_p 临界值使系统处于稳定边界(或等幅振荡),直至 K_p 大于临界值使系统不稳定(或发散振荡)。

在图2.3(a)中,比例增益 K_p 较小,使得比例(P)控制器的输出控制量 u 较小,这意味着执行器(气动或电动调节阀)的动作幅度较小,因此被控量 y 的变化比较平稳,超调较小,稳态误差或残差较小,调节时间也较长。

在图2.3(b)中,比例增益 K_p 合适,使得比例(P)控制器的输出控制量 u 适中,这意味着执行器(气动或电动调节阀)的动作幅度适中,因此被控量 y 的变化稍有波动,超调不大,稳态误差或残差适中,调节时间也较短。

在图2.3(c)中,比例增益 K_p 较大,使得比例(P)控制器的输出控制量 u 较大,这意味着执行器(气动或电动调节阀)的动作幅度较大,因此被控量 y 的变化波动较大,超调较大,稳态误差或残差较大,调节时间也较长。

在图 2.3(d) 中,比例增益 K_p 达到临界值,使得比例(P)控制器的输出控制量 u 及执行器(气动或电动调节阀)的动作幅度也达到临界值,因此被控量 y 等幅振荡,导致系统处于稳定边界。

在图 2.3(e) 中,比例增益 K_p 大于临界值,使得比例(P)控制器的输出控制量 u 及执行器(气动或电动调节阀)的动作幅度继续增大,因此被控量 y 发散振荡,最终导致系统不稳定。

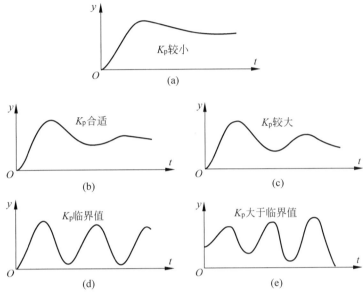

图 2.3　比例增益 K_p 对系统调节过程的影响

由于比例(P)控制器的控制结果有稳态误差或残差,为此,必须采用比例积分(PI)控制器,引入积分(I)控制器的目的是消除系统的稳态误差或残差。积分(I)控制器不单独使用,必须与比例(P)结合形成比例积分(PI)控制器。

2.1.2　比例积分(PI)控制算法

采用比例积分(PI)控制器的闭环控制系统,如图 2.1 所示,用 PI 控制算法构成 PI 控制器。其中被控对象 $G(s)$、设定量 $R(s)$、扰动量 $N(s)$ 的算式分别为式(2.1.4)、式(2.1.5)、式(2.1.6),比例积分(PI)控制算法的算式为

$$\frac{U(s)}{E(s)} = K_p\left(1 + \frac{1}{T_i s}\right) \tag{2.1.13}$$

或

$$u = K_p\left(e + \frac{1}{T_i}\int e\,\mathrm{d}t\right) \tag{2.1.14}$$

$$u = u_p + u_i = K_p e + \frac{K_p}{T_i}\int e\,\mathrm{d}t \tag{2.1.15}$$

微课视频 06

微课讲解 06

课件视频 08

由式(2.1.15)可知,比例积分(PI)控制器输出控制量 u 由比例作用输出项 u_p 和积分作用输出项 u_i 组成。其中比例作用输出项 u_p 为常数(比例增益 K_p 乘偏差 e),积分作用输出

项 u_i 为变数,只要偏差 e 存在,积分作用的输出 u_i 就会随时间不断变化,直到偏差消除,控制器的输出 u 才会稳定下来,这就是积分作用能消除残差的原因。

由式(2.1.15)可知,积分作用输出项 u_i 变化的快慢与偏差 e 的大小成正比,而与积分时间 T_i 成反比。也就是说,积分时间 T_i 越小,积分速度越快,积分作用就越强,控制量 u_i 曲线斜率越大;反之,积分时间 T_i 越大,积分速度越慢,积分作用就越弱,控制量 u_i 曲线斜率越小。比例积分(PI)控制器的开环阶跃响应曲线,如图 2.4 所示。

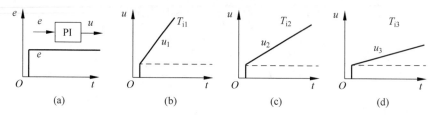

图 2.4　比例积分(PI)控制器的开环阶跃响应曲线之一

其阶跃输入为 e,对应时刻输出控制量 $u_1 > u_2 > u_3$,即控制量 u 曲线斜率依次减小,究其原因是积分时间 $T_{i1} < T_{i2} < T_{i3}$,这说明积分时间减小使得积分作用增强;反之,积分时间增大使得积分作用减弱。其中比例增益 $K_{p1} = K_{p2} = K_{p3}$,输出控制量 u 中的比例作用量 u_p 用虚线表示。

若令扰动量 $N(s) = 0$,试求设定量 $R(s)$ 为阶跃信号 $R(s) = R/s$ 作用下,图 2.1 所示的比例积分(PI)控制器闭环控制系统的稳态误差。

首先求被控量 $Y(s)$ 到设定量 $R(s)$ 之间的传递函数为

$$[R(s) - Y(s)]K_p \left(1 + \frac{1}{T_i s}\right) \frac{K_1}{1 + T_1 s} = Y(s)$$

$$[R(s) - Y(s)]K_p (1 + T_i s)K_1 = T_i s (1 + T_1 s)Y(s)$$

$$R(s)(1 + T_i s)K_p K_1 = [(1 + T_1 s)T_i s + (1 + T_i s)K_p K_1]Y(s)$$

$$\frac{Y(s)}{R(s)} = \frac{(1 + T_i s)K_p K_1}{(1 + T_1 s)T_i s + (1 + T_i s)K_p K_1} \tag{2.1.16}$$

若令扰动量 $N(s) = 0$,则稳态误差 $E_r(s)$ 为

$$E_r(s) = R(s) - Y(s)$$

$$= R(s) - \frac{(1 + T_i s)K_p K_1}{(1 + T_1 s)T_i s + (1 + T_i s)K_p K_1}R(s)$$

$$= \frac{(1 + T_1 s)T_i s}{(1 + T_1 s)T_i s + (1 + T_i s)K_p K_1}R(s) \tag{2.1.17}$$

根据终值定理,系统在设定量为阶跃信号 $R(s) = R/s$ 作用下的稳态误差 e_r 为

$$e_r = \lim_{s \to 0} s E_r(s) = \lim_{s \to 0} s \frac{(1 + T_1 s)T_i s}{(1 + T_1 s)T_i s + (1 + T_i s)K_p K_1}R(s)$$

$$= \lim_{s \to 0} s \frac{(1 + T_1 s)T_i s}{(1 + T_1 s)T_i s + (1 + T_i s)K_p K_1} \frac{R}{s} = 0 \tag{2.1.18}$$

◆分析 1:由式(2.1.18)可知,当扰动量 $N(s) = 0$ 和设定量 $R(s)$ 为阶跃信号 $R(s) = R/s$ 作用下,采用比例积分(PI)控制器的控制结果无稳态误差或残差($y = r$)。

若令设定量 $R(s)=0$,试求扰动量 $N(s)$ 为阶跃信号 $N(s)=N/s$ 作用下,如图 2.1 所示的比例积分(PI)控制器闭环控制系统的稳态误差。

首先求被控量 $Y(s)$ 到扰动量 $N(s)$ 之间的传递函数为

$$\left[-Y(s)K_p\left(1+\frac{1}{T_i s}\right)+N(s)\right]\frac{K_1}{1+T_1 s}=Y(s)$$

$$\left[-Y(s)K_p(1+T_i s)+N(s)T_i s\right]K_1=Y(s)(1+T_1 s)T_i s$$

$$N(s)K_1 T_i s=Y(s)\left[(1+T_1 s)T_i s+(1+T_i s)K_p K_1\right]$$

$$\frac{Y(s)}{N(s)}=\frac{K_1 T_i s}{(1+T_1 s)T_i s+(1+T_i s)K_p K_1} \tag{2.1.19}$$

若令设定量 $R(s)=0$,稳态误差 $E_n(s)$ 为

$$E_n(s)=0-Y(s)=\frac{-K_1 T_i s}{(1+T_1 s)T_i s+(1+T_i s)K_p K_1}N(s) \tag{2.1.20}$$

根据终值定理,系统在扰动量为阶跃信号 $N(s)=N/s$ 作用下的稳态误差 e_n 为

$$e_n=\lim_{s\to 0}sE_n(s)=\lim_{s\to 0}s\frac{-K_1 T_i s}{(1+T_1 s)T_i s+(1+T_i s)K_p K_1}N(s)$$

$$=\lim_{s\to 0}s\frac{-K_1 T_i s}{(1+T_1 s)T_i s+(1+T_i s)K_p K_1}\frac{N}{s}=0 \tag{2.1.21}$$

◆**分析 2**:由式(2.1.21)可知,当设定量 $R(s)=0$ 和扰动量 $N(s)$ 为阶跃信号 $N(s)=N/s$ 作用下,采用比例积分(PI)控制器的控制结果无稳态误差或残差($y=r$)。

★**结论**:从上述理论推导式(2.1.18)和式(2.1.21)可知,比例积分(PI)控制器的控制结果无稳态误差或残差,即被控量 y 和设定量 r 之间最终不存在偏差($y=r$)。

积分(I)控制器的作用是消除偏差,不单独采用积分(I)控制器,一般用 PI、PID 控制器。

由式(2.1.15)可知,比例积分(PI)控制器的输出控制量 u 随时间变化的表达式为

$$u=u_p+u_i=K_p e+K_p e\frac{t}{T_i} \tag{2.1.22}$$

比例积分(PI)控制器的阶跃响应特性如图 2.5 所示,其中右下斜线部分为比例作用输出 u_p,右上斜线部分为积分作用输出 u_i。在阶跃偏差 e 输入的瞬间,对应输出 u 突跳至某个值,此值是比例作用 $u_p=K_p e$;以后 u 随时间不断增加,增加部分为积分作用 $u_i=K_p e\frac{t}{T_i}$。若取积分作用的输出等于比例作用的输出,$\Delta u_p=\Delta u_i$,即

$$K_p e=K_p e\frac{t}{T_i} \tag{2.1.23}$$

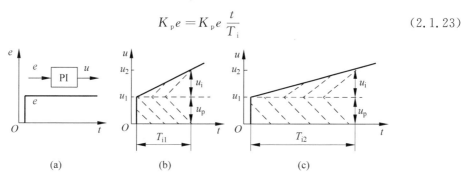

图 2.5　比例积分(PI)控制器的开环阶跃响应曲线之二

◆**分析 3**：由式(2.1.23)可得，$T_i = t$ 就是定义积分时间的依据。也就是说，在阶跃输入偏差 e 的作用下，积分作用的输出值变化到等于比例作用的输出值所经历的时间就是积分时间 T_i。

由此可见，积分时间 T_i 可以衡量积分部分 u_i 在总输出 u 中所占的比重，T_i 越小，积分部分所占的比重越大，积分作用就越强；反之，T_i 越大，积分部分所占的比重越小，积分作用就越弱；如图 2.5 所示。其中图 2.5(b)积分作用的输出 u_i 等于比例作用的输出 u_p 所经历的时间(积分时间)是 T_{i1}，而图 2.5(c)积分作用的输出 u_i 等于比例作用的输出 u_p 所经历的时间(积分时间)是 T_{i2}，显然 $T_{i1} < T_{i2}$；也就是说，图 2.5(b) 的积分作用强，图 2.5(c)的积分作用弱。

将式(2.1.13)稍加整理得

$$\frac{U(s)}{E(s)} = K_p \left(1 + \frac{1}{T_i s} \right) = K_p \frac{1 + T_i s}{T_i s} \qquad (2.1.24)$$

由式(2.1.24)可知，积分(I)控制器使系统增加了一个位于原点的极点，产生 90° 的相角滞后，属于低通滤波器，过滤掉高频噪声；改善阻尼，减小最大超调，增加上升时间，消除系统的稳态误差。

2.1.3　比例微分(PD)控制算法

采用比例微分(PD)控制器的闭环控制系统，如图 2.1 所示，用 PD 控制算法构成 PD 控制器。其中被控对象 $G(s)$、设定量 $R(s)$、扰动量 $N(s)$ 的算式分别为式(2.1.4)、式(2.1.5)、式(2.1.6)，比例微分(PD)控制算法的算式为

$$\frac{U(s)}{E(s)} = K_p (1 + T_d s) \qquad (2.1.25)$$

或

$$u = K_p \left(e + T_d \frac{de}{dt} \right) \qquad (2.1.26a)$$

由式(2.1.26a)可知，比例微分(PD)控制器输出控制量 u 由比例作用输出项 u_p 和微分作用输出项 u_d 组成。

$$u = u_p + u_d = K_p e + K_p T_d \frac{de}{dt} \qquad (2.1.26b)$$

比例微分(PD)控制器的开环阶跃响应曲线如图 2.6 所示，其输入偏差 e 为阶跃信号，微分作用只限于首时刻(第一个控制周期)，因为理想微分 de/dt 仅对输入偏差 e 的变化起作用。首时刻微分作用输出 $u_{d1} > u_{d2} > u_{d3}$，究其原因是微分时间 $T_{d1} > T_{d2} > T_{d3}$，这说明微分时间增大使得微分作用增强；反之，微分时间减小使得减分作用减弱。其中比例增益 $K_{p1} = K_{p2} = K_{p3}$，比例作用的输出 $u_{p1} = u_{p2} = u_{p3}$ 为一恒定值。

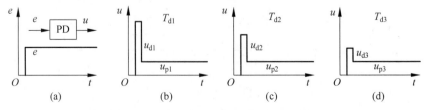

图 2.6　比例微分(PD)控制器的开环阶跃响应曲线

当比例微分(PD)控制器的输入偏差 e 为等速上升的斜坡信号 $e=at$ 时,由式(2.1.26)可知,PD 控制器输出为

$$u=u_{\mathrm{p}}+u_{\mathrm{d}}=K_{\mathrm{p}}at+K_{\mathrm{p}}aT_{\mathrm{d}} \tag{2.1.27}$$

◆**分析**: 比例微分(PD)控制器的开环斜坡响应曲线如图 2.7 所示,其中微分作用的输出 $u_{\mathrm{d}}=K_{\mathrm{p}}aT_{\mathrm{d}}$ 为一恒定值;而比例作用的输出 $u_{\mathrm{p}}=K_{\mathrm{p}}at$ 则随时间 t 不断增加,且要达到同样的 u_{d} 值 $K_{\mathrm{p}}aT_{\mathrm{d}}$,所需的时间就是微分时间 T_{d}。也就是说,微分作用比单纯比例作用提前一段时间,此段时间就是微分时间 T_{d}。

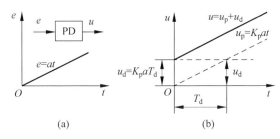

图 2.7　比例微分(PD)控制器的开环斜坡响应曲线

由图 2.6 和图 2.7 可知,微分(D)作用是按输入信号的变化速度进行调节的,即使偏差 e 很小,只要出现变化趋势,就有调节作用输出,故有超前调节之称或产生早期修正作用,从而减小了超调量,使系统响应速度加快,改善了系统的动态性能。

由式(2.1.25)可知,微分(D)作用使系统增加了一个零点,产生 90° 的相角超前,属于高通滤波器,对于系统噪声比较敏感;不单独使用微分(D)控制器,一般用 PD、PID 控制器。

2.1.4　比例积分微分(PID)控制算法

采用比例积分微分(PID)控制器的闭环控制系统,如图 2.1 所示,用 PID 控制算法构成 PID 控制器。其中被控对象 $G(s)$、设定量 $R(s)$、扰动量 $N(s)$ 的算式分别为式(2.1.4)、式(2.1.5)、式(2.1.6),比例积分微分(PID)控制算法的算式为

$$\frac{U(s)}{E(s)}=K_{\mathrm{p}}\Big(1+\frac{1}{T_{\mathrm{i}}s}+T_{\mathrm{d}}s\Big)=\frac{K_{\mathrm{p}}}{T_{\mathrm{i}}}\bigg[\frac{T_{\mathrm{i}}T_{\mathrm{d}}s^{2}+T_{\mathrm{i}}s+1}{s}\bigg] \tag{2.1.28}$$

微课视频 08

微课讲解 08

若 $\dfrac{4T_{\mathrm{d}}}{T_{\mathrm{i}}}<1$,则式(2.1.28)可以写成

$$\frac{U(s)}{E(s)}=\frac{K_{\mathrm{p}}}{T_{\mathrm{i}}}\cdot\frac{(T_{1}s+1)(T_{2}s+1)}{s} \tag{2.1.29}$$

课件视频 10

其中,

$$T_{1}=\frac{T_{\mathrm{i}}}{2}\bigg(\Big(1+\sqrt{1-\frac{4T_{\mathrm{d}}}{T_{\mathrm{i}}}}\Big)\bigg) \tag{2.1.30}$$

$$T_{2}=\frac{T_{\mathrm{i}}}{2}\bigg(\Big(1-\sqrt{1-\frac{4T_{\mathrm{d}}}{T_{\mathrm{i}}}}\Big)\bigg) \tag{2.1.31}$$

由式(2.1.29)可知,PID 控制器使闭环系统的型别提高一级,并为闭环系统提供两个负实零点。比例积分微分(PID)控制器综合了 PI 和 PD 控制作用的优点。

比例积分微分(PID)控制器的开环阶跃响应曲线如图 2.8 所示,其阶跃输入为 e,每次

只改变一个 PID 参数(K_p、T_i、T_d),分为以下 3 组:

第 1 组曲线图 2.8(b_1)、(c_1)、(d_1),其中比例增益 $K_{p1}=K_{p2}=K_{p3}$,积分时间 $T_{i1}=T_{i2}=T_{i3}$,只改变微分时间 $T_{d1}>T_{d2}>T_{d3}$,使首时刻(第一个控制周期)微分控制量依次减小,也就是说,使微分作用依次减弱。

第 2 组曲线图 2.8(b_2)、(c_2)、(d_2),在第 1 组曲线基础上,只改变积分时间 $T_{i1}<T_{i2}<T_{i3}$,使积分控制量曲线斜率依次减小,也就是说,使积分作用依次减弱。

第 3 组曲线图 2.8(b_3)、(c_3)、(d_3),在第 1 组曲线基础上,只改变比例增益 $K_{p1}<K_{p2}<K_{p3}$,使比例控制量依次增大,也就是说,使比例作用依次增强。

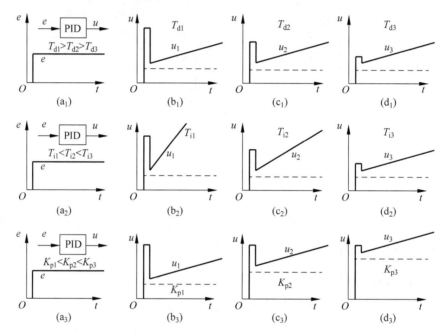

图 2.8 比例积分微分(PID)控制器的开环阶跃响应曲线

2.1.5 比例积分微分(PID)控制算法的差分方程式

微课视频 09

微课讲解 09

课件视频 11

为了便于计算机实现 PID 控制算法的算式,必须把微分方程式(2.1.1)改写成差分方程。为此,可作如下近似:

$$\int e\,\mathrm{d}t \approx \sum_{j=0}^{n} Te(j) \tag{2.1.32}$$

$$\frac{\mathrm{d}e}{\mathrm{d}t} \approx \frac{e(n)-e(n-1)}{T} \tag{2.1.33}$$

其中,T 为控制周期,n 为控制周期序号($n=0,1,2,\cdots$),$e(n-1)$ 和 $e(n)$ 分别为第($n-1$)和第 n 控制周期所得的偏差。也就是说,积分用求和算式(2.1.32),微分用差分算式(2.1.33)。

将式(2.1.32)和式(2.1.33)代入式(2.1.1),可得 PID 控制算法的差分方程

$$u(n)=K_p\left\{e(n)+\frac{T}{T_i}\sum_{j=0}^{n}e(j)+\frac{T_d}{T}\left[e(n)-e(n-1)\right]\right\} \tag{2.1.34}$$

其中,$u(n)$ 为第 n 时刻的控制量。如果控制周期 T 较短,且比被控对象时间常数 T_1 小得

多,那么这种近似是合理的,并与连续控制十分接近。

在模拟仪表调节器中,电子电路难以实现理想微分$\dfrac{\mathrm{d}e}{\mathrm{d}t}$,而用计算机可以实现它的差分方程式(2.1.33),所以将式(2.1.34)称为理想微分 PID 数字控制器,此算式可以分为位置型算式和增量型算式。

1. 位置型算式

模拟仪表调节器的调节动作是连续的,任何瞬间的输出控制量 u 都对应于执行器(如气动或电动调节阀)的位置。由式(2.1.34)可知,数字 PID 控制器的输出控制量 $u(n)$ 也和执行器的位置对应,故称此式为位置型算式。

必须指出,数字 PID 控制器的输出控制量 $u(n)$ 通常送给 D/A 转换器的输入寄存器,首先将 $u(n)$ 保存起来,再将 $u(n)$ 变换成模拟量(如 4~20mA DC),然后作用于执行器,直到下一个控制时刻到来为止。因此,D/A 转换器具有零阶保持器的功能,模拟控制量如图 1.5 中的 $u^*(t)$ 曲线所示。

计算机实现位置型算式(2.1.34)不够方便,其原因是算式中要累加偏差 $e(j)$,不仅要占用较多的存储单元,而且不便于编程序。为此,必须改进式(2.1.34)。

2. 增量型算式

根据式(2.1.34)可以写出第 $(n-1)$ 时刻的控制量 $u(n-1)$,即

$$u(n-1)=K_p\left\{e(n-1)+\frac{T}{T_i}\sum_{j=0}^{n-1}e(j)+\frac{T_d}{T}[e(n-1)-e(n-2)]\right\} \quad (2.1.35)$$

将式(2.1.34)减式(2.1.35)得 n 时刻控制量的增量 $\Delta u(n)$ 为

$$\Delta u(n)=K_p\left\{e(n)-e(n-1)+\frac{T}{T_i}e(n)+\frac{T_d}{T}[e(n)-2e(n-1)+e(n-2)]\right\}$$
$$=K_p[e(n)-e(n-1)]+K_i e(n)+K_d[e(n)-2e(n-1)+e(n-2)]$$
$$(2.1.36)$$

其中,

$$K_p=\frac{1}{\delta} \quad [\text{称为比例增益(比例带} \delta)]$$

$$K_i=K_p\frac{T}{T_i} \quad (\text{称为积分系数})$$

$$K_d=K_p\frac{T_d}{T} \quad (\text{称为微分系数})$$

由于式(2.1.36)中的 $\Delta u(n)$ 对应于第 n 时刻执行器(如气动或电动调节阀)位置的增量,故称此式为增量型算式。因此,第 n 时刻的实际控制量为

$$u(n)=u(n-1)+\Delta u(n) \quad (2.1.37)$$

其中,$u(n-1)$ 为第 $(n-1)$ 时刻的控制量。

由式(2.1.36)和式(2.1.37)可知,n 时刻要用到 $(n-1)$、$(n-2)$ 时刻的历史数据,一般采用平移法保存这些历史数据,如图 2.9 所示。

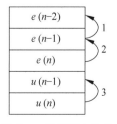

图 2.9 保存历史数据

第 n 时刻计算 $\Delta u(n)$ 和 $u(n)$ 要用到第 $(n-1)$、$(n-2)$ 时刻的历史数据 $e(n-1)$、$e(n-2)$ 和 $u(n-1)$，编程序时采用平移法保存这 3 个历史数据。例如，计算完 $u(n)$ 后，首先将 $e(n-1)$ 存入 $e(n-2)$ 单元，如图 2.9 中的 1 所示；再将 $e(n)$ 存入 $e(n-1)$ 单元，如图 2.9 中的 2 所示；然后把 $u(n)$ 存入 $u(n-1)$ 单元，如图 2.9 中的 3 所示；这样就为下一时刻计算做好准备。

由此可见，采用增量型算式(2.1.36)和式(2.1.37)计算 $u(n)$ 的优点是编程简单，历史数据可以递推使用，占用存储单元少，运算速度快。

为了编程方便，也可以将式(2.1.36)整理成如下形式：

$$\Delta u(n) = q_0 e(n) + q_1 e(n-1) + q_2 e(n-2) \qquad (2.1.38)$$

其中，

$$q_0 = K_p \left(1 + \frac{T}{T_i} + \frac{T_d}{T} \right)$$

$$q_1 = -K_p \left(1 + \frac{2T_d}{T} \right)$$

$$q_2 = K_p \frac{T_d}{T}$$

◆分析：增量型算式仅仅是计算方法上的改进，并没有改变位置型算式(2.1.34)的本质。因为式(2.1.37)的 $u(n)$ 对应于式(2.1.34)，此时 $u(n)$ 仍通过 D/A 转换器作用于执行器。

如果只输出式(2.1.36)的增量 $\Delta u(n)$，那么必须采用具有保持历史位置 $u(n-1)$ 功能的执行器。例如用步进电机作为执行器，应将 $\Delta u(n)$ 变换成驱动脉冲，驱动步进电机从历史位置 $u(n-1)$ 正转或反转若干度，相当于完成式(2.1.37)的功能。

理想微分 PID 控制的实际控制效果有时并不理想，从阶跃响应看，它的微分作用只能维持一个控制周期，如图 2.8 所示。由于工业用执行器(如气动调节阀或电动调节阀)的动作速度受到限制，致使偏差较大时，微分作用不能充分发挥。因此，在实际应用中，通常采用含有实际微分的 PID 控制算式。

2.1.6　实际微分 PID 控制算法

1. 实际微分 PID 控制器

在模拟仪表调节器中，PID 控制算式是用电子电路实现的，由于电子电路本身特性的限制，无法实现理想微分 de/dt，其特性是实际微分 PID 控制器。因此，在计算机控制系统中，通常是采用以下 3 种实际微分 PID 控制器。

1) 实际微分 PID 控制算法的算式之一

该算式的传递函数为

$$\frac{U(s)}{E(s)} = K_p \left[1 + \frac{1}{T_i s} + \frac{T_d s}{1 + \frac{T_d}{K_d} s} \right] \qquad (2.1.39)$$

其中，K_p 为比例增益，T_i 为积分时间，T_d 为微分时间，K_d 为微分增益。

为了便于编写程序，可以用框图 2.10(a)表示式(2.1.39)。首先分别求出比例、积分和微分 3 个框的输出差分方程式 $\Delta u_{\mathrm{p}}(n)$、$\Delta u_{\mathrm{i}}(n)$ 和 $\Delta u_{\mathrm{d}}(n)$，然后求总输出 $\Delta u(n)$。这样，可以得到编程序用的增量型差分方程式为

$$\Delta u_{\mathrm{p}}(n) = K_{\mathrm{p}}[e(n) - e(n-1)] \tag{2.1.40}$$

$$\Delta u_{\mathrm{i}}(n) = \frac{K_{\mathrm{p}}T}{T_{\mathrm{i}}}e(n) \tag{2.1.41}$$

$$u_{\mathrm{d}}(n) = \frac{T_{\mathrm{d}}}{K_{\mathrm{d}}T + T_{\mathrm{d}}}\{u_{\mathrm{d}}(n-1) + K_{\mathrm{p}}K_{\mathrm{d}}[e(n) - e(n-1)]\} \tag{2.1.42}$$

$$\Delta u_{\mathrm{d}}(n) = u_{\mathrm{d}}(n) - u_{\mathrm{d}}(n-1) \tag{2.1.43}$$

$$\Delta u(n) = \Delta u_{\mathrm{p}}(n) + \Delta u_{\mathrm{i}}(n) + \Delta u_{\mathrm{d}}(n) \tag{2.1.44}$$

$$u(n) = u(n-1) + \Delta u(n) \tag{2.1.45}$$

其中，$u_{\mathrm{d}}(n)$ 和 $u_{\mathrm{d}}(n-1)$ 分别为实际微分环节第 n 和 $(n-1)$ 时刻的输出。

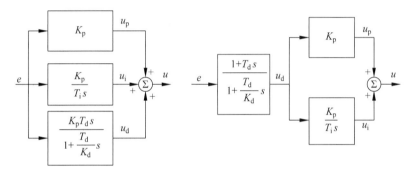

(a) 式(2.1.39) 的框图形式　　　　(b) 式(2.1.46) 的框图形式

图 2.10　实际微分 PID 算式框图

实际微分 PID 控制算式的优点是微分作用能维持多个控制周期，如图 2.11(b)、(d)所示。这样就能比较好地适应一般的工业用执行器(如气动调节阀或电动调节阀)动作速度的要求，因而控制效果比较好。

2) 实际微分 PID 控制算法的算式之二

该算式的传递函数为

$$\frac{U(s)}{E(s)} = \frac{1 + T_{\mathrm{d}}s}{1 + \dfrac{T_{\mathrm{d}}}{K_{\mathrm{d}}}s} \cdot K_{\mathrm{p}}\left(1 + \frac{1}{T_{\mathrm{i}}s}\right) \tag{2.1.46}$$

其中，K_{p} 为比例增益，T_{i} 为积分时间，T_{d} 为微分时间，K_{d} 为微分增益。

为了便于编写程序，将式(2.1.46)用框图 2.10(b)表示。首先分别求出这 3 个框的输出差分方程式 $u_{\mathrm{d}}(n)$、$u_{\mathrm{p}}(n)$ 和 $u_{\mathrm{i}}(n)$，然后再求总输出 $u(n)$。

微分作用输出差分方程式为

$$u_{\mathrm{d}}(n) = a_1 u_{\mathrm{d}}(n-1) + a_2 e(n) + a_3 e(n-1) \tag{2.1.47}$$

其中，

$$a_1 = \frac{T_{\mathrm{d}}}{K_{\mathrm{d}}T + T_{\mathrm{d}}}$$

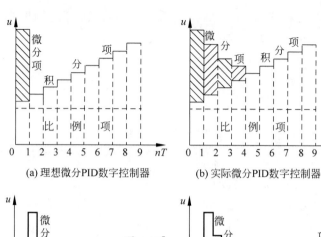

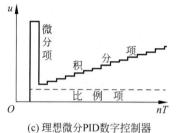

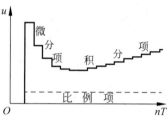

(a) 理想微分PID数字控制器   (b) 实际微分PID数字控制器

(c) 理想微分PID数字控制器   (d) 实际微分PID数字控制器

图 2.11　PID 数字控制器的开环阶跃响应曲线(示意图和实验图)

$$a_2 = \frac{K_d(T_d + T)}{K_d T + T_d}$$

$$a_3 = \frac{-K_d T_d}{K_d T + T_d}$$

积分作用输出差分方程式为

$$u_i(n) = u_i(n-1) + a_4 u_d(n) \tag{2.1.48}$$

其中,

$$a_4 = \frac{K_p T}{T_i}$$

比例作用输出差分方程式为

$$u_p(n) = K_p u_d(n) \tag{2.1.49}$$

将式(2.1.48)加上式(2.1.49)得到位置型算式为

$$u(n) = u_p(n) + u_i(n) = K_p u_d(n) + u_i(n) \tag{2.1.50}$$

通过上述推导,可得式(2.1.46)的增量型递推差分方程式为

$$u_d(n) = a_1 u_d(n-1) + a_2 e(n) + a_3 e(n-1) \tag{2.1.51a}$$

$$u_i(n) = u_i(n-1) + a_4 u_d(n) \tag{2.1.51b}$$

$$\Delta u_d(n) = u_d(n) - u_d(n-1) \tag{2.1.51c}$$

$$\Delta u_i(n) = u_i(n) - u_i(n-1) \tag{2.1.51d}$$

$$\Delta u(n) = K_p \Delta u_d(n) + \Delta u_i(n) \tag{2.1.51e}$$

$$u(n) = u(n-1) + \Delta u(n) \tag{2.1.51f}$$

3) 实际微分 PID 控制算法的算式之三

该算式的传递函数为

$$\frac{U(s)}{E(s)} = \frac{1}{1 + \dfrac{T_d}{K_d}s} \cdot K_p\left(1 + \frac{1}{T_i s} + T_d s\right) \tag{2.1.52}$$

通过简单推导,可得式(2.1.52)的增量型递推差分方程式为

$$\Delta u(n) = C_1\Delta u(n-1) + C_2 e(n) + C_3 e(n-1) + C_4 e(n-2) \tag{2.1.53a}$$

$$u(n) = u(n-1) + \Delta u(n) \tag{2.1.53b}$$

其中,

$$C_1 = \frac{b_1}{b_2} \quad b_1 = \frac{T_d}{K_d T} \quad b_2 = 1 + b_1$$

$$C_2 = \frac{K_p}{b_2}\left(1 + \frac{T}{T_i} + \frac{T_d}{T}\right) \quad C_3 = -\frac{K_p}{b_2}\left(1 + \frac{2T_d}{T}\right)$$

$$C_4 = \frac{K_p T_d}{b_2 T}$$

将式(2.1.52)和式(2.1.2)比较可知,理想微分 PID 控制算式(2.1.2)与一阶惯性环节 $\dfrac{1}{1 + \dfrac{T_d}{K_d}s}$ 串联,即成为实际微分 PID 控制算式(2.1.52)。众所周知,一阶惯性环节具有数字滤波的能力。

实际微分 PID 控制算式(2.1.39)中的微分部分为理想微分 $T_d s$ 与一阶惯性环节 $\dfrac{1}{1 + \dfrac{T_d}{K_d}s}$ 串联。此算式中一般将微分增益 K_d 固定为 $5 \sim 10$,仅改变微分时间 T_d;否则,如果改变微分增益 K_d,并使 K_d 远大于 T_d,将使 $1 + \dfrac{T_d}{K_d}s$ 近似为 1,此式又近似为理想微分。

实际微分 PID 控制算式(2.1.46)中也含有一阶惯性环节,为了更清楚,对式(2.1.46)作如下整理:

$$\begin{aligned}
\frac{U(s)}{E(s)} &= \frac{1 + T_d s}{1 + \dfrac{T_d}{K_d}s} \cdot K_p\left(1 + \frac{1}{T_i s}\right) \\
&= \frac{1}{1 + \dfrac{T_d}{K_d}s} \cdot K_p(1 + T_d s)\left(1 + \frac{1}{T_i s}\right) \\
&= \frac{1}{1 + \dfrac{T_d}{K_d}s} \cdot K_p\left(1 + T_d s + \frac{1}{T_i s} + \frac{T_d}{T_i}\right) \\
&= \frac{1}{1 + \dfrac{T_d}{K_d}s} \cdot K_p \frac{T_i + T_d}{T_i}\left(1 + \frac{1}{(T_i + T_d)s} + \frac{T_i T_d}{T_i + T_d}s\right) \\
&= \frac{1}{1 + \dfrac{T_d}{K_d}s} \cdot K_p^1\left(1 + \frac{1}{T_i^1 s} + T_d^1 s\right) \tag{2.1.54}
\end{aligned}$$

其中，

$$K_p^1 = K_p \frac{T_i + T_d}{T_i} = K_p F \qquad F = \frac{T_i + T_d}{T_i} = \left(1 + \frac{T_d}{T_i}\right)$$

$$T_i^1 = T_i + T_d = T_i F \qquad T_d^1 = \frac{T_i T_d}{T_i + T_d} = T_d \frac{1}{F}$$

将式(2.1.54)和式(2.1.52)比较可知，两者具有相同的结构形式，区别在于 K_p^1、T_i^1 和 T_d^1 这 3 个系数，人们称此式中 F 为 K_p、T_i 和 T_d 的干扰系数。

2. PID 数字控制器的开环阶跃响应和闭环阶跃响应

1) PID 数字控制器的开环阶跃响应

在图 2.11 中，(a)和(b)为示意图，(c)和(d)为实验图。比较这两种 PID 数字控制器的阶跃响应，可以得知：

◆**分析 1**：理想微分 PID 数字控制器的控制品质有时不够理想。

究其原因是微分作用仅局限于第一个控制周期有一个大幅度的输出，一般的工业用执行器(如气动调节阀或电动调节阀)，无法在较短的控制周期内跟踪较大的微分作用输出，而且，理想微分容易引进高频干扰。

◆**分析 2**：实际微分 PID 数字控制器的控制品质较好。

究其原因是算式中含有一阶惯性环节 $1/(1 + T_d s/K_d)$，导致微分作用能持续多个控制周期，使得一般的工业用执行器(如气动调节阀或电动调节阀)能比较好地跟踪微分作用输出。由于实际微分 PID 算式中含有一阶惯性环节 $1/(1 + T_d s/K_d)$，具有数字滤波的能力，所以抗干扰能力也较强，控制品质较好。

2) PID 数字控制器的闭环阶跃响应

例如单回路 PID 控制器的闭环阶跃响应曲线，如图 2.12 所示。

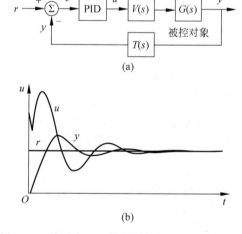

图 2.12 单回路 PID 控制器的闭环阶跃响应曲线

在图 2.12 中被控对象 $G(s)$ 为一阶或二阶惯性环节，设定量 r 为阶跃信号，被控量 y 和控制量 u 的响应曲线与 PID 控制器的比例增益 K_p、积分时间 T_i、微分时间 T_d、微分增益 K_d 以及被控对象增益 K_1、被控对象时间常数 T_1 有关，具体将在后面的 2.3.3 节叙述。

2.1.7　PID控制算法中积分项的改进

为了解决计算机控制中所遇到的一些实际问题进而提高 PID 控制性能,必须对数字 PID 控制算法中的积分项作某些改进。在 PID 控制中,积分作用是消除残差,为了提高控制性能,对积分项的改进措施有积分分离、抗积分饱和、梯形积分。

1. 积分分离

在一般的 PID 控制中,当被控对象有较大的扰动或大幅度改变设定量 r 时,由于被控量 y 与设定量 r 之间有较大的偏差 e,以及被控对象有惯性和滞后,故在积分项的作用下,将使被控量 y 产生较大的超调和长时间的波动。特别对于温度、成分等变化缓慢的过程,这一现象更为严重。为此,可采用积分分离措施,当偏差 $e(n)$ 较大时,取消积分作用;当偏差 $e(n)$ 较小时,才使用积分作用;如图 2.13 所示。即

- 当 $|e(n)| > \beta$ 时,用 PD 控制。
- 当 $|e(n)| \leqslant \beta$ 时,用 PID 控制。

积分分离值 β 取被控量 y 量程的百分数,一般取 $\beta = 0.1\% \sim 100\%(\mathrm{RH} - \mathrm{RL})$,其中 RH、RL 分别为被控量 y 量程的上限、下限。

积分分离值 β 应根据具体对象及要求确定。

- β 值过大,达不到积分分离的目的;
- β 值过小,一旦被控量 y 无法跳出积分分离区,只进行 PD 控制,就会出现残差($y \neq r$),如图 2.13(a) 中的曲线 b 所示。

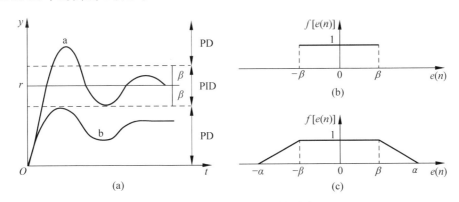

图 2.13　PID 控制器的积分分离曲线之一

为了实现积分分离,编程序时必须从 PID 差分方程式中分离出积分项。例如,式(2.1.36)应改写成

$$\Delta u_{\mathrm{PD}}(n) = K_{\mathrm{p}}[e(n) - e(n-1)] + K_{\mathrm{d}}[e(n) - 2e(n-1) + e(n-2)] \quad (2.1.55\mathrm{a})$$

$$\Delta u_{\mathrm{I}}(n) = K_{\mathrm{i}}e(n) \quad (2.1.55\mathrm{b})$$

$$u(n) = u(n-1) + \Delta u_{\mathrm{PD}}(n) + \Delta u_{\mathrm{I}}(n) \quad (2.1.56)$$

若积分分离,则取

$$u(n) = u(n-1) + \Delta u_{\mathrm{PD}}(n) \quad (2.1.57)$$

单回路 PID 控制系统如图 2.1 所示,其中被控对象 $G(s)$ 为一阶惯性环节,如式(2.1.4)所示,扰动量 $N(s) = 0$,设定量 $R(s)$ 为阶跃信号 $R(s) = R/s$,对此系统采用积分分离进行

调试,积分分离值 β 分别为被控量 y 量程(RH−RL)的 100%、80%、50%、10%,其特性曲线如图 2.14 所示,分别叙述如下。

(1) 当积分分离值 $\beta=100\%$(RH−RL)时,无积分分离,此时被控量 y 的超调量最大,如图 2.14(a)所示。

(2) 当积分分离值 $\beta=80\%$(RH−RL)时,稍有积分分离,此时被控量 y 的超调量稍有减小,如图 2.14(b)所示。

(3) 当积分分离值 $\beta=50\%$(RH−RL)时,积分分离效果较好,此时被控量 y 的超调量较小,如图 2.14(c)所示。此时被控量 y 和控制量 u 出现拐点 c,拐点 c 前无积分作用;拐点 c 后有积分作用,使得控制量 u 急速上升,导致被控量 y 加快上升。

(4) 当积分分离值 $\beta=10\%$(RH−RL)时,自始至终无积分作用,即 PD 控制,被控量 y 出现残差,即被控量 y 与设定量 r 之间有差值($y\neq r$),如图 2.14(d)所示。因为比例(P)控制的结果,必然会出现残差。

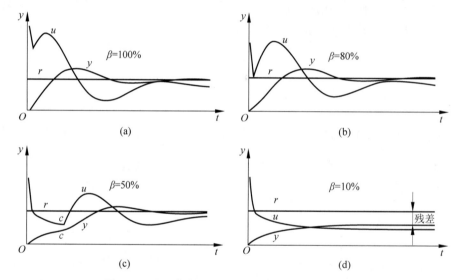

图 2.14　PID 控制器的积分分离曲线之二(改变 β)

积分分离相当于将式(2.1.36)中积分项写成

$$\Delta u_1(n)=K_i f[e(n)]e(n) \tag{2.1.58}$$

其中偏差函数 $f[e(n)]$ 有以下两种选择。

第一种偏差函数 $f[e(n)]$ 如图 2.13(b)所示,即

- 当 $|e(n)|>\beta$ 时,$f[e(n)]=0$,用 PD 控制;
- 当 $|e(n)|\leqslant\beta$ 时,$f[e(n)]=1$,用 PID 控制。

第二种偏差函数 $f[e(n)]$ 如图 2.13(c)所示,即

- 当 $|e(n)|>\alpha$ 时,$f[e(n)]=0$,用 PD 控制;

- 当 $\beta<|e(n)|\leqslant\alpha$ 时,$f[e(n)]=\dfrac{\alpha-|e(n)|}{\alpha-\beta}$,$f[e(n)]$ 在 $0\sim1$ 范围随偏差绝对值 $|e(n)|$ 变化,即 $0\leqslant f[e(n)]<1$。此时采用带变速积分的 PID 控制,积分速率从 0 逐渐增大至 1,提高了控制品质。

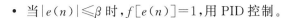

- 当 $|e(n)|\leqslant\beta$ 时,$f[e(n)]=1$,用 PID 控制。

2. 抗积分饱和

由于长时间存在偏差或偏差较大,计算出的控制量 $u(n)$ 有可能很大或很小(甚至小于零),称之为溢出。所谓溢出,就是计算出的控制量 $u(n)$ 超出 D/A 所能表示的数值范围。例如,12 位 D/A 的数值范围为 000H～FFFH(H 表示十六进制)。一般执行器(如气动调节阀或电动调节阀)有两个极限位置,如调节阀全开或全关。设 $u(n)$ 为 FFFH 时,调节阀全开;反之,$u(n)$ 为 000H 时,调节阀全关。

为了提高运算精度,通常采用双字节或浮点数计算 PID 差分方程式。如果执行器(如气动调节阀或电动调节阀)已到极限位置,仍然不能消除偏差,则由于积分作用,尽管计算 PID 差分方程式所得的控制量 $u(n)$ 继续增大或减小,但执行器已无相应的动作,这称为积分饱和。一旦偏差反向,进行反向积分,必须使 $u(n)$ 减小或增大到极限范围内(如 000H～FFFH),才会使执行器动作,这段空程时间有可能影响控制品质。当出现积分饱和时,势必使控制品质变坏。

防止积分饱和的措施之一是对计算出的控制量 $u(n)$ 限幅,同时取消积分作用。若以 12 位 D/A 为例,则

- 当 $u(n)<0$ 时,取 $u(n)=0$。
- 当 $u(n)>$FFFH 时,取 $u(n)=$FFFH。

3. 梯形积分

在 PID 控制器中,积分项的作用是消除残差,应提高积分项的运算精度。为此,可以将矩形积分改为梯形积分,如图 2.15 所示。梯形积分的计算式为

$$\int_0^t e(t)\mathrm{d}t=\sum_{j=0}^n \frac{e(j)+e(j-1)}{2}\cdot T \quad (2.1.59)$$

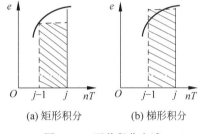

(a) 矩形积分 　　(b) 梯形积分

图 2.15　两种积分方式

2.1.8　PID 控制算法中微分项的改进

微分项是 PID 数字控制器中响应最敏感的一项,应尽量减少数据误差和噪声,以消除不必要的扰动。为此,采取偏差平均、测量值微分这两项改进措施。

1. 偏差平均

偏差平均的公式为

$$\bar{e}(n)=\frac{1}{m}\sum_{j=1}^m e(j) \quad (2.1.60)$$

式中,偏差项数 m 的选取取决于被控对象的特性。一般流量信号 m 取 10 项,压力信号 m 取 5 项,温度、成分等缓慢变化的信号 m 取 2 项或不平均。

2. 测量值微分

当控制系统的设定量 $r(n)$ 发生阶跃变化时,微分作用将导致控制量 $u(n)$ 的变化,这样不利于生产的稳定操作。因此,在微分项中不考虑设定量 $r(n)$,只对测量值或被控量 $y(n)$ 进行微分,如图 2.16 所示。考虑到 PID 控制器闭环控制系统偏差 e 的计算方法,取决于正反作用,即

微课视频 12

微课讲解 12

课件视频 14

$$e(n) = y(n) - r(n) \quad (\text{正作用}) \tag{2.1.61}$$

或

$$e(n) = r(n) - y(n) \quad (\text{反作用}) \tag{2.1.62}$$

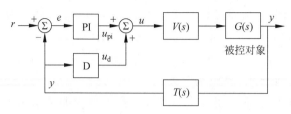

图 2.16　单回路 PID 控制系统(测量值微分)

所谓 PID 控制器的正作用,是指被控量 $y(n)$ 增加,控制量 $u(n)$ 增加。针对式(2.1.61),设定量 $r(n)$ 为常数,当被控量 $y(n)$ 增加时,偏差 $e(n)$ 增加,相应的控制量 $u(n)$ 增加。此时 PID 控制器 $C(s)$ 的特性为正。

所谓 PID 控制器的反作用,是指被控量 $y(n)$ 增加,控制量 $u(n)$ 减小。针对式(2.1.62),设定量 $r(n)$ 为常数,当被控量 $y(n)$ 增加时,偏差 $e(n)$ 减小,相应的控制量 $u(n)$ 减小。此时 PID 控制器 $C(s)$ 的特性为负。

被控对象 $G(s)$ 的特性有正/负,例如房间空调系统,冬天热风量增大,房间温度升高,此时 $G(s)$ 特性为正;夏天冷风量增大,房间温度降低,此时 $G(s)$ 特性为负。

执行器(如气动调节阀、电动调节阀)$V(s)$ 的特性有正/负,例如,执行器为电开型,即输入 $4\sim20\text{mA DC}$,对应执行器位置(开度)$0\sim100\%$,$V(s)$ 的特性为正;执行器为电关型,即输入 $4\sim20\text{mA DC}$,对应执行器位置(开度)$100\%\sim0$,$V(s)$ 的特性为负。

PID 闭环控制系统中,被控对象 $G(s)$ 的特性有正/负,执行器(如气动调节阀、电动调节阀)$V(s)$ 的特性有正/负,变送器 $T(s)$ 的特性为正,这些是客观存在的而且无法改变。为了保证 PID 闭环控制系统的负反馈,只能选择 PID 控制器的正作用或反作用,即 PID 控制器 $C(s)$ 特性的正或负。

★**注意 1**:PID 闭环控制系统必须构成负反馈,系统才能稳定并正常运行。

参照式(2.1.36)中的微分项

$$\Delta u_d(n) = K_d \left[e(n) - 2e(n-1) + e(n-2) \right] \tag{2.1.63}$$

改进后的微分项算式为

$$\Delta u_d(n) = K_d \left[y(n) - 2y(n-1) + y(n-2) \right] \quad (\text{正作用}) \tag{2.1.64}$$

或

$$\Delta u_d(n) = -K_d \left[y(n) - 2y(n-1) + y(n-2) \right] \quad (\text{反作用}) \tag{2.1.65}$$

测量值微分也称微分先行,如图 2.17 所示。先由微分控制器 D_1 对测量值或被控量 y_1 进行微分运算,求得控制量 u_{d1};再由比例积分控制器 PI_1 对测量值或被控量 y_1 与设定量 r_1 的偏差 e_1 进行比例积分运算,求得控制量 u_{pi1};然后将这 2 个控制量相加求得总控制量 u_1。

对串级控制的副控制器 PID_2 而言,如图 2.17 所示,因设定量 r_2 是主控制器 PID_1 的输出控制量 u_1,故上述仅对测量值微分的方法并不适用,仍应按原微分项算式(2.1.63)对偏差 e 进行微分;否则,主控制器 PID_1 的输出控制量 u_1 的变化,在副控制器 PID_2 中无微分

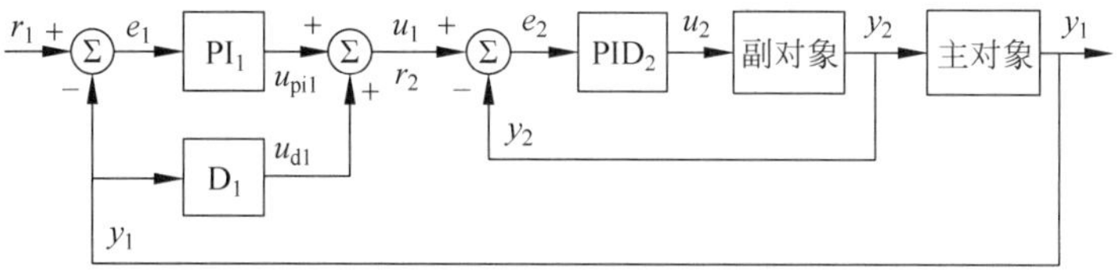

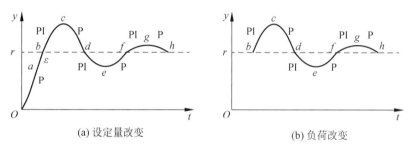

图 2.17　串级 PID 控制系统(测量值微分)

作用。对于串级控制系统来说,主控制器 PID_1 既可以用偏差微分,也可以用测量值微分;而副控制器 PID_2 只能用偏差微分。

★**注意 2**:串级控制的副控制器 PID_2 只能用偏差微分。

2.1.9　PID 控制算法中 P 和 PI 的改进

课件视频 15

一般对象具有惯性或自平衡能力,被控量 y 对设定量 r 改变和负荷改变的响应曲线如图 2.18 所示。针对被控对象的自平衡能力,可以分段采用 P、PI 控制,亦称变 PID 控制,其优点是减少超调,缩短调节时间。下面分别叙述设定量 r 改变和负荷改变时的变 PID 控制。

图 2.18　变 PID 控制分段曲线

(a) 设定量改变　　(b) 负荷改变

1. 设定量改变的变 PID 控制

被控量 y 对设定量 r 改变的响应曲线如图 2.18(a)所示。首先将曲线分为 oab、bc、cd、de、ef、fg、gh 等段,然后根据每段的特性采用 P 或 PI 控制。

oab 段:该段是系统从稳态到动态再向稳态转变的关键阶段,由于对象具有惯性,决定了此段曲线呈倾斜方向上升,并逐步接近新的设定量 r(稳态值),因此采用比例(P)控制。当被控量 y 上升到 a 点接近稳态而与设定量 r 的偏差为 ε 时,降低比例增益,使系统借助于惯性继续上升,这样既有利于减少超调又不至于影响上升时间。也就是说,oab 段采用变增益的比例(P)控制。

bc 段:该段被控量 y 远离设定量 r,向偏差增大的方向变化,到波峰 c 点偏差达到最大值。这一段的控制作用应该尽力压低超调,除了采用比例(P)控制外,还要有积分(I)控制,以便通过对偏差积分而强化控制作用,使被控量 y 尽快回到设定量 r(稳态值)。

cd 段:该段被控量 y 靠近设定量 r,向偏差减小的方向变化,到达 d 点偏差为零。这段如再继续用积分(I)控制,势必造成控制作用太强,而出现过大的超调。因此,应取消积分(I)控制,仅保留比例(P)控制。

de 段:该段被控量 y 远离设定量 r,偏差向反方向增大,到波谷 e 点偏差达到最大值。显然,这一段类似于 bc 段,应采用比例(P)积分(I)控制。

ef 段：该段被控量 y 靠近设定量 r，向偏差减小的方向变化，到达 f 点偏差为零。显然，这一段类似于 cd 段，应采用比例(P)控制。

后面各段与前面类似，故不再赘述。

2. 负荷改变的变 PID 控制

被控量 y 对负荷改变的响应曲线如图 2.18(b)所示，与图 2.18(a)曲线相比较，仅少了 oab 段，其余各段类似，故不再赘述。

为了实现上述分段变 PID 控制，首先要判别被控量 y 的变化是设定量改变引起的还是负荷改变引起的，然后根据被控量 y 的变化趋势来判断是远离设定量 r 还是靠近设定量 r，并决定采用 PI 或 P 控制。

微课视频 13

微课讲解 13

课件视频 16

2.2　数字 PID 控制算法的工程实现

前面讨论了数字 PID 控制算法的原理及其改进措施，为编制 PID 控制程序提供了算式，这是数字 PID 控制的核心问题。仅凭此算式编写出的 PID 控制程序，只有实验验证价值，没有工程实用价值。计算机仅实现此算式，并不能完全满足实际控制的需要，必须考虑其他工程实际问题，才能使 PID 控制程序具有通用性和实用性。

众所周知，模拟 PID 调节器是一台硬设备。与之相比，计算机中的数字 PID 控制器却是一台软设备，也就是说，它是由一段 PID 控制程序来实现的。一台模拟 PID 调节器只能构成一个控制回路，而一段 PID 控制程序可以作为一台计算机所控制的所有 PID 控制回路的公共子程序。所不同的只是各个控制回路提供的原始数据不一样，输入/输出通道也不一样。为此，必须给每个 PID 控制器提供一段内存数据区，以便存放各种信息参数。

既然 PID 控制程序是公共子程序，那就应该具有通用性和工程实用价值。在设计 PID 控制程序时，必须考虑各种工程实际情况，并具有多种功能，以便用户选择。

计算机控制中的数字 PID 控制器是由 PID 控制程序及相应的数据区构成的，称为 PID 控制块。每个 PID 控制块对应一段数据区，亦称 PID 控制块参数表，如表 2.1.1 所示。

PID 控制块参数表(见表 2.1.1)的参数对应内存一段数据区，数据格式因参数而异。也就是说，一台计算机中可以有 N 个 PID 控制块及对应的 N 个 PID 控制块参数表，而 PID 控制程序只有一个，可以供 N 个 PID 控制块调用。PID 控制程序相当于子程序，供 PID 控制块调用，而 PID 控制块参数表相当于子程序的数据区。

在计算机控制中，在组态(Configuration)软件的支持下，数字 PID 控制器以 PID 控制块的形式出现，而 PID 控制块的用户表现形式是 PID 控制块图(见图 2.19)及其参数表(见表 2.1.1)，并可以在显示器(LCD)上显示，也就是说，PID 控制块的实体是 PID 控制程序和 PID 控制块参数表。

表 2.1.1　PID 控制块参数表

项号	参数名	名　称	数据及说明	默认
1	NO	功能块号	$0\sim255$	
2	TAGNAME	工位号	8 个字符	
3	ALGORITH	算法码	8 个字符	PID

续表

项号	参数名	名 称	数据及说明	默认
4	ACTIVE	PID功能块激活	未激活＝OFF,激活＝ON	OFF
5	ATTRIBUT	PID功能块属性	OPERATOR＝OFF,PROGRAM＝ON	OFF
6	PV_MODE	PV方式	自动 AUTO＝OFF,手动 MAN＝ON	OFF
7	PV	被控量	工程量,RL～RH	
8	RH	PV量程上限	工程量,RH＞RL,−99999.00～＋99999.00	
9	RL	PV量程下限	工程量,RL＜RH,−99999.00～＋99999.00	
10	EU	PV工程单位	℃,Pa,MPa,m³(自定义8个字符)	
11	OV_MODE	PID工作方式	MAN＝0,AUTO＝1,INIT＝2,NLH＝3,PBH＝4	0
12	SV_MODE	设定量方式	内给 LOC＝0,串级 CAS＝1,监控 SCC＝2	0
13	SVL	内给设定量	工程量,RL～RH	
14	SVC	串级设定量	工程量,RL～RH	
15	SVS	SCC设定量	工程量,RL～RH	
16	SR	设定量变化率	0.1％～100％(RH−RL)/s	5
17	PHHA	PV高高限报警值	RL～RH,PHHA≥PHIA	RH
18	PHIA	PV高限报警值	RL～RH,PHIA≥PLOA	RH
19	PLOA	PV低限报警值	RL～RH,PLOA≥PLLA	RL
20	PLLA	PV低低限报警值	RL～RH,PLLA≥RL	RL
21	HY	PV报警死区	0.1％～100％(RH−RL)	1
22	D_R	正/反作用	正作用 D＝OFF,反作用 R＝ON	OFF
23	DVA	偏差报警值	0.1％～100％(RH−RL)	1
24	NA	非线性区	0～100％(RII RL)	0
25	NK	非线性区增益	0.0～1.0	1
26	ICV	输入补偿量	工程量,RL～RH	
27	ICM	输入补偿方式	0＝无,1＝加,2＝减,3＝置换	0
28	DV_PV	微分方式	DV微分＝OFF,PV微分＝ON	OFF
29	KP	比例增益	0.1～1000.0	1
30	TI	积分时间	0.1～1000.0s,0:无积分	1
31	TD	微分时间	0.1～1000.0s,0:无微分	1
32	KD	微分增益	0.1～1000.0	5
33	IB	积分分离值β	0.1％～100％(RH−RL)	100
34	IA	积分分离值α	0.1％～100％(RH−RL),IB≤IA	100
35	OH	控制量上限值	0～100％,OH＞OL	100
36	OL	控制量下限值	0～100％,OL≥0	0
37	OCV	输出补偿量	0～100％	
38	OCM	输出补偿方式	0＝无,1＝加,2＝减,3＝置换	0
39	OHS	输出保持开关	无保持 NH＝OFF,保持 YH＝ON	OFF
40	OSS	输出安全开关	无安全 NS＝OFF,安全 YS＝ON	OFF
41	SOV	输出安全值	0～100％	50
42	OTV	输出跟踪量	0～100％	
43	OTS	输出跟踪开关	无跟踪 NT＝OFF,跟踪 YT＝ON	OFF
44	OR	控制量变化率	0.1％～100％/s	50
45	COV	输出控制量	0～100％	

续表

项号	参数名	名 称	数据及说明	默认
46	MOV	手动控制量	0～100%	
47	TF	PV 滤波时间常数	0.1～1000.0s	0.1
48	EQ_MODE	PID 算式类型	算式 1=1,算式 2=2,算式 3=3,算式 4=4	2
49	TC	PID 控制周期	0.2～60.0s	1
50	RE_MODE	恢复工作方式	手动 MAN=0,自动 AUTO=1	0
51	DECIMAL	小数点位数	0，1，2，3，4	2
52	S_PV	PV 标准数	标准数 0～1	
53	S_SVL	SVL 标准数	标准数 0～1	
54	S_SVC	SVC 标准数	标准数 0～1	
55	S_SVS	SVS 标准数	标准数 0～1	
56	S_ICV	ICV 标准数	标准数 0～1	
57	S_OCV	OCV 标准数	标准数 0～1	
58	S_OTV	OTV 标准数	标准数 0～1	
59	S_MOV	MOV 标准数	标准数 0～1	
60	S_COV	COV 标准数	标准数 0～1	
61	F_FB	前级功能块	工位号	
62	N_FB	后级功能块	工位号	
63	F_FBM	前级功能块工作方式	INIT,MAN,AUTO	
64	N_FBM	后级功能块工作方式	INIT,MAN,AUTO,CAS	
65	PHHAS	PV 高高限报警状态	未报警=OFF,报警=ON	
66	PHIAS	PV 高限报警状态	未报警=OFF,报警=ON	
67	PLOAS	PV 低限报警状态	未报警=OFF,报警=ON	
68	PLLAS	PV 低低限报警状态	未报警=OFF,报警=ON	
69	DVAS	偏差报警状态	未报警=OFF,报警=ON	
70	T_PV	被控量端子	工位号.参数名　　模拟量	
71	T_SVC	串级设定量端子	工位号.参数名　　模拟量	
72	T_COV	输出控制量端子	工位号.参数名　　模拟量	
73	T_SVS	SCC 设定量端子	工位号.参数名　　模拟量	
74	T_ICV	输入补偿量端子	工位号.参数名　　模拟量	
75	T_OCV	输出补偿量端子	工位号.参数名　　模拟量	
76	T_OTV	输出跟踪量端子	工位号.参数名　　模拟量	
77	T_OTS	输出跟踪开关端子	工位号.参数名　　开关量	
78	T_OHS	输出保持开关端子	工位号.参数名　　开关量	
79	T_OSS	输出安全开关端子	工位号.参数名　　开关量	

在组态软件的支持下,用户首先调出 PID 控制块图及对应的 PID 控制块参数表,然后按要求填写 PID 控制块参数表,即可构成 PID 控制块,再由控制计算机实现 PID 控制功能。也就是说,引入 PID 控制块的概念是为了便于用户使用 PID 控制器。

PID 控制器的输入是被控量 y 和设定量 r,输出是控制量 u,如图 2.1 所示。与 PID 控制块类似,可以将其被控量 y 称为模拟量输入(AI)块,控制量 u 通过模拟量输出(AO)块作用于执行器(如气动调节阀或电动调节阀),人们将 PID 控制块、AI 块、AO 块等统称为功能块(Function Block,FB),如图 2.19 所示。

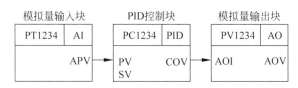

图 2.19 单回路(压力)PID 控制功能块组态图

在组态软件支持下,用户将如图 2.1 所示的单回路 PID 控制系统图用如图 2.19 所示的单回路 PID 控制功能块组态图来表示,即调用 AI 块、PID 控制块和 AO 块构成 PID 控制回路,其物理含义是 AI 块代表被控量,PID 控制块代表 PID 控制器,控制量通过 AO 块输出。在一台计算机中可以有多个 AI 块、PID 控制块和 AO 块,用户根据需要可以组成多个 PID控制回路。功能块有唯一的名字或工位号(tag name),如图 2.19 中 3 个功能块的工位号分别为 PT1234、PC1234 和 PV1234,AI、PID、AO 为算法码。

在组态软件支持下,功能块图的基本构成是输入端、输出端、算法、工位号或功能块名,如图 2.19 所示。例如,PID 控制块图的左边为被控量 PV 和设定量 SV 的输入端,右边为控制量 COV 的输出端,这 3 个端子可以连接相应功能块的输出端及输入端,如图 2.19 所示。

本书将数字 PID 控制算法的工程实现分成设定量处理、被控量处理、偏差处理、PID 计算、控制量处理、自动/手动切换 6 部分来讨论,如图 2.20 所示。

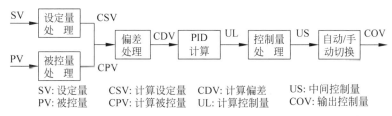

SV: 设定量 　　CSV: 计算设定量 　　CDV: 计算偏差 　　US: 中间控制量
PV: 被控量 　　CPV: 计算被控量 　　UL: 计算控制量 　　COV: 输出控制量

图 2.20 数字 PID 控制算法的工程实现框图

在常规控制中,以 PID 控制器为核心,再配置所需的输入、输出、运算功能块,就可以构成单回路、串级、前馈、比值、选择、分程、解耦等控制回路,这也就是 PID 控制程序应具有的通用性和实用性。在图 2.20 中,只有 PID 计算这部分所用的算式前面已经叙述了,其余部分都是为了使 PID 控制程序具有通用性和实用性而增加的。

在图 2.20 中,这 6 部分也是编写 PID 控制块的程序框图及要求,表 2.1.1 提供了所需的数据,由计算机软件实现这 6 部分,从而形成工程实用的数字 PID 控制器或 PID 控制块。下面分别叙述这 6 个部分,读者阅读完可以画出详细的程序框图,并用汇编语言编写程序。

微课视频 14

2.2.1 设定量处理

设定量 SV(Set-point Value)处理包括设定量选择(LOC/CAS/SCC)和设定量变化率限制(SR)两个部分,如图 2.21 所示。

微课讲解 14

1. 设定量选择

通过选择设定量方式(SV_MODE)的值 0、1、2,分别对应软开关 LOC,CAS,SCC,可以构成内设定、串级和监控 3 种状态。设定量方式(SV_MODE)位于 PID 控制块参数表(见表 2.1.1)中项号 12,此项号占用内存 1 字节,存入 00H、01H、02H,分别对应 LOC、CAS、SCC 状态。

课件视频 17

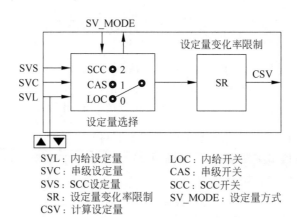

图 2.21　设定量处理

1) 内设定(LOC)状态

当 SV_MODE 值为 0 时,软开关处于内设定 LOC(Local)位置,则选择操作员设置的内给设定量 SVL。此时,可以利用操作员键盘或 PID 控制画面的设定量按键窗口改变内给设定量 SVL。单回路中 PID 控制器处于 LOC 状态,如图 2.1 所示。串级控制回路中的主PID 控制器(PID₁)也处于 LOC 状态,如图 2.22 所示。内给设定量 SVL 位于 PID 控制块参数表(见表 2.1.1)中项号 13,此项号占用内存一个字。

2) 串级(CAS)状态

当 SV_MODE 值为 1 时,软开关处于串级(Cascade,CAS)位置,则选择来自外部的串级设定量 SVC。此时,可以构成串级控制回路,SVC 来自主 PID 控制块或其他功能块。例如,串级控制回路中副 PID_2 控制器的设定量 r_2 来自主 PID_1 控制器的控制量 u_1,此时副 PID_2 控制器处于 CAS 状态,如图 2.22 所示。如果单回路中 PID 控制器的设定量 r 来自某个设定功能块,那么此 PID 控制器也要处于 CAS 状态。串级设定量 SVC 位于 PID 控制块参数表(见表 2.1.1)中项号 14,此项号占用内存一个字。

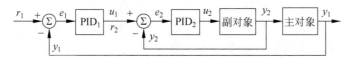

图 2.22　串级 PID 控制系统

3) 监控(SCC)状态

当 SV_MODE 值为 2 时,软开关处于监控(Supervisor Computer Control,SCC)位置,则选择来自上位监控计算机 SCC 的设定量 SVS,构成监督控制回路。此时可以构成 2 级计算机控制,下级计算机(处于 DDC 状态)实现常规 PID 算法,上级计算机(处于 SCC 状态)实现先进控制算法,给出最优设定量 SVS,送给下级计算机(处于 DDC 状态)中的 PID 控制器,此 PID 控制器处于 SCC 状态,如图 1.6(d)所示。SCC 设定量 SVS 位于 PID 控制块参数表(见表 2.1.1)中项号 15,此项号占用内存一个字。

SV_MODE 的选择有以下 3 种方法:

(1) 当 PID 控制块处于 AUTO(自动)方式时,在显示器(LCD)屏幕上,单击 PID 控制画面的 LOC、CAS 或 SCC 窗口；

（2）通过 PID 控制块参数表（见表 2.1.1）中项号 12,选择 SV_MODE 为 LOC、CAS 或 SCC；

（3）通过程序选 PID 控制块参数表（见表 2.1.1）中项号 12,给 SV_MODE 赋值 0 (LOC)、1(CAS)或 2(SCC)。

2. 设定量变化率限制

为了减少设定量突变对控制系统的扰动,防止比例 (P)、微分(D)饱和,以实现平稳控制,需要对设定量的变化率 SR(Set Rate)加以限制。

SR 的单位为被控量 PV 量程（RH～RL）的百分数/秒。例如,被控量 PV 量程为 0～200℃（即 RL＝0,RH＝200）,SR 取 0.5%/s,即 SR＝1℃/s;当设定量 SV 从 140℃升到 150℃时,内部参与运算的设定量 CSV 需要用 10s 才能升到 150℃,如图 2.23 所示。

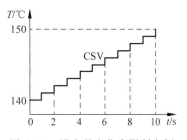

图 2.23　设定量变化率限制实例

设定量变化率限制 SR 位于 PID 控制块参数表（见表 2.1.1）中项号 16,通过此项给 SR 赋值。SR 的选取要适中,过小会使响应变慢,过大则达不到限制的目的。

2.2.2　被控量处理

被控量 PV(process variable)处理包括 PV 方式(PV_MODE)、PV 滤波和 PV 高低限值报警检查 3 部分,如图 2.24 所示。

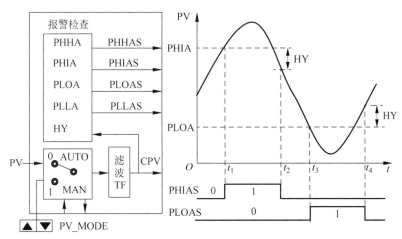

PV: 被控量　　　　　　PHHA: PV高高限报警值　　PHHAS: PV高高限报警状态
CPV: 计算被控量　　　PHIA: PV高限报警值　　　PHIAS: PV高限报警状态
TF: 滤波时间常数　　　PLOA: PV低限报警值　　　PLOAS: PV低限报警状态
PV_MODE: PV方式　　PLLA: PV低低限报警值　　PLLAS: PV低低限报警状态
　　　　　　　　　　　HY: PV报警死区

图 2.24　被控量处理

1. PV 方式(PV_MODE)

PID 控制块的被控量一般来自生产过程,简称过程变量(PV)、PV 方式(PV_MODE)或 PV 信号源,分为以下两种。

1) 自动(AUTO)

此时 PID 控制块的被控量 PV 来自模拟量输入(AI)块或其他功能块。为此,将 PV_MODE 置为 0 或 OFF(AUTO),这是 PID 控制块的正常工作方式。

2) 手动(MAN)

将 PV_MODE 置为 1 或 ON(MAN),可以人工设置被控量 PV,这样便于离线调试或仿真调试。

PV 方式(PV_MODE)的选择有以下 3 种方法:

(1) 在显示器(LCD)屏幕上,单击 PID 控制画面的 AUTO 或 MAN 窗口;

(2) 通过 PID 控制块参数表(见表 2.1.1)中项号 6,选择 PV_MODE 为自动 AUTO 或手动 MAN;

(3) 通过程序选 PID 控制块参数表(见表 2.1.1)中项号 6,给 PV_MODE 赋值 OFF(自动 AUTO)或 ON(手动 MAN)。

被控量 PV 位于 PID 控制块参数表(见表 2.1.1)中项号 7。

2. PV 滤波

对被控量 PV 采用一阶惯性滤波,相当于 RC 滤波,其公式为

$$\frac{Y(s)}{X(s)} = \frac{1}{1 + T_f s} \tag{2.2.1}$$

其中,T_f 为滤波时间,单位是秒。PV 滤波时间常数(TF)位于 PID 控制块参数表(见表 2.1.1)中项号 47,通过此项给 T_f 赋值。

3. PV 高低限值报警

为了安全运行,需要对被控量 PV 进行高高限、高限、低限和低低限报警检查,一旦越限,相应的报警状态为逻辑 1(状态 ON),分为以下 4 种报警:

(1) 当 PV>PHIA(高限报警值)时,高限报警状态 PHIAS 为逻辑 1。

(2) 当 PV<PLOA(低限报警值)时,低限报警状态 PLOAS 为逻辑 1。

(3) 当 PV>PHHA(高高限报警值)时,高高限报警状态 PHHAS 为逻辑 1,同时高限报警状态 PHIAS 也为逻辑 1。

(4) 当 PV<PLLA(低低限报警值)时,低低限报警状态 PLLAS 为逻辑 1,同时低限报警状态 PLOAS 也为逻辑 1。

当 PV 处于报警临界值时,为了不使报警状态频繁改变,可以设置一定的报警死区 HY,如图 2.24 所示。例如,若高限报警值 PHIA=100,报警死区 HY=5,当上行 PV≥100 时,产生高限报警,使高限报警状态 PHIAS 为逻辑 1;当下行 PV≤95 时,消除高限报警,使高限报警状态 PHIAS 为逻辑 0。

通过 PID 控制块参数表(见表 2.1.1)中项号 17~21,依次给 PHHA、PHIA、PLOA、PLLA 和 HY 赋值。报警状态 PHHAS、PHIAS、PLOAS 和 PLLAS 依次存入 PID 控制块参数表(见表 2.1.1)中项号 65~68。

2.2.3 偏差处理

偏差处理分为计算偏差、偏差报警、非线性特性和输入补偿 4 部分,如图 2.25 所示。

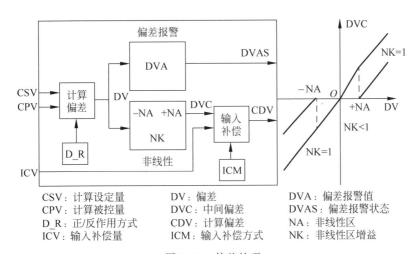

CSV：计算设定量　　DV：偏差　　　　DVA：偏差报警值
CPV：计算被控量　　DVC：中间偏差　　DVAS：偏差报警状态
D_R：正/反作用方式　CDV：计算偏差　　NA：非线性区
ICV：输入补偿量　　　ICM：输入补偿方式　NK：非线性区增益

图 2.25　偏差处理

1. 计算偏差

通过上述设定量处理得到计算设定量 CSV,通过上述被控量处理得到计算被控量 CPV,这 2 个中间量(CSV、CPV)作为计算偏差的输入。根据 PID 控制器正/反作用(D_R)方式计算偏差 DV,分为以下两种。

1) 正作用

当 D_R＝OFF 时,代表正作用,此时偏差

$$DV_+ = CPV - CSV \tag{2.2.2}$$

即被控量增加的结果,使控制量增加,此时 PID 控制器 $C(s)$ 特性为正,如图 2.26(b)所示。

2) 反作用

当 D_R＝ON 时,代表反作用,此时偏差

$$DV_- = CSV - CPV \tag{2.2.3}$$

即被控量增加的结果,使控制量减少,此时 PID 控制器 $C(s)$ 特性为负,如图 2.26(a)所示。

正/反作用(D_R)方式位于 PID 控制块参数表(见表 2.1.1)中项号 22,通过此项选择正/反作用方式,即给 D_R 赋值 OFF/ON。

众所周知,PID 控制器闭环控制系统必须构成负反馈,系统才能稳定,为此必须正确选择 PID 控制器的正/反作用,即 PID 控制器 $C(s)$ 特性的正/负,如图 2.26 所示。此系统中执行器 $V(s)$ 的特性有正/负,例如某电动调节阀,当输入信号 4～20mA DC 时,对应行程 0～100%,则称为正作用调节阀或电开调节阀,其特性为正;反之,当输入信号 4～20mA DC 时,对应行程 100%～0,则称为反作用调节阀或电关调节阀,其特性为负。另外,被控对象 $G(s)$ 特性也有正/负,例如,房间空调系统,冬天制热时,空调气(热气)增加,房间温度升高,被控对象 $G(s)$ 特性为正;反之,夏天制冷时,空调气(冷气)增加,房间温度降低,被控对象 $G(s)$ 特性为负。房间温度变送器 $T(s)$ 特性为正。由于被控对象 $G(s)$、变送器 $T(s)$ 和执行器 $V(s)$ 特性的正/负是客观存在而且无法改变,唯有 PID 控制器的正/反作用(即 $C(s)$ 特性的正/负)可以人为改变,从而保证 PID 控制器闭环控制系统构成负反馈。例如,如图 1.2 和图 1.10 所示的房间温度空调系统,选正作用调节阀,当冬天制热时,PID 控制器应选反作用,如图 2.26(a)所示;当夏天制冷时,PID 控制器应选正作用,如图 2.26(b)所示。

★**结论**: 图 2.26 中 $C(s)$、$V(s)$、$G(s)$、$T(s)$ 这 4 个特性的乘积为负,才能构成 PID 控制器闭环控制系统的负反馈。

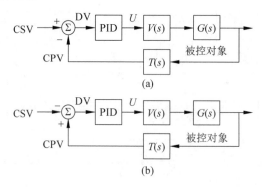

图 2.26　单回路 PID 控制系统(正/反作用)

2. 偏差报警

对于控制要求较高的对象,不仅要设置被控量 PV 的高、低限报警,而且要设置偏差 DV 报警。

当偏差绝对值|DV|>DVA 时,则偏差报警状态 DVAS 为逻辑 1(状态 ON)。

偏差报警值 DVA 位于 PID 控制块参数表(见表 2.1.1)中项号 23,通过此项给 DVA 赋值。偏差报警状态 DVAS 位于 PID 控制块参数表(见表 2.1.1)中项号 69,一旦|DV|>DVA,则使 DVAS=ON。

3. 非线性特性

为了实现非线性 PID 控制或带死区的 PID 控制,设置了非线性区-NA~+NA 和非线性区增益 NK,非线性特性如图 2.25 所示。

如果偏差 DV 在非线性区[-NA,+NA]内,那么

- 当 NK =0 时,为带死区的 PID 控制。
- 当 0<NK<1 时,为非线性 PID 控制。
- 当 NK=1 时,为正常的 PID 控制。

如果偏差 DV 在非线性区外,则恢复正常的 PID 控制。

非线性区 NA 和非线性区增益 NK 分别位于 PID 控制块参数表(见表 2.1.1)中项号 24 和 25,通过这两项分别给 NA 和 NK 赋值。

多个液位罐串联控制系统,一般选用非线性 PID 控制器,如图 2.27 所示。

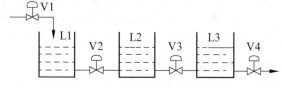

图 2.27　多个液位罐串联控制系统

在图 2.27 中,PID1、PID2、PID3 分别控制调节阀 V1、V2、V3。每个罐的液位控制必然会影响前后罐的液位变化,例如为了保证液位罐 L2 液位稳定,那就会影响其前、后液位罐 L1、L3 的液位变化,必然会频繁改变调节阀 V1、V2、V3 的行程,从而增加了调节阀的机械

磨损,缩短了调节阀的使用寿命。为此选用非线性 PID 控制器,例如,非线性区为±5%,使得液位误差±5%之内不进行调节,保证各罐的液位相对稳定,从而实现均衡操作,避免频繁改变调节阀,减少调节阀的机械磨损。

4. 输入补偿

为了扩展 PID 控制性能,对偏差进行输入补偿。根据输入补偿方式 ICM 的类型,决定偏差 DVC 与输入补偿量 ICV 之间的关系,即

- ICM＝0,代表无补偿,此时 CDV＝DVC。
- ICM＝1,代表加补偿,此时 CDV＝DVC＋ICV。
- ICM＝2,代表减补偿,此时 CDV＝DVC－ICV。
- ICM＝3,代表置换补偿,此时 CDV＝ICV。

输入补偿方式 ICM 为数 0、1、2 或 3,通过 PID 控制块参数表(见表 2.1.1)中项号 27 给 ICM 赋值。输入补偿量 ICV 存于 PID 控制块参数表(见表 2.1.1)中项号 26。

利用输入补偿,可以组成复杂的 PID 控制回路,如前馈控制或纯迟延补偿控制。例如图 2.28 所示的串级前馈控制系统,其中水位 L 作为主 PID$_1$ 控制器的主被控量 PV$_1$,给水量 F 作为副 PID$_2$ 控制器的副被控量 PV$_2$,蒸汽量 D 通过前馈补偿器 $G_f(s)$ 输出作为副 PID$_2$ 控制器的输入补偿量 ICV,这是典型的锅炉汽包水位三冲量(L、F、D)控制系统。

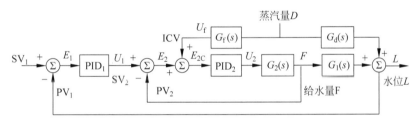

图 2.28　串级前馈控制系统

2.2.4　PID 计算

PID 计算分为选择 PID 计算的算式(EQ_MODE)、微分方式(DV_PV)和控制量限幅(OH、OL)处理 3 部分,如图 2.29 所示。通过上述被控量处理得到计算被控量 CPV,通过上述偏差处理得到计算偏差 CDV,用 CPV 和 CDV 进行 PID 计算。

微课视频 17
微课讲解 17
课件视频 20

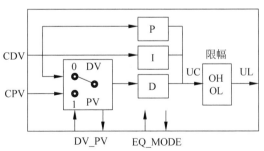

CDV: 计算偏差　　P: 比例　　OH: 控制量上限值
CPV: 计算被控量　I: 积分　　OL: 控制量下限值
DV_PV: 微分方式　D: 微分　　UC: 计算控制量
EQ_MODE: PID算式　　　　　UL: 限幅控制量

图 2.29　PID 计算

1. PID 计算的算式(EQ_MODE)

前面讨论了 4 种 PID 算式,用户通过 PID 算式类型(EQ_MODE)就可以选择这 4 种 PID 算式之一。

算式 1(EQ_MODE=1)为理想微分 PID 算式:

$$\frac{U(s)}{E(s)} = K_p \left(1 + \frac{1}{T_i s} + T_d s\right) \tag{2.2.4}$$

算式 2(EQ_MODE=2)为实际微分 PID 算式之一:

$$\frac{U(s)}{E(s)} = K_p \left(1 + \frac{1}{T_i s} + \frac{T_d s}{1 + \frac{T_d}{K_d} s}\right) \tag{2.2.5}$$

算式 3(EQ_MODE=3)为实际微分 PID 算式之二:

$$\frac{U(s)}{E(s)} = \frac{1 + T_d s}{1 + \frac{T_d}{K_d} s} K_p \left(1 + \frac{1}{T_i s}\right) \tag{2.2.6}$$

算式 4(EQ_MODE=4)为实际微分 PID 算式之三:

$$\frac{U(s)}{E(s)} = \frac{1}{1 + \frac{T_d}{K_d} s} K_p \left(1 + \frac{1}{T_i s} + T_d s\right) \tag{2.2.7}$$

PID 算式类型 EQ_MODE 为数 1、2、3 或 4,通过 PID 控制块参数表(见表 2.1.1)中项号 48 对它赋值,即可以选择 PID 控制算式。

PID 计算中必须考虑积分离。当偏差 $E(n)$ 较大时,取消积分作用;当偏差 $E(n)$ 较小时,将积分作用投入。即

- 当 $|E(n)| > \text{IB}$ 时,用 PD 控制。
- 当 $|E(n)| \leqslant \text{IB}$ 时,用 PID 控制。

通过 PID 控制块参数表(见表 2.1.1)中项号 33 给 IB(积分离值 β)赋值。积分离值 IB 应根据具体对象及要求确定。若 IB 值过大,则达不到积分离的目的;如果 IB 值过小,那么一旦被控量 PV 无法跳出积分离区,只进行 PD 控制,将会出现残差,如图 2.13 中曲线 b 和图 2.14(d)中曲线 y 所示。

根据式(2.1.58),采用带变速积分的 PID 控制,除了给 IB 赋值,还要给 IA(积分离值 α)赋值,即通过 PID 控制块参数表(见表 2.1.1)中项号 34 给 IA 赋值。

2. 微分方式

PID 控制算式中的微分部分一般采用偏差 DV 微分。但为了避免设定量改变给控制系统带来冲击,有利于平稳操作,微分项算式部分应该采用被控量 PV 微分,亦称测量值微分。

偏差 $E(n)$ 是测量值与设定量之差,考虑到 PID 控制器的正反作用,偏差 $E(n)$ 的计算方法不同,即

$$E(n) = \text{CPV}(n) - \text{CSV}(n) \quad (\text{正作用}) \tag{2.2.8a}$$

或

$$E(n) = \text{CSV}(n) - \text{CPV}(n) \quad (\text{反作用}) \tag{2.2.8b}$$

例如,PID 算式 1 中偏差微分项算式为

$$\Delta U_d(n) = K_d [E(n) - 2E(n-1) + E(n-2)] \tag{2.2.9}$$

相应的测量值微分项算式为

$$\Delta U_d(n) = K_d[CPV(n) - 2CPV(n-1) + CPV(n-2)] \quad (正作用) \quad (2.2.10a)$$

或

$$\Delta U_d(n) = -K_d[CPV(n) - 2CPV(n-1) + CPV(n-2)] \quad (反作用) \quad (2.2.10b)$$

通过 PID 控制块参数表(见表 2.1.1)中项号 28,对微分方式 DV_PV 赋值。

当 DV_PV=OFF 时,选用偏差 DV 微分算式;

当 DV_PV=ON 时,选用测量值 PV 微分算式。

★注意:对串级控制的副 PID$_2$ 控制器而言,因其设定量 r_2 是主 PID$_1$ 控制器的控制量 u_1,故副 PID$_2$ 控制器只能采用偏差微分,不能采用测量值微分,如图 2.17 和图 2.22 所示。

3. 控制量限幅

当长时间存在偏差或偏差较大时,计算出的控制量 UC 有可能很大或很小(甚至小于零),称为溢出。所谓溢出,就是计算出的控制量 UC 超出 D/A 所能表示的数值范围。例如,12 位 D/A 的数值范围为 000H~FFFH(H 表示十六进制)。一般执行器(如气动调节阀或电动调节阀)有两个极限位置,如调节阀全关到全开,恰好对应 000H~FFFH。如果执行器已到极限位置,仍然不能消除偏差,此时由于积分作用,尽管 UC 继续增大或减小,而执行器已无相应的动作,势必造成更大偏差,这就称为积分饱和。一旦偏差反向,进行反向积分,必须使 UC 减小或增大到极限范围内(000H~FFFH),执行器才会动作,这段空程时间有可能影响控制品质。作为防止积分饱和的办法之一,可对控制量 UC 限幅。

- 当 UC≤OL 时,取 UL=OL。
- 当 OL<UC<OH 时,取 UL=UC。
- 当 UC≥OH 时,取 UL=OH。

其中控制量下限值 OL 和控制量上限值 OH 的选取有两种方式:一种是机内方式或程序方式,即 OL 和 OH 值对应 D/A 的数值范围,例如,对应 12 位 D/A 的数值范围为 000H~FFFH;另一种是机外方式或用户方式,即用户通过键盘输入 OL 和 OH 值,一般控制量或执行器的位置用 0~100% 表示,也就是说,OL 和 OH 值对应 0~100%。

通过 PID 控制块参数表(见表 2.1.1)中项号 29~36 或程序可以给 PID 控制参数 K_p、T_i、T_d、K_d、IB、IA 以及 OH、OL 赋值。

2.2.5　控制量处理

为了扩展 PID 控制功能,实现安全平稳操作,必须对控制量进行处理,主要有输出补偿、输出保持和输出安全 3 部分,如图 2.30 所示。通过上述 PID 计算得到限幅控制量 UL,用 UL 和输出补偿量 OCV 进行控制量处理。

微课视频 18

1. 输出补偿

根据输出补偿方式 OCM 的类型,决定限幅控制量 UL 与输出补偿量 OCV 之间的关系,即

微课讲解 18

- 当 OCM=0 时,代表无补偿,此时 UM=UL。
- 当 OCM=1 时,代表加补偿,此时 UM=UL+OCV。
- 当 OCM=2 时,代表减补偿,此时 UM=UL−OCV。
- 当 OCM=3 时,代表置换补偿,此时 UM=OCV。

课件视频 21

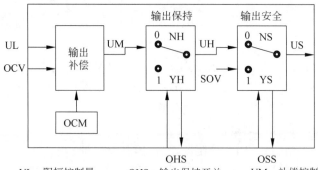

图 2.30   控制量处理

UL：限幅控制量　　OHS：输出保持开关　　UM：补偿控制量
OCV：输出补偿量　　OSS：输出安全开关　　UH：保持控制量
OCM：输出补偿方式　　SOV：输出安全量　　US：安全控制量

　　输出补偿方式 OCM 为数 0、1、2 或 3，通过 PID 控制块参数表(见表 2.1.1)中项号 38
给 OCM 赋值。输出补偿量 OCV 存于 PID 控制块参数表(见表 2.1.1)中项号 37。

　　利用输出补偿，可以组成复杂的 PID 控制回路，如前馈控制。例如图 2.31 所示的单回
路前馈控制系统，其中水位 L 作为 PID 控制器的被控量 PV，蒸汽量 D 通过前馈补偿器
$G_f(s)$ 输出作为 PID 控制器的输出补偿量 OCV，实际控制量 $U_C = U + OCV$。

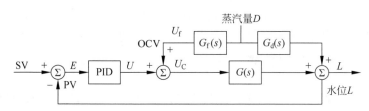

图 2.31   单回路前馈控制系统

2. 输出保持

　　根据生产工艺及生产状况，要求执行器(如气动调节阀或电动调节阀)位置保持不变。
为此，设置了输出保持状态，输出保持开关 OHS 位于 PID 控制块参数表(见表 2.1.1)中项
号 39。也就是说，项号 39 保存 OHS 的状态 ON 或 OFF。

　　当输出保持开关 OHS 为逻辑 1(状态 ON)时，软开关处于 YH(输出保持状态)的位置，
现时刻的控制量 $UH(n)$ 等于前一时刻的控制量 $UH(n-1)$，也就是说，输出控制量保持不
变(或执行器位置保持不变)，此时 PID 算式停止运行。

　　当输出保持开关 OHS 为逻辑 0(状态 OFF)时，软开关处于 NH(正常工作状态)的位
置，恢复正常输出方式，即 PID 算式恢复运行。

　　输出保持开关 OHS 的状态(1 或 0)，取决于相应的输出保持开关端子 T_OHS 的状态
(1 或 0)，T_OHS 位于 PID 控制块参数表(见表 2.1.1)中项号 78。也就是说，项号 78 保存
T_OHS 的变量名，项号 39 存该变量的状态。

　　例如，某反应器温度 TT678 低限报警，其低限报警状态变量 TT678.PLOAS 的状态
为 1，使得对应的 PID 控制器 TC678 进入输出保持状态。此例中输出保持开关端子为
TT678.PLOAS(变量名)，该变量的状态(1 或 0)作为输出保持开关 OHS 的状态。PID 控

制块参数表(见表 2.1.1)中项号 78 保存输出保持开关端子 T_OHS(变量名),此例中存低限报警状态的变量名 TT678.PLOAS。PID 控制块参数表(见表 2.1.1)中项号 39 保存输出保持开关 OHS 的状态,此例中存低限报警状态变量 TT678.PLOAS 的状态(1 或 0)。也就是说,项号 78 保存变量名(TT678.PLOAS),项号 39 保存该变量的状态。

为了实现从输出保持 YH 状态到正常工作 NH 状态的无扰动切换,也就是说,切换瞬间输出控制量保持不变。为此,在每个控制周期应使设定量(CSV)跟踪被控量(CPV),同时要使 PID 差分算式中的历史数据 $E(n-1)$、$E(n-2)$、$U_d(n-1)$ 等清零。这样,一旦切向正常工作 NH 状态(OHS 为逻辑 0),由于 CSV＝CPV(即偏差 $E(n)$ 为 0),PID 差分算式中的历史数据为 0,故 $\Delta U_C(n)＝0$,而 $U_C(n-1)$ 一直保持不变。这就保证了切换瞬间输出控制量的连续性,即

$$U_C(n)＝U_C(n-1)+\Delta U_C(n)＝U_C(n-1)+0＝U_C(n-1) \tag{2.2.11}$$

3. 输出安全

当系统出现不安全报警,必须及时消除安全隐患,保证安全生产。为此,设置了输出安全开关 OSS 和输出安全值 SOV,OSS 和 SOV 分别位于 PID 控制块参数表(见表 2.1.1)中项号 40 和 41。也就是说,项号 40 保存 OSS 的状态 1 或 0,项号 41 保存 SOV 的值,通过项号 41 可以给输出安全值 SOV 赋值。

当输出安全开关 OSS 为逻辑 1(状态 ON)时,软开关处于 YS(输出安全状态)的位置,现时刻的控制量 US(n) 等于预置的输出安全量 SOV(0～100%),此时 PID 算式停止运行。

当输出安全开关 OSS 为逻辑 0(状态 OFF)时,软开关处于 NS(正常工作状态)的位置,此时 PID 算式恢复运行,即恢复正常输出方式。

输出安全开关 OSS 的状态(1 或 0),取决于相应的输出安全开关端子 T_OSS 的状态(1 或 0),T_OSS 位于 PID 控制块参数表(见表 2.1.1)中项号 79。也就是说,项号 79 保存 T_OSS 的变量名,项号 40 保存该变量的状态。

例如,某反应器温度 TT678 高限报警,其高限报警状态变量 TT678.PHIAS 的状态为 1,使得对应的 PID 控制器 TC678 进入输出安全状态。此例中输出安全开关端子为 TT678.PHIAS(变量名),该变量的状态(1 或 0)作为输出安全开关 OSS 的状态。PID 控制块参数表(见表 2.1.1)中项号 79 保存输出安全开关端子 T_OSS(变量名),此例中存高限报警状态的变量名 TT678.PHIAS。PID 控制块参数表(见表 2.1.1)中项号 40 保存输出安全开关 OSS 的状态,此例中存高限报警状态变量 TT678.PHIAS 的状态(1 或 0)。也就是说,项号 79 保存变量名(TT678.PHIAS),项号 40 保存该变量的状态。

为了实现从输出安全 YS 状态到正常工作 NS 状态的无扰动切换,也就是说,切换瞬间输出控制量保持不变,在每个控制周期应使设定量(CSV)跟踪被控量(CPV),同时要使 PID 差分算式中的历史数据 $E(n-1)$、$E(n-2)$、$U_d(n-1)$ 等清零,还要将输出安全值 SOV 赋给 $U_C(n-1)$。这样,一旦切向正常工作 NS 状态(OSS 为逻辑 0),由于 CSV＝CPV(即偏差 $E(n)$ 为 0),PID 差分算式中的历史数据为 0,故 $\Delta U_C(n)＝0$,而 $U_C(n-1)$ 又等于切换瞬间的输出安全值 SOV。这就保证了切换瞬间输出控制量的连续性,即

$$U_C(n)＝U_C(n-1)+\Delta U_C(n)＝U_C(n-1)+0＝SOV \tag{2.2.12}$$

★**注意**:输出保持状态下的保持控制量 UH 值是随机量,输出安全状态下的安全控制量 US 是预先设置的输出安全量 SOV,即 US＝SOV。

2.2.6 自动/手动切换

自动/手动切换包括 PID 工作方式(OV_MODE)、输出跟踪、控制量变化率限制及控制量限幅 4 部分,如图 2.32 所示。通过上述控制量处理得到安全控制量 US,输出跟踪量 OTV 和手动控制量 MOV 进行自动/手动切换。

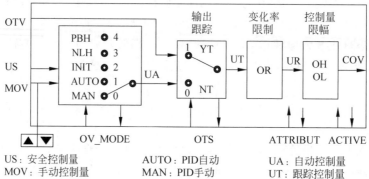

US:安全控制量   AUTO:PID自动   UA:自动控制量
MOV:手动控制量   MAN:PID手动   UT:跟踪控制量
OTV:输出跟踪量   INIT:初始化   UR:限制控制量
OTS:输出跟踪开关   NLH:副调极限保持   COV:输出控制量
OV_MODE:PID工作方式   PBH:PV坏保持   ACTIVE:功能块激活
OR:控制量变化率限制   ATTRIBUT:功能块属性

图 2.32 自动/手动切换

1. PID 工作方式(OV_MODE)

PID 工作方式(OV_MODE)分为手动(MAN)、自动(AUTO)、初始化(INIT)、副调极限保持(NLH)和 PV 坏保持(PBH)5 种,OV_MODE 位于 PID 控制块参数表(见表 2.1.1)中项号 11。

1) 手动(MAN)

手动方式 OV_MODE 值为 0。此时 PID 控制块处于手动方式,PID 控制算式停止运行,控制量 MOV 来自人工设置,如从键盘或 PID 控制画面来设置控制量 MOV。

为了实现从手动到自动的无扰动切换,也就是说,切换瞬间输出控制量保持不变。为此,在手动方式下,尽管不进行 PID 计算,但在每个控制周期应使设定量(CSV)跟踪被控量(CPV),同时要使 PID 差分算式中的历史数据 $E(n-1)$、$E(n-2)$、$U_d(n-1)$ 等清零,并将输出控制量 COV 赋给 $U_c(n-1)$。这样,一旦切向自动 AUTO 方式,由于 CSV=CPV(即偏差 $E(n)$ 为 0),PID 差分算式中的历史数据为 0,故 $\Delta U_c(n)=0$,而 $U_c(n-1)$ 等于切换瞬间的输出控制量 COV。这就保证了切换瞬间输出控制量的连续性,即

$$U_c(n) = U_c(n-1) + \Delta U_c(n) = U_c(n-1) + 0 = COV \qquad (2.2.13)$$

2) 自动(AUTO)

自动方式 OV_MODE 值为 1。此时 PID 控制块处于自动方式,这是 PID 控制块的正常工作方式,PID 控制块正常运行,控制量 US 来自 PID 控制算式。

为了实现从自动到手动的无扰动切换,也就是说,切换瞬间输出控制量保持不变。为此,在自动方式下,每个控制周期应将 COV 值赋给 MOV,一旦切向手动方式,那就保证了切换瞬间输出控制量的连续性。

3）初始化（INIT）

初始化方式 OV_MODE 值为 2。此时 PID 控制块处于初始化方式，PID 控制算式停止运行。PID 控制块是否处于初始化方式，取决于其前级或后级功能块的状态。

★关于 PID 控制块初始化方式的详细内容，请见参考文献[1]和[2]。

4）副调极限保持（NLH）

副调极限保持方式 OV_MODE 值为 3。当串级控制系统中副 PID_2 控制块的控制量 u_2 达到极限时，必须使主 PID_1 控制块的控制量 u_1 保持，如图 2.22 所示。因为串级控制系统中 $r_2 = u_1$，因此，即使 u_1 变化对 u_2 也无影响。一旦副 PID_2 控制块的控制量 u_2 恢复正常，主 PID_1 控制块就恢复正常运行。

5）PV 坏保持（PBH）

PV 坏保持方式 OV_MODE 值为 4。此时 PID 控制块输出保持，原因是其被控量 PV 为坏值。一旦 PV 恢复正常，PID 控制块就恢复正常运行。

2. 输出跟踪

根据控制要求，输出控制量 COV 要跟踪某个变量 OTV，称为输出跟踪量。为此，设置了输出跟踪开关 OTS。

当输出跟踪开关 OTS 为逻辑 1（状态 ON）时，软开关处于 YT（输出跟踪状态）的位置，输出控制量来自外部跟踪变量 OTV，此时 PID 控制器处于输出跟踪状态，PID 控制算式停止运行。

当输出跟踪开关 OTS 为逻辑 0（状态 OFF）时，软开关处于 NT（正常工作状态）的位置，PID 控制算式恢复运行，控制量 UA 来自 PID 控制器本身，此时 PID 控制器处于正常工作状态。

输出跟踪开关 OTS 的状态存于 PID 控制块参数表（见表 2.1.1）中项号 43，OTS 的状态（1 或 0）取决于相应的输出跟踪开关端子 T_OTS 的状态（1 或 0），T_OTS（变量名）存于 PID 控制块参数表（见表 2.1.1）中项号 77。也就是说，项号 77 保存变量名，项号 43 保存该变量的状态。

为了实现从输出跟踪 YT 状态到正常工作 NT 状态的无扰动切换，也就是说，切换瞬间输出控制量保持不变，在每个控制周期应使设定量（CSV）跟踪被控量（CPV），同时要使 PID 差分算式中的历史数据 $E(n-1)$、$E(n-2)$、$U_d(n-1)$ 等清零，还要将输出跟踪量 OTV 值赋给 $U_c(n-1)$。这样，一旦切向正常工作 NT 状态（OTS 为逻辑 0），由于 CSV＝CPV（即偏差 $E(n)$ 为 0），PID 差分算式中的历史数据为 0，故 $\Delta U_c(n)=0$，而 $U_c(n-1)$ 等于切换瞬间的 OTV 值。这就保证了切换瞬间输出控制量的连续性，即

$$U_c(n) = U_c(n-1) + \Delta U_c(n) = U_c(n-1) + 0 = OTV \qquad (2.2.14)$$

3. 控制量变化率限制

为了实现平稳操作，需要对输出控制量的变化率 OR 加以限制。OR 的选取要适中，过小会使操作缓慢，过大则达不到限制的目的。OR 的单位为执行器（如气动调节阀或电动调节阀）全行程（0～100％）的百分数/秒，如 2％/s。

通过 PID 控制块参数表（见表 2.1.1）中项号 44 可以给 OR 赋值。

4. 输出控制量限幅

为了满足生产工艺的需要，保证执行器（如气动调节阀或电动调节阀）工作在有效的范

围内,需要对实际输出控制量进行上、下限限幅,使得 OL≤COV≤OH。

通过 PID 控制块参数表(见表 2.1.1)中项号 35 和 36 可以给 OH 和 OL 赋值。

★说明:至此,图 2.20 中的 6 部分叙述完毕,请读者画出详细的编写 PID 控制块的程序框图,并用汇编语言编写程序。

以上叙述了 PID 控制块的 6 部分功能,其存在的表现形式是 PID 控制块组态图(见图 2.33)及 PID 控制块参数表(见表 2.1.1)。此表的物理实现是内存一段数据区,表中的每个项号所占用的内存位、字节、字数多少各异。PID 控制块左边为输入端、右边为输出端,例如 PV 和 SV 为输入端、COV 为输出端,如图 2.33 所示。

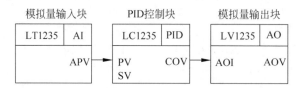

图 2.33　单回路(液位)PID 控制功能块组态图

PID 控制块参数表有多个参数项,参数引用为"工位号.参数名",例如图 2.33 中 LC1235.PV 代表 PID 控制块的被控量。对用户来说,只需在组态软件的支持下,按要求填写 PID 控制块参数表,而不必关心图 2.20 中的 6 部分功能的具体实现,但要理解表 2.1.1 的每个参数,以便正确地组态和操作,构成所需的控制回路。

PID 控制块参数表(见表 2.1.1)中的参数可以分为端子参数和内含参数两类。

1) 端子参数

端子参数是 PID 控制块的输入变量和输出变量,如表 2.1.1 中项号 70~79 所示,其中被控量端子 T_PV、串级设定量端子 T_SVC、输出控制量端子 T_COV 依次为项号 70、71、72 等。

端子参数在 PID 控制块上有对应的输入端子和输出端子,既可以用于功能块组态连线,也可以供其他功能块调用。例如,图 2.33 中液位控制块 LC1235 的被控量端子 T_PV 应为模拟量输入块 LT1235 的液位测量值 LT1235.APV;图 2.33 中液位控制块 LC1235 的输出控制量端子 T_COV 应为其后级模拟量输出块 LV1235 的输入端 LV1235.AOI。

2) 内含参数

内含参数是 PID 控制块的内部变量,如表 2.1.1 中 PV 量程上限 RH、PV 量程下限 RL、PV 工程单位 EU、比例增益 KP、积分时间 TI、微分时间 TD、微分增益 KD 依次为项号 8、9、10、29、30、31、32 等。内含参数在 PID 控制块上无对应的端子,不能用于功能块组态连线,只能供其他功能块调用。

PID 控制块参数(见表 2.1.1)中项号 52~60 存放 S_PV 至 S_COV 参数的标准数 0~1。其中被控量 PV(工程量)、PV 标准数 S_PV(0~1)、被控量端子 T_PV 分别占用表 2.1.1 中项号 7、52、70,这三者既有联系又有区别。

★关于 PID 控制块参数表(见表 2.1.1)的详细内容,请见参考文献[1]~[4]。

★关于 PID 控制块工作方式的无扰动切换的详细内容,请见参考文献[1]~[4]。

★关于单回路 PID 和串级 PID 控制回路中,前后级功能块工作方式的变迁及互相匹配的详细内容,请见参考文献[1]~[4]。

2.3　数字 PID 控制算法的编程调试

前面讨论了数字 PID 控制算法的工程实现,为编制 PID 控制器程序提供了详细要求。根据数字 PID 控制算法的工程实现(见图 2.20)中的设定量处理、被控量处理、偏差处理、PID 计算、控制量处理、自动手动切换以及 PID 工作方式的无扰动切换等要求编写汇编程序。PID 控制器程序的调试,首先调试开环阶跃响应,再调试单回路、串级等闭环阶跃响应。

2.3.1　编程方法

一般采用汇编语言编写 PID 控制器程序,其原因一是汇编语言占用计算机的资源少,运算速度快,可以保证 PID 控制器的实时性;二是控制计算机一般安装于环境恶劣的生产现场,且体积小,并无硬盘、光盘等可移动部件。汇编语言编写的 PID 控制器程序,经过编译形成机器码(或指令码),再固化于内存(ROM)中,调入 CPU 运行,因为机器码运行效率高,所以实时性好。

编写 PID 控制器汇编程序中会涉及为 PID 控制块参数表(见表 2.1.1)中的数据选取数据格式,加法、减法、乘法、除法、开平方的运算,以及二进制整数转成十进制整数 BCD 码、二进制小数转成十进制小数 BCD 码、十进制整数 BCD 码转成二进制整数、十进制小数 BCD 码转成二进制小数的算法等。

根据数字 PID 控制算法的工程实现(见图 2.20)中的设定量处理、被控量处理、偏差处理、PID 计算、控制量处理、自动手动切换以及 PID 工作方式的无扰动切换等要求编写汇编主程序,并合理调用乘法、除法、开平方等子程序。一般采用定点数运算,数据格式如图 2.34 所示,编程运算过程中记住中间结果的整数部分、小数部分及小数点位置。

1. 数据格式

PID 控制算式中含有多个数据,例如 PV、SV、$E(n)$、$U(n)$、K_p、T_i、T_d、K_d、T_c 等,详见 PID 控制块参数表(见表 2.1.1)。采用汇编语言编写 PID 控制器程序,必须为这些数据规定存储格式。

为了编写汇编程序方便,一般采用定点数的数据格式,如图 2.34 所示的两种双字节定点数。计算机的机器数所代表的真值(或含义)由人自定,例如,计算机的机器数本无小数点,为了存储数据或编程序方便,而人为规定机器数的小数点位置。

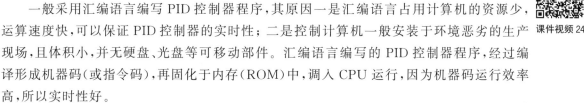

图 2.34　PID 控制器编程用的两种数据格式

PID 控制算式中 K_p、T_i、T_d、K_d、T_c 等,采用如图 2.34(a)所示的数据格式,其中 4 位小数是 $D_3 \sim D_0$ 位,12 位整数是 $D_{15} \sim D_4$ 位。

PID 控制算式中 PV、SV、$E(n)$、$E(n-1)$、$E(n-2)$、$U(n)$、$U(n-1)$、$\Delta U(n)$ 等,采用如图 2.34(b)所示的数据格式,其中 14 位小数是 $D_{13} \sim D_0$ 位,1 位整数是 D_{14} 位,1 位符号是 D_{15} 位(0 为正数、1 为负数)。

被控对象的物理参数(温度、压力、流量、料位、成分等)由传感器或变送器转换成电流或电压信号,再经 A/D(8 位、10 位、12 位、14 位、16 位)转换成二进制数,作为 PID 控制器的输入被控量 PV。A/D 转换的二进制数置于图 2.34(b)中 $D_{13} \sim D_0$ 小数位,整数 D_{14} 位为 0,符号 D_{15} 位为 0(正数)。其中 $D_{13} \sim D_0$(小数位)取决于 A/D 位数,14 位 A/D 转换结果置于 $D_{13} \sim D_0$ 位;12 位 A/D 转换结果置于 $D_{13} \sim D_2$ 位,并将 $D_1 \sim D_0$ 位置 0;10 位 A/D 转换结果置于 $D_{13} \sim D_4$ 位,并将 $D_3 \sim D_0$ 位置 0;8 位 A/D 转换结果置于 $D_{13} \sim D_6$ 位,并将 $D_5 \sim D_0$ 位置 0。

例如,某温度控制回路,被控量 PV 温度量程为 $0 \sim 1600^\circ\text{C}$,采用 14 位 A/D 转换器,当实际温度为 1200°C 时,A/D 转换的 14 位二进制数(11 0000 0000 0000)置于图 2.34(b)中为 PV=0011 0000 0000 0000,代表十进制小数值为 PV=0.75,即 $PV=1200^\circ\text{C}/1600^\circ\text{C}=0.75$,与实际情况符合。假如温度设定量 SV 为 1400°C,为了与被控量 PV 匹配,置于图 2.34(b)中为 SV=0011 1000 0000 0000,代表十进制小数值为 SV=0.875,即 $SV=1400^\circ\text{C}/1600^\circ\text{C}=0.875$,与实际情况符合。

被控量 PV,若采用 14 位 A/D 转换器,则转换结果置于图 2.34(b)中的 $D_{13} \sim D_0$ 位;若采用 12 位 A/D 转换器,则转换结果置于图 2.34(b)中的 $D_{13} \sim D_2$ 位,$D_1 \sim D_0$ 位补 0;若采用 10 位 A/D 转换器,则转换结果置于图 2.34(b)中的 $D_{13} \sim D_4$ 位,$D_3 \sim D_0$ 位补 0;若采用 8 位 A/D 转换器,则转换结果置于图 2.34(b)中的 $D_{13} \sim D_6$ 位,$D_5 \sim D_0$ 位补 0。

上述被控量 PV 为 1200°C、设定量 SV 为 1400°C,这是人们看到的十进制工程量(温度)。对应图 2.34(b)数据格式,被控量 PV 为 0011 0000 0000 0000、设定量 SV 为 0011 1000 0000 0000,这是计算机的二进制机器数,并对应十进制工程量。

PID 控制器输出的二进制控制量 $U(n)$,置于图 2.34(b)中的 $D_{13} \sim D_0$ 位,再将 $D_{13} \sim D_0$ 位放到 D/A 输入端,经 D/A 转换成电压或电流($4 \sim 20\text{mA DC}$)信号输出给执行器(如气动调节阀或电动调节阀)。

PID 控制器程序运行过程中,一旦控制量 $U(n)=U(n-1)+\Delta U(n)$ 的整数位 $D_{14}=1$ 且符号位 $D_{15}=0$,即 $U(n)$ 为正数,就表明 $U(n)$ 超过上限,应该进行上限限幅,即将小数位 $D_{13} \sim D_0$ 置成全 1、整数位 D_{14} 置成 0,此时 $U(n)$ 的位 $D_{13} \sim D_0$(全 1)置于 D/A 转换器的输入端,其输出最大电压或电流(如 20mA DC);反之,一旦控制量 $U(n)=U(n-1)+\Delta U(n)$ 的符号位 $D_{15}=1$,即 $U(n)$ 为负数,表明 $U(n)$ 低于下限,应该进行下限限幅,即将小数位 $D_{13} \sim D_0$ 置成全 0、整数位 D_{14} 置成 0,符号位 D_{15} 置成 0,此时 $U(n)$ 的位 $D_{13} \sim D_0$(全 0)置于 D/A 转换器的输入端,其输出最小电压或电流(如 4mA DC)。

由上述分析可知,控制量 $U(n)$ 只限于 D/A 转换器的位数(全 0 ~ 全 1),例如,14 位 D/A 转换器,将 $U(n)$ 的小数位 $D_{13} \sim D_0$ 置于 D/A 输入端;12 位 D/A 转换器,将 $U(n)$ 的小数高 12 位 $D_{13} \sim D_2$ 置于 D/A 输入端;10 位 D/A 转换器,将 $U(n)$ 的小数高 10 位 $D_{13} \sim D_4$ 置于 D/A 输入端;8 位 D/A 转换器,将 $U(n)$ 的小数高 8 位 $D_{13} \sim D_6$ 置于 D/A 输入端。

控制量 $U(n)$ 二进制机器数（$D_{13}\sim D_0$ 位）对应 D/A 转换器输入，经 D/A 转换成电压或电流（如 4～20mA DC）信号输出给执行器（如电动调节阀），这就是 $U(n)$ 二进制机器数的物理含义。例如 $U(n)=0010\ 0000\ 0000\ 0000$，即 $U(n)=0.5$，经 14 位 D/A 转换成电流 12mA DC，即 $(20-4)\times 0.5+4=12$mA DC 信号输出给电动调节阀，对应线性阀门位置（开度）50%。

计算机的机器数本无小数点，一旦人为对机器数规定了小数点位置，就必须牢记且按规则进行四则运算。例如，小数点位置相同的两个数才能进行加或减运算，并用补码进行加或减运算；两个数相乘，其积的小数位数是这两个数的小数位数之和。

2. 子程序

编写 PID 控制器汇编程序中会涉及相关子程序，常用的有乘法、除法、开平方等子程序，以及数制转换子程序，例如，二进制整数转成十进制整数 BCD 码、二进制小数转成十进制小数 BCD 码、十进制整数 BCD 码转成二进制整数、十进制小数 BCD 码转成二进制小数子程序。关于这些子程序的详细内容，请见参考文献[1]和[2]。

2.3.2 调试理想微分 PID 控制器的开环阶跃响应

理想微分 PID 控制器的开环阶跃响应的曲线，如图 2.35、图 2.36 和图 2.37 所示。改变比例增益 K_p、积分时间 T_i、微分时间 T_d，每次只改变其中一个参数，此参数至少变 2 次或多次，分析响应曲线。

微课视频 21

调试理想微分 PID 控制器的开环阶跃响应至少要做到以下 3 点。

1. 改变比例增益 K_p

只改变比例增益 K_p 这一个参数，观察控制量 u 或 MV 曲线变化，并分析 K_p 对 u 或 MV 曲线的影响，如图 2.35 所示，K_p 增大（从 2 增大到 4），比例作用增强，如图 2.35 中虚线所示的比例控制量 u_p。

微课讲解 21

课件视频 25

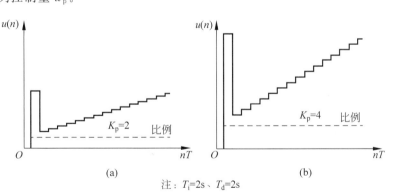

注：T_i=2s、T_d=2s

图 2.35 理想微分 PID 控制器的开环阶跃响应曲线之一（改变 K_p）

2. 改变积分时间 T_i

只改变积分时间 T_i 这一个参数，观察控制量 u 或 MV 曲线变化，并分析 T_i 对 u 或 MV 曲线的影响，如图 2.36 所示，T_i 增大（从 1s 增大到 2s），积分作用减弱（积分曲线斜率减小）。

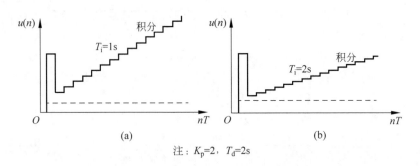

注：$K_p=2$，$T_d=2s$

图 2.36 理想微分 PID 控制器的开环阶跃响应曲线之二(改变 T_i)

3. 改变微分时间 T_d

只改变微分时间 T_d 这一个参数,观察控制量 u 或 MV 曲线变化,并分析 T_d 对 u 或 MV 曲线的影响,如图 2.37 所示,T_d 增大(从 3s 增大到 6s),微分作用增强(仅仅在首个控制周期的控制量 u 或 MV 增大)。

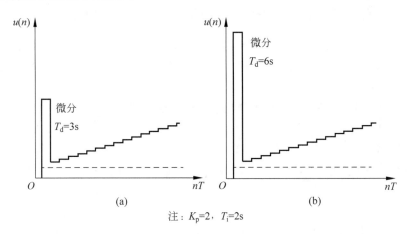

注：$K_p=2$，$T_i=2s$

图 2.37 理想微分 PID 控制器的开环阶跃响应曲线之三(改变 T_d)

2.3.3 调试实际微分 PID 控制器的开环阶跃响应

微课视频 22

微课讲解 22

课件视频 26

实际微分 PID 控制器的开环阶跃响应曲线,如图 2.38～图 2.41 所示。改变比例增益 K_p、积分时间 T_i、微分时间 T_d、微分增益 K_d,每次只改变其中一个参数,此参数至少变 2 次或多次,分析响应曲线。

调试实际微分 PID 控制器的开环阶跃响应至少要做到以下 4 点。

1. 改变比例增益 K_p

只改变比例增益 K_p 这一个参数,观察控制量 u 或 MV 曲线变化,并分析 K_p 对 u 或 MV 曲线的影响,如图 2.38 所示,K_p 增大(从 2 增大到 4),比例作用增强,如图 2.38 中虚线所示的比例控制量 u_p。

2. 改变积分时间 T_i

只改变积分时间 T_i 这一个参数,观察控制量 u 或 MV 曲线变化,并分析 T_i 对 u 或

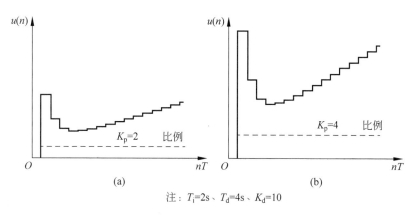

注：T_i=2s、T_d=4s、K_d=10

图 2.38　实际微分 PID 控制器的开环阶跃响应曲线之一（改变 K_p）

MV 曲线的影响，如图 2.39 所示，T_i 增大（从 1s 增大到 2s），积分作用减弱（积分曲线斜率减小）。

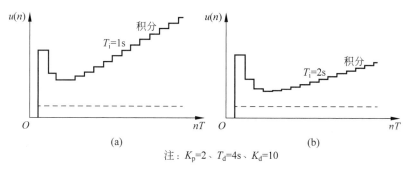

注：K_p=2、T_d=4s、K_d=10

图 2.39　实际微分 PID 控制器的开环阶跃响应曲线之二（改变 T_i）

3. 改变微分时间 T_d

只改变微分时间 T_d 这一个参数，观察控制量 u 或 MV 曲线变化，并分析 T_d 对 u 或 MV 曲线的影响，如图 2.40 所示，T_d 增大（从 2s 增大到 8s），微分作用增强。

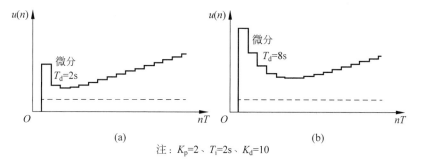

注：K_p=2、T_i=2s、K_d=10

图 2.40　实际微分 PID 控制器的开环阶跃响应曲线之三（改变 T_d）

4. 改变微分增益 K_d

只改变微分增益 K_d 这一个参数，观察控制量 u 或 MV 曲线变化，并分析 K_d 对 u 或 MV 曲线的影响，如图 2.41 所示，K_d 增大（从 10 增大到 40），微分作用增强。

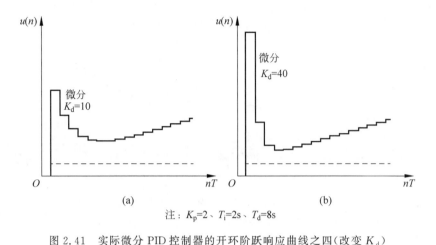

注：$K_p=2$、$T_i=2s$、$T_d=8s$

图 2.41　实际微分 PID 控制器的开环阶跃响应曲线之四(改变 K_d)

微课视频 23

微课讲解 23

微课视频 24

微课讲解 24

课件视频 27

实验演示 1

实验讲解 1上

实验讲解 1下

2.3.4　调试单回路 PID 控制的闭环阶跃响应

单回路 PID 控制的闭环系统如图 2.1 或图 2.12(a)所示，其中被控对象 $G(s)$ 为一阶惯性或二阶惯性环节，设定量 SV 或 r 为阶跃信号，被控量 PV 或 y 和控制量 MV 或 u 的响应曲线与 PID 控制器的比例增益 K_p、积分时间 T_i、微分时间 T_d、微分增益 K_d，以及被控对象增益 K_1、对象时间常数 T_1 有关。逐个参数进行调试，即每次只改变其中一个参数，此参数至少变 2 次或多次，并分析此参数对 PV 和 MV 曲线的影响。另外，还要调试手动→自动、自动→手动的无扰动切换功能。

在手动(MAN)方式下，PID 工作方式 OV_MODE=0，手动改变控制量 MV 或 CV，观察被控量 PV 的变化。此时设定量 SV 跟踪被控量 PV，其目的是为无扰动切换到自动作准备，另外还需相应的程序配合。此时无法人工改变 SV，因为手动情况下改变 SV 无实际意义，为了工程实用要有此闭锁功能。

在自动(AUTO)方式下，PID 工作方式 OV_MODE=1，改变设定量 SV 或调整 PID 参数(K_p、T_i、T_d、K_d)，观察被控量 PV 的变化。此时无法人工改变控制量 MV 或 CV，因为自动情况下人工改变 MV 或 CV 无实际意义，所以为了工程实用要有此闭锁功能。

自动情况下调整 PID 参数(K_p、T_i、T_d、K_d)以及被控对象参数(K_1、T_1)，每次只改变一个参数，观察 PV 和 MV 曲线变化，并分析该参数对 PV 和 MV 曲线的影响，如图 2.42～图 2.47 所示。一般情况下，希望被控量 PV 超调量越小越好，例如 PV 曲线第 1 个波峰超调量与其第 2 个波峰超调量之比为 4∶1 或更小，此时 PID 参数比较合适。

采用积分分离进行调试，当积分分离值 β 从大到小变化时，观察被控量 PV 的超调量变化趋势，如图 2.48 所示；直至被控量 PV 出现残差，即被控量 PV 与设定量 SV 之间有差值(PV≠SV)，如图 2.48(d)所示。

为了编程实现被控对象 $G(s)$，必须将 $G(s)$ 写成差分算式，例如一阶惯性式

$$G(s)=\frac{Y(s)}{U(s)}=\frac{K_1}{1+T_1s} \tag{2.3.1}$$

其中，K_1 为被控对象增益、T_1 为被控对象时间常数。若控制周期为 T_c，则 $G(s)$ 的差分算式为

$$Y(n) + T_1 \frac{Y(n) - Y(n-1)}{T_c} = K_1 U(n)$$

$$Y(n)[T_c + T_1] = T_1 Y(n-1) + T_c K_1 U(n)$$

$$Y(n) = \frac{T_1}{T_c + T_1} Y(n-1) + \frac{T_c K_1}{T_c + T_1} U(n) \tag{2.3.2}$$

对被控对象 $G(s)$ 编程时,首先编写式(2.3.2)子程序,然后再调用。若被控对象 $G(s)$ 为一阶惯性环节,则需调用 1 次;若被控对象 $G(s)$ 为二阶惯性环节,则需调用 2 次;以此类推。

调试单回路 PID 控制的闭环阶跃响应至少要做到以下 8 点。

1. 改变比例增益 K_p

只改变比例增益 K_p 这一个参数,观察被控量 PV 或 y、控制量 MV 或 u 曲线变化,并分析 K_p 对 PV、MV 曲线的影响,如图 2.42 所示。其中被控对象为一阶惯性式(2.3.1),对象增益 $K_1 = 1$、对象时间常数 $T_1 = 4$s;积分时间 $T_i = 0.5$s,微分时间 $T_d = 0.25$s,微分增益 $K_d = 10$;将比例增益 K_p 分别改为 0.75、0.5、0.25、0.125。由如图 2.42 所示的响应曲线可知,比例增益 K_p 增大,比例作用增强,系统响应速度加快,超调增大,振荡加强,稳定性降低;反之,比例增益 K_p 减小,比例作用减弱,系统响应速度降低,超调减小,振荡减弱,稳定性提高。

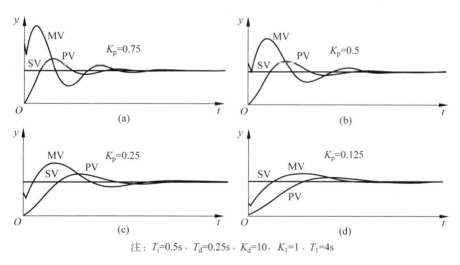

注:$T_i = 0.5$s、$T_d = 0.25$s、$K_d = 10$,$K_1 = 1$、$T_1 = 4$s

图 2.42 单回路 PID 控制的闭环阶跃响应曲线之一(改变 K_p)

2. 改变积分时间 T_i

只改变积分时间 T_i 这一个参数,观察被控量 PV 或 y、控制量 MV 或 u 曲线变化,并分析 T_i 对 PV、MV 曲线的影响,如图 2.43 所示。其中被控对象为一阶惯性式(2.3.1),对象增益 $K_1 = 1$、对象时间常数 $T_1 = 4$s;比例增益 $K_p = 0.75$,微分时间 $T_d = 0.25$s,微分增益 $K_d = 10$;将积分时间 T_i 分别改为 0.25s、0.5s、0.75s、1s。由如图 2.43 所示的响应曲线可知,积分时间 T_i 增大,积分作用减弱,系统超调减小,振荡减弱,响应速度变慢;反之,积分时间 T_i 减小,积分作用增强,系统超调增大,振荡增强,响应速度变快。图 2.43(a)中 MV 曲线的第 1 个波峰为平顶,那是限幅所致。

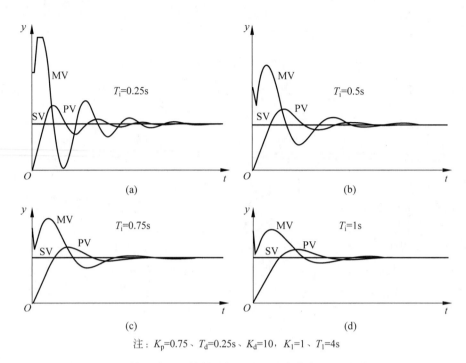

注：K_p=0.75、T_d=0.25s、K_d=10，K_1=1、T_1=4s

图 2.43　单回路 PID 控制的闭环阶跃响应曲线之二(改变 T_i)

3. 改变微分时间 T_d

只改变微分时间 T_d 这一个参数，观察被控量 PV 或 y、控制量 MV 或 u 曲线变化，并分析 T_d 对 PV、MV 曲线的影响，如图 2.44 所示。其中被控对象为一阶惯性式(2.3.1)，对象增益 K_1＝1、对象时间常数 T_1＝4s；比例增益 K_p＝0.75、积分时间 T_i＝0.5s、微分增益 K_d＝10；将微分时间 T_d 分别改为 0s、0.25s、0.5s、0.75s。由如图 2.44 所示的响应曲线可知，微分时间 T_d 增大，微分作用增强，系统响应速度加快，但对扰动抑制的能力也下降了；反之，微分时间 T_d 减小，微分作用减弱，系统响应速度变慢，但对扰动抑制的能力也上升了；微分时间 T_d 的改变仅仅对开始一段时间的控制量 MV 有影响，而且对系统调节特性的影响有限。图 2.44 中 MV 曲线开始几个周期出现直线下降，那是微分作用所致。

4. 改变微分增益 K_d

只改变微分增益 K_d 这一个参数，观察被控量 PV 或 y、控制量 MV 或 u 曲线变化，并分析 K_d 对 PV、MV 曲线的影响，如图 2.45 所示。其中被控对象为一阶惯性式(2.3.1)，对象增益 K_1＝1、对象时间常数 T_1＝4s；比例增益 K_p＝0.75、积分时间 T_i＝0.5s、微分时间 T_d＝0.625s；将微分增益 K_d 分别改为 5、10、20、30。由如图 2.45 所示的响应曲线可知，微分增益 K_d 增大，微分作用增强，系统响应速度加快，但对扰动抑制的能力也下降了；反之，微分增益 K_d 减小，微分作用减弱，系统响应速度变慢，但对扰动抑制的能力也上升了；微分增益 K_d 的改变仅仅对开始一段时间的控制量 MV 有影响，而且对系统调节特性的影响有限。图 2.45 中 MV 曲线开始几个周期出现直线下降，那是微分作用所致。

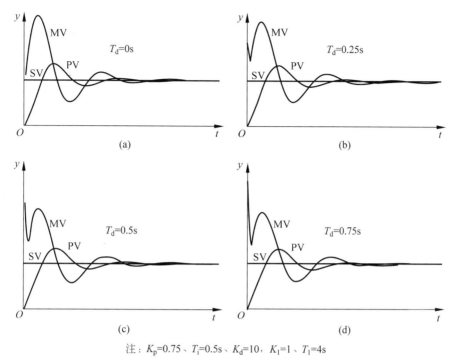

注：K_p=0.75、T_i=0.5s、K_d=10，K_1=1、T_1=4s

图 2.44　单回路 PID 控制的闭环阶跃响应曲线之三（改变 T_d）

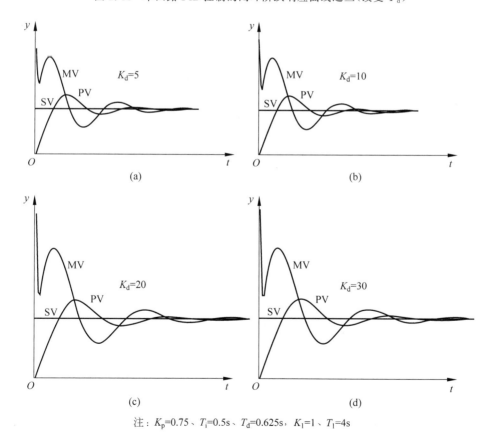

注：K_p=0.75、T_i=0.5s、T_d=0.625s，K_1=1、T_1=4s

图 2.45　单回路 PID 控制的闭环阶跃响应曲线之四（改变 K_d）

5. 改变被控对象的增益 K_1

只改变被控对象(一阶惯性)的增益 K_1 这一个参数,观察被控量 PV 或 y、控制量 MV 或 u 曲线变化,并分析 K_1 对 PV、MV 曲线的影响,如图 2.46 所示。其中被控对象为一阶惯性式(2.3.1)、对象时间常数 $T_1 = 4$s;比例增益 $K_p = 0.75$、积分时间 $T_i = 0.5$s、微分时间 $T_d = 0.25$s、微分增益 $K_d = 10$;将被控对象增益 K_1 分别改为 1.5、1、0.75、0.5;由如图 2.46 所示的响应曲线可知,被控对象增益 K_1 增大,系统增益增大,控制量 MV 或控制能量减少,系统响应速度加快,振荡加强,超调增大;反之,被控对象增益 K_1 减小,系统增益减小,控制量 MV 或控制能量增大,系统响应速度降低,振荡减弱,超调减小。图 2.46(d)中 MV 曲线的第 1 个波峰为平顶,那是限幅所致。

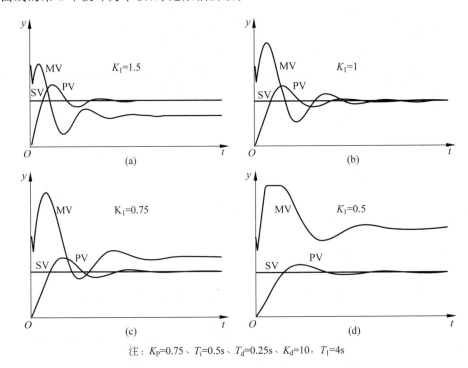

注: $K_P = 0.75$、$T_i = 0.5$s、$T_d = 0.25$s、$K_d = 10$,$T_1 = 4$s

图 2.46　单回路 PID 控制的闭环阶跃响应曲线之五(改变 K_1)

6. 改变被控对象的时间常数 T_1

只改变被控对象(一阶惯性)的时间常数 T_1 这一个参数,观察被控量 PV 或 y、控制量 MV 或 u 曲线变化,并分析 T_1 对 PV、MV 曲线的影响,如图 2.47 所示。其中被控对象为一阶惯性式(2.3.1)、对象增益 $K_1 = 1$;比例增益 $K_p = 0.75$、积分时间 $T_i = 0.5$s、微分时间 $T_d = 0.25$s、微分增益 $K_d = 10$;将被控对象时间常数 T_1 分别改为 2、3、4、6;由如图 2.47 所示的响应曲线可知,被控对象时间常数 T_1 增大,系统惯性增大,系统响应速度变慢,超调增大,振荡增强;反之,被控对象时间常数 T_1 减小,系统惯性减小,系统响应速度变快,超调减小,振荡减弱。

7. 改变积分分离值 β

只改变积分分离值 β 这一个参数,观察被控量 PV 或 y、控制量 MV 或 u 曲线变化,并分析 β 对 PV、MV 曲线的影响,如图 2.48 所示。其中被控对象为一阶惯性式(2.3.1)、对

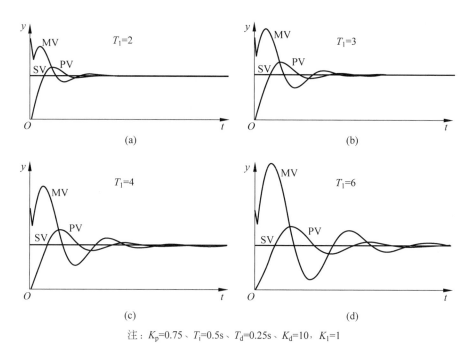

注：K_p=0.75、T_i=0.5s、T_d=0.25s、K_d=10，K_1=1

图 2.47　单回路 PID 控制的闭环阶跃响应曲线之六（改变 T_1）

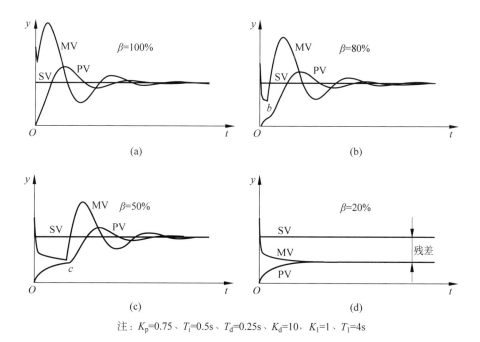

注：K_p=0.75、T_i=0.5s、T_d=0.25s、K_d=10，K_1=1、T_1=4s

图 2.48　单回路 PID 控制的闭环阶跃响应曲线之七（改变 β）

象增益 K_1=1、对象时间常数 T_1=4s；比例增益 K_p=0.75、积分时间 T_i=0.5s、微分时间 T_d=0.25s、微分增益 K_d=10；将积分分离值 β 分别改为 100%、80%、50%、20%。

当 β=100%(RH$-$RL)时，无积分分离，此时被控量 PV 的超调量最大，如图 2.48(a)所示。

当 $\beta=80\%(RH-RL)$ 时,稍有积分分离,此时被控量 PV 的超调量稍有减小,如图 2.48(b)所示。被控量 PV 和控制量 MV 出现拐点 b,拐点 b 前无积分作用,拐点 b 后有积分作用,使得控制量 MV 急速上升,导致被控量 PV 加快上升。

当 $\beta=50\%(RH-RL)$ 时,积分分离效果较好,此时被控量 PV 的超调量较小,如图 2.48(c)所示。被控量 PV 和控制量 MV 出现拐点 c,拐点 c 前无积分作用,拐点 c 后有积分作用,使得控制量 MV 急速上升,导致被控量 PV 加快上升。

当 $\beta=20\%(RH-RL)$ 时,自始至终无积分作用,即 PD 控制,此时被控量 PV 出现残差,即被控量 PV 与设定量 SV 之间有差值($PV \neq SV$),如图 2.48(d)所示;因为比例(P)控制的结果,必然会出现残差。由此验证了上述理论推导式(2.1.9)和式(2.1.12),比例(P)控制器的控制结果有稳态误差或残差,即被控量 PV 和设定量 SV 之间始终存在偏差($PV \neq SV$)。

8. 手动自动切换

手动自动切换或自动手动切换,如图 2.49 所示,具体分为以下 4 个阶段:

(1) 开始时段 $0 \sim t_1$。

开始时段 $0 \sim t_1$ 为自动,PID 自动调节,如图 2.49 中①所示。

(2) 在 t_1 时刻。

在 t_1 时刻由自动变为手动,如图 2.49 中②所示;此时 PID 控制器已无作用,设定量 SV 跟踪被控量 PV(SV 和 PV 曲线重合),为手动变为自动做准备。

(3) 在 t_2 时刻。

在 t_2 时刻手动减小控制量 MV,如图 2.49 中③所示;此时被控量 PV 上升幅度减缓,设定量 SV 仍然跟踪被控量 PV(SV 和 PV 曲线重合),为手动变为自动做准备。

(4) 在 t_3 时刻。

在 t_3 时刻由手动变为自动,如图 2.49 中④所示;由于设定量 SV 跟踪被控量 PV,使得此时刻 SV=PV,PID 自动调节,尽管被控量 PV 稍有波动,但最终达到平衡 PV=SV。

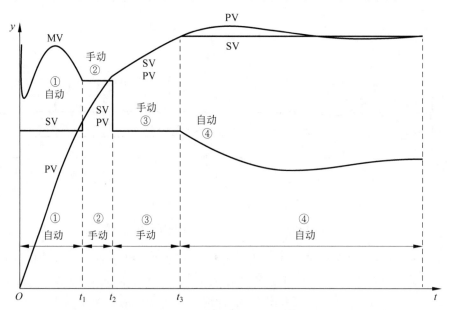

图 2.49 单回路 PID 控制的闭环阶跃响应曲线之八(自动/手动切换)

2.3.5　调试串级 PID 控制的闭环阶跃响应

串级 PID 控制的闭环系统如图 2.50(a) 和图 2.51(a) 所示,其中主被控对象 $G_1(s)$ 至少为二阶惯性环节、副被控对象 $G_2(s)$ 至少为一阶惯性环节,而且 $G_1(s)$ 阶次要大于 $G_2(s)$ 阶次,才能符合实际工况。先调试副回路(或内环),再调试主回路(或外环)。串级 PID 控制的闭环阶跃响应曲线,如图 2.50 和图 2.51 所示。图 2.50(b) 和图 2.51(b) 中主 PID_1 的控制量 MV_1 出现平顶,那是由于限幅所致。

调试副回路时,类似上述单回路调试。此时副 PID_2 的设定量方式 SV_MODE=0,即处于内设定 LOC 状态,如图 2.21 所示。此时主 PID_1 的设定量 SV_1 跟踪主被控量 PV_1,主 PID_1 的控制量 MV_1 跟踪副 PID_2 的设定量 SV_2,其目的是为副 PID_2 无扰动切换到串级 CAS 状态做准备,另外还需相应的程序配合。

调试主回路时,副 PID_2 的设定量方式 SV_MODE=1,即处于串级 CAS 状态,如图 2.21 所示。调整主 PID_1 参数(K_p、T_i、T_d、K_d),每次只改变其中一个参数,观察 PV_1 和 PV_2 曲线变化,并分析该参数对 PV_1 和 PV_2 曲线的影响。一般情况下,希望 PV 曲线第 1 个波峰超调量与其第 2 个波峰超调量之比为 4∶1 或更小,此时 PID 参数比较合适。主、副回路曲线如图 2.50(b) 和图 2.50(c) 所示,其中 $MV_1=SV_2$,即主 PID_1 的控制量 MV_1 为副 PID_2 的设定量 SV_2。

为了便于调试,首先调试副回路,类似上述单回路调试,并且将 PID_2 设置成比例(P)控制或将积分时间 T_i 置极大值,由于 PID_2 无积分作用或积分作用极弱,此时 PV_2 与 SV_2 之间有残差或静差,如图 2.50(c) 所示。然后调试主回路,并且将 PID_1 设置成比例积分微分(PID)控制,此时 PV_1 与 SV_1 之间无残差或静差,其原因是 PID_1 有积分作用,如图 2.50(b) 所示。对于串级控制系统,人们主要关心的是主被控量 PV_1。例如房间空调系统,将房间温度(PV_1)和空调气流量(PV_2)组成串级控制系统,人们主要关心的是房间温度(PV_1)。为了提高调节品质,加快调节速度,人们将 PID_2 设置成 PI 或 PID,由于 PID_2 有积分作用,此时 PV_2 与 SV_2 之间无残差或静差,如图 2.51(c) 所示。图 2.50 和图 2.51 中被控对象 $G_1(s)$ 为二阶惯性环节、副被控对象 $G_2(s)$ 为一阶惯性环节,对象参数和 PID 参数详见图 2.50 和图 2.51 中的标注。

微课视频 25

微课讲解 25

课件视频 28

实验演示 2

实验讲解 2 上

实验讲解 2 下

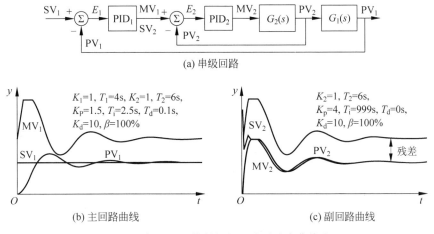

(a) 串级回路

(b) 主回路曲线　　　$K_1=1$, $T_1=4$s, $K_2=1$, $T_2=6$s, $K_P=1.5$, $T_i=2.5$s, $T_d=0.1$s, $K_d=10$, $\beta=100\%$

(c) 副回路曲线　　　$K_2=1$, $T_2=6$s, $K_p=4$, $T_i=999$s, $T_d=0$s, $K_d=10$, $\beta=100\%$

图 2.50　串级 PID 控制的闭环阶跃响应曲线之一

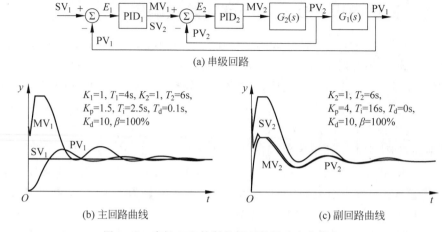

(a) 串级回路

$K_1=1, T_1=4s, K_2=1, T_2=6s,$
$K_p=1.5, T_i=2.5s, T_d=0.1s,$
$K_d=10, \beta=100\%$

(b) 主回路曲线

$K_2=1, T_2=6s,$
$K_p=4, T_i=16s, T_d=0s,$
$K_d=10, \beta=100\%$

(c) 副回路曲线

图 2.51　串级 PID 控制的闭环阶跃响应曲线之二

综上所述,串级 PID 闭环控制系统的调试步骤具体如下:

(1) 副 PID$_2$ 手动;

(2) 副回路(或内环)自动;

(3) 副回路(或内环)自动→手动、手动→自动的无扰动切换;

(4) 主 PID$_1$ 手动;

(5) 主回路(或外环)自动,即串级 PID 闭环控制系统正常运行;

(6) 主回路(或外环)自动→手动、手动→自动的无扰动切换;

(7) 从主回路(或外环)无扰动切换到副回路(或内环);

(8) 从副回路(或内环)无扰动切换到主回路(或外环)。

以 PID 控制器为核心可以构成单回路、串级、前馈、比值、选择性、分程、纯迟延补偿和解耦等常规控制回路,PID 控制器或控制回路是在控制站(CS)或控制计算机(CC)运行,如图 1.12 所示,控制站(CS)中的实时数据(TD)、PID 控制器或控制回路运行产生的实时数据(TD)等通过控制网络(C-NET)上传到操作员站(OS)的人机界面显示。

为了提高控制站(CS)的实时性,人们用汇编语言按照如图 2.20 所示的 6 部分要求编写 PID 控制器的程序。操作员站(OS)的人机界面可以用高级语言编写,如各类窗口、曲线、画面、图表等。

课件视频 29

2.4　数字 PID 控制算法的工程应用

前面讨论了数字 PID 控制算法的原理分析、工程实现、编程调试,其目的是为计算机控制系统提供一个实用的数字 PID 控制器或 PID 控制块。数字 PID 控制器综合了 PID 控制和逻辑判断的功能,因此,它的功能比模拟调节器强。人们对 PID 控制系统的连续化设计已经积累了丰富的经验,在此基础上进行数字 PID 控制系统的设计也就比较容易了。数字 PID 控制系统的设计以 PID 控制块为核心,构成简单控制系统和复杂控制系统。

简单控制系统是一种单输入单输出的单回路控制系统。尽管它的使用最为广泛,但是对于被控对象特性比较复杂,被控量不止一个,生产工艺对控制品质的要求又比较高;或者被控对象特性并不复杂,但控制要求比较特殊的情况,单回路控制系统就无能为力了。为此,需要在单回路控制系统的基础上,采取一些措施组成复杂控制系统。

复杂控制系统中可能有几个过程测量值、几个 PID 控制器以及不止一个执行器(如气动调节阀或电动调节阀);或者尽管主控制回路中被控量、PID 控制器和执行器各有一个,但还有其他的过程测量值、运算器或补偿器构成辅助控制回路,这样主、辅控制回路协同完成复杂控制功能。复杂控制系统中有几个闭环回路,因而也称多回路控制系统。常用的复杂控制系统有串级、前馈、比值、选择性、分程、纯迟延补偿和解耦控制系统等。

本节简要介绍几种常用的 PID 控制系统,使读者学会数字 PID 控制器或 PID 控制块的工程应用。下面将分别介绍单回路、串级、前馈、比值 PID 控制系统。

2.4.1　单回路 PID 控制系统

单回路 PID 控制系统是指那些只由一个被控量、一个 PID 控制器和一个执行器组成的控制回路,该系统用来调节一个过程参数,如温度、压力、流量、料位和成分等。单回路 PID 控制系统是最简单、最基本、应用最广泛的一种控制系统,即使是复杂控制系统,也是在单回路 PID 控制系统的基础上发展起来的。

单回路 PID 控制系统只有一个闭环回路,如图 2.52(a)所示,其中 A/D 和 D/A 分别代表计算机中被控量的模数转换和控制量的数模转换。图 2.52(b)是其相应的计算机控制功能块组态图,模拟量输入块 PT1238 代表被控量压力 P,相当于压力变送器的测量值;PID 控制块 PC1238 是单回路 PID 控制系统的核心,它的输入和输出分别是被控量压力 P 和控制量 U;模拟量输出块 PV1238 代表控制量 U,作用于执行器(如电动调节阀或气动调节阀),实施控制功能。

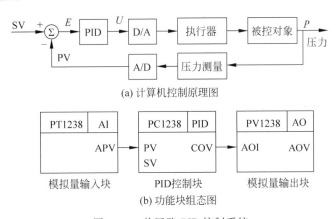

(a) 计算机控制原理图

(b) 功能块组态图

图 2.52　单回路 PID 控制系统

从上述设计过程可知,计算机控制以 PID 控制块为核心来设计控制系统,另外还有 AI 功能块和 AO 功能块。每个功能块在计算机中存在的实体就是功能块参数表及相应的程序,如表 2.1.1 是 PID 控制块参数表。用户设计的最终目的就是正确选择所需功能块并填写功能块参数表,为计算机控制软件提供运行参数,以便达到设计要求。

单回路控制系统的调试过程及调试曲线,参考图 2.42～图 2.49。

2.4.2 串级 PID 控制系统

单回路 PID 控制系统只调节一个过程参数,有时为了提高控制品质,必须同时调节相互有联系的两个过程参数,用这两个被控参数构成串级 PID 控制系统,即由两个 PID 控制器串联而成,如图 2.53(a)所示。其中 PID$_1$ 为主控制器,PID$_2$ 为副控制器,并有相应的主被控量 PV$_1$ 和副被控量 PV$_2$。主控制量 U_1(MV$_1$)作为 PID$_2$ 副控制器的设定量 SV$_2$,副控制量 U_2(MV$_2$)作用于执行器(如电动调节阀或气动调节阀),实施控制功能。

在串级控制系统中有内、外两个闭环回路。其中由副控制器 PID$_2$ 和副对象形成的内闭环称为副环或副回路;由主控制器 PID$_1$ 和主对象形成的外闭环称为主环或主回路。由于主、副控制器串联,副回路串在主回路之中,故称为串级 PID 控制系统。图 2.53(a)中副被控量为流量 F,称副环为流量控制回路;主被控量为温度 T,称主环为温度控制回路。

串级 PID 控制系统中副环是典型的单回路 PID 控制系统,如果把副环看作一个广义副对象,那么主环也是典型的单回路 PID 控制系统。也就是说,串级控制系统中包含两个单回路 PID 控制系统。

图 2.53(b)是与图 2.53(a)串级 PID 控制系统相对应的计算机控制功能块组态图,其中模拟量输入块 TT1236 代表主被控量温度 T,相当于温度变送器的测量值;PID 控制块 TC1236 是主控制器 PID$_1$,它的过程变量 PV 是主被控量温度 T,故称其为温度控制器;模拟量输入块 FT1237 代表副被控量流量 F,相当于流量变送器的测量值;PID 控制块 FC1237 是副控制器 PID$_2$,它的过程变量 PV 是副被控量流量 F,故称其为流量控制器;模拟量输出块 FV1237 代表控制量 U_2,作用于执行器(如电动调节阀或气动调节阀),实施控制功能。

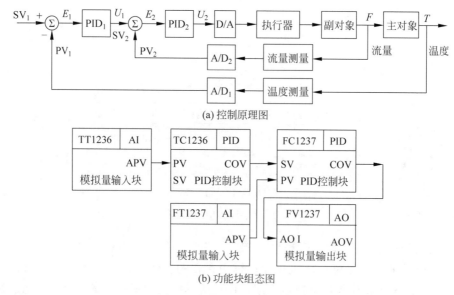

(a) 控制原理图

(b) 功能块组态图

图 2.53 串级 PID 控制系统

将串级 PID 控制功能块组态图 2.53(b)与单回路 PID 控制功能块组态图 2.52(b)相比较,前者只比后者多了一个主被控量模拟量输入块 TT1236 及一个主 PID 控制块 TC1236。

从硬件投资来看,将串级 PID 控制系统图 2.53(a)与单回路 PID 控制系统图 2.52(a)相比较,前者只比后者多了一个被控量的测量变送器。两者比较增加的投资并不多,但控制效果却有显著提高。这主要应归功于副回路:一是副回路具有快速响应作用,能够有效地克服副回路扰动的影响;二是改善了对象的动态特性,提高了系统的工作频率。

由图 2.21 所示的 PID 控制块设定量处理可知,当 PID_2 副控制器(FC1237)的设定量选择为串级 CAS 时,PID_1 主控制器(TC1236)的输出控制量 $U_1(MV_1)$ 作为副控制器的设定量 SV_2,形成串级 PID 控制系统;当副控制器的设定量选择为内设定 LOC 时,主控制器的输出控制量不再作为副控制器的设定量,即主环断开,副环独自形成单回路 PID 控制系统。

串级 PID 控制系统的主回路从自动切为手动,副回路变为单回路自动。此后为了保证主回路从手动切为自动、副回路变为串级(CAS)方式,实现无扰动切换,必须使主控制器的输出控制量 MV_1 跟踪副控制器的设定量 SV_2。

串级 PID 控制系统的主回路从自动切为手动,副回路变为单回路自动,运行一段时间副回路也切为手动。此后为了保证副回路从手动切为自动、主回路从手动切为自动、副回路变为串级(CAS)方式,实现无扰动切换,必须使主控制器的输出控制量 MV_1 跟踪副控制器的设定量 SV_2。

在串级 PID 控制系统中,主控制器(TC1236)、副控制器(FC1237)和模拟量输出块(FV1237)工作方式的切换应遵循无扰动切换的原则。在实际工程中,一般是先投运副回路,待其稳定后,再投运主回路。采取无扰动切换措施后,可保证工作方式的切换对系统无任何影响。

串级控制系统的计算顺序是先主回路、后副回路,控制方式有两种。一种是异步控制方式,即主回路的控制周期是副回路控制周期的整数倍。这是因为串级控制系统中主被控对象的响应速度慢,副被控对象的响应速度快。另一种是同步控制方式,即主、副回路的控制周期相同,但应以副回路控制周期为准,因为副被控对象的响应速度较快。

串级控制系统的调试过程及调试曲线,参考图 2.50 和图 2.51。

2.4.3　前馈 PID 控制系统

上述单回路和串级控制基于反馈控制,只有被控量与设定量之间形成偏差后才会有控制作用。这好比有火才救,有病才治。这样的控制无疑带有一定的被动性,特别是对于频繁出现的大扰动,控制品质往往不能令人满意。为此,对于可测量的扰动量 D 可以直接通过前馈补偿器 $G_f(s)$ 作用于被控对象,以便消除扰动 D 对被控量的影响,如图 2.54(a)所示。

前馈补偿器是以"不变性"原理为理论基础的一种控制方法。例如在图 2.54(a)中,扰动通道的传递函数为 $G_d(s)$,控制通道的传递函数为 $G_p(s)$,扰动量的传递函数为 $D(s)$,扰动量 D 和被控量 L 之间的传递函数为

$$L(s) = G_d(s)D(s) + G_f(s)G_p(s)D(s) \tag{2.4.1}$$

或者写成

$$\frac{L(s)}{D(s)} = G_d(s) + G_f(s)G_p(s) \tag{2.4.2}$$

根据前馈控制的"不变性"原理,应使式(2.4.2)等于 0,那么前馈补偿器 $G_f(s)$ 的传递函数为

$$G_f(s) = -\frac{G_d(s)}{G_p(s)} \tag{2.4.3}$$

式(2.4.3)属于动态前馈补偿器,补偿效果取决于传递函数的准确度,称为动态前馈。实际工程中也采用某一代数式来做前馈补偿器,保证过程在稳态下补偿扰动作用,称为静态前馈。

前馈补偿器 $G_f(s)$ 属于开环控制,因而不能单独使用,必须附着在反馈控制回路上,如单回路、串级 PID 控制回路等。这样就构成前馈-反馈 PID 控制系统,如图 2.54(a)所示。根据图 2.30 和图 2.54(a)所示的 PID 控制块输出补偿要求,前馈补偿器 $G_f(s)$ 的输出 U_f 应作为 PID 控制器的输出补偿量 OCV,按照控制要求可以选择加或减补偿。实际控制量 U 等于 PID 控制器的输出量 U_c 加或减前馈补偿器的输出量 U_f。

图 2.54(b)是与图 2.54(a)相对应的计算机控制功能块组态图,其中模拟量输入块 LT1231 代表被控量液位 L,相当于液位变送器的测量值。PID 控制块 LC1231 的被控量是液位 L,故称其为液位控制器。模拟量输入块 DT1232 代表扰动量 D,前馈补偿器 $G_f(s)$ 的功能用前馈补偿块 FF1232 来实现,其输出 ROV 作为 PID 控制块 LC1231 的输出补偿量 OCV。模拟量输出块 LV1231 代表控制量 U,作用于执行器(如电动调节阀或气动调节阀),实施控制功能。

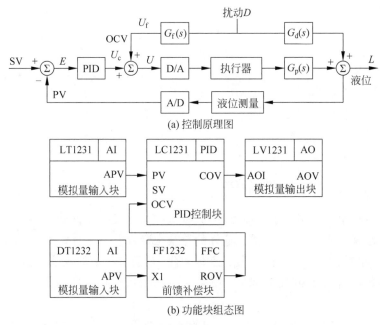

图 2.54 前馈-反馈 PID 控制系统

将如图 2.54(a)所示的前馈-单回路 PID 控制系统与如图 2.52(b)所示的单回路 PID 控制系统相比较,前者只比后者多了一个扰动量 D 及相应的前馈补偿器 $G_f(s)$。究其本质仍然属于单回路 PID 控制,但控制效果却有显著的提高。这主要应归功于前馈补偿器 $G_f(s)$,将扰动控制量 U_f 直接作用于执行器,响应速度比主回路快。

为了进一步提高串级 PID 控制系统的控制品质,可以将前馈补偿器 $G_f(s)$ 附着在串级 PID 控制回路上,这样就构成前馈-串级 PID 控制系统,如图 2.55(a)所示。根据如图 2.25

所示的 PID 控制块输入补偿要求,前馈补偿器 $G_f(s)$ 的输出 U_f 应作为 PID_2 控制器的输入补偿量 ICV,按照控制要求可以选择加或减补偿。实际控制偏差 E_{2C} 等于 PID_2 控制器的偏差 E_2 加或减前馈补偿器的输出量 U_f。

图 2.55(a)是锅炉汽包水位三冲量控制系统,其中 L 为汽包水位、F 为给水流量、D 为蒸汽流量,$G_f(s)$ 可以采用静态或动态前馈补偿公式。

图 2.55(b)是与图 2.55(a)相对应的计算机控制功能块组态图,其中模拟量输入块 LT1236 代表主被控量汽包水位 L,相当于水位变送器的测量值;PID 控制块 LC1236 是主控制器 PID_1,它的过程变量 PV 是主被控量汽包水位 L,故称其为液位控制器;FT1237 代表副被控量给水流量 F,相当于给水流量变送器的测量值;PID 控制块 FC1237 是副控制器 PID_2,它的过程变量 PV 是副被控量给水流量 F,故称其为流量控制器。模拟量输入块 DT1238 代表蒸汽流量 D(扰动量),相当于蒸汽流量变送器的测量值;前馈补偿器 $G_f(s)$ 的功能用前馈补偿块 FF1238 来实现,其输出 ROV 作为副 PID 控制块 FC1237 的输入补偿量 ICV。模拟量输出块 FV1237 代表控制量 U_2,作用于执行器(如电动调节阀或气动调节阀),实施控制功能。

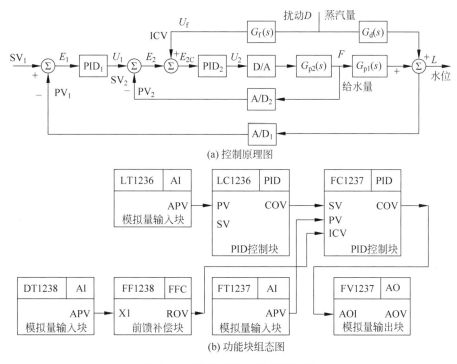

(a) 控制原理图

(b) 功能块组态图

图 2.55　前馈-串级 PID 控制系统

将图 2.55(a)与图 2.53(a)相比较,前者只比后者多了一个扰动量 D 及相应的前馈补偿器 $G_f(s)$。将图 2.55(b)与图 2.53(b)相比较,前者只比后者多了一个模拟量输入块 DT1238 及一个前馈补偿块 FF1238。前馈-串级 PID 控制系统的本质仍然属于串级 PID 控制,但控制效果却有显著的提高。其功劳主要应归于前馈补偿器 $G_f(s)$,将扰动控制量 U_f 直接作用于副回路,加快了克服扰动的速度。

2.4.4 比值 PID 控制系统

连续生产过程中有时需要保持两种物料的流量成一定的比例关系,如果比例失调,轻则影响产品的质量,重则造成生产事故。例如,锅炉或加热炉的燃烧过程中,需要自动保持燃料量和空气量按一定的比例进入炉膛。又如合成氨生产中,需要自动保持氢气和氮气按一定的比例进入反应器。为此目的构成的控制系统称为比值控制系统。

一般情况下,总是以生产过程中的主物料流量 F_a 为主动信号,从物料流量 F_b 为从动信号。常用的比值控制系统有单闭环比值控制系统、双闭环比值控制系统和变比值控制系统等。

单闭环比值控制系统如图 2.56(a)所示,其中从物料流量 PID 控制器 F_bC 的设定量 SV_b 等于主物料流量 F_a 乘以比值系数 K,即从物料流量 F_b 与主物料流量 F_a 的比值系数为 K,其公式为

$$SV_b = KF_a, \quad K = \frac{F_b}{F_a} \tag{2.4.4}$$

图 2.56(b)是与图 2.56(a)相对应的计算机控制功能块组态图,其中模拟量输入块 FT1341 代表主物料流量 F_a,FT1342 代表从物料流量 F_b,比值器 RA1341 的输出作为从物料流量 PID 控制器 FC1342 的设定量 SV,此值等于主物料流量 F_a 乘以比值系数 K。由图 2.21 所示的 PID 控制块设定量处理可知,此时 PID 控制器 FC1342 的设定量处于串级 CAS 状态。

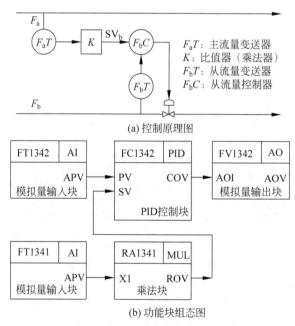

图 2.56 单闭环比值控制系统

将图 2.56 与图 2.52 所示单回路 PID 控制系统相比较,前者只比后者多了主物料流量输入块 FT1341 及乘法块 RA1341(比值器),究其本质仍然属于单回路控制。

2.5　数字 PID 控制算法的参数整定

课件视频 30

数字 PID 控制器或 PID 控制块可构成常用的简单控制系统和复杂控制系统,要使这些系统正常运行,必须进行 PID 控制参数(K_p、T_i、T_d、K_d)的整定。数字 PID 控制系统和模拟 PID 控制系统的参数整定方法相同,所不同的是除了整定比例增益 K_p 或比例带 δ、积分时间 T_i、微分时间 T_d 和微分增益 K_d 外,还要确定系统的控制周期 T_c。

随着计算机技术的发展,一般可以选较短的控制周期 T_c,它相对于被控对象的时间常数 T_p 来说更短了。所以数字 PID 控制参数的整定是首先按模拟 PID 控制参数整定的方式来选择,然后再适当调整,并考虑控制周期 T_c 对整定参数的影响。下面简要介绍衰减曲线法、稳定边界法、动态特性法,以及控制周期的选取,并针对数字控制的特点稍做补充说明。

2.5.1　衰减曲线法

首先选用纯比例控制,设定量 R 作阶跃扰动,从较大的比例带 δ(或较小的比例增益 K_p)开始,逐步减小 δ(或逐步增大比例增益 K_p),直到被控量 Y 出现如图 2.57 所示的 4:1 衰减过程为止。记下此时的比例带 δ_v,两个相邻波峰之间的时间 T_v。然后,按表 2.5.1 所示经验公式计算比例带 $\delta(K_p = 1/\delta)$、积分时间 T_i 和微分时间 T_d。

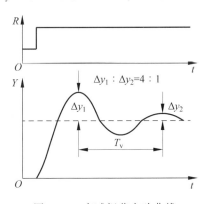

图 2.57　衰减振荡实验曲线

表 2.5.1　衰减曲线法整定 PID 参数

控制规律	δ	T_i	T_d
P	$1.0\delta_v$		
PI	$1.2\delta_v$	$0.5T_v$	
PID	$0.8\delta_v$	$0.3T_v$	$0.1T_v$

2.5.2　稳定边界法

这种方法需要做稳定边界实验。实验步骤是:首先选用纯比例控制,设定量 R 作阶跃扰动,从较大的比例带 δ(或较小的比例增益 K_p)开始,逐步减小 δ(或逐步增大比例增益 K_p),直到被控量 Y 出现如图 2.58 所示的临界振荡为止,记下此时的临界振荡周期 T_u 和

临界比例带 δ_u。然后,按如表 2.5.2 所示的经验公式计算比例带 δ($K_p=1/\delta$)、积分时间 T_i 和微分时间 T_d。

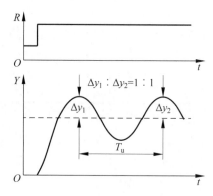

图 2.58   稳定边界实验曲线

表 2.5.2   稳定边界法整定 PID 参数

控制规律	δ	T_i	T_d
P	$2.00\delta_u$		
PI	$2.20\delta_u$	$0.85T_u$	
PID	$1.67\delta_u$	$0.50T_u$	$0.125T_u$

2.5.3   动态特性法

上述两种方法直接在闭环系统上进行参数整定。动态特性法却是在系统处于开环情况下进行参数整定。首先做出被控对象的阶跃响应曲线,如图 2.59 所示,从该曲线上求得被控对象的纯迟延时间 τ、时间常数 T_p 和放大系数 K。然后再按如表 2.5.3 所示的经验公式计算比例带 δ、积分时间 T_i 和微分时间 T_d。

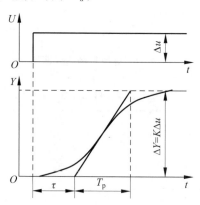

图 2.59   被控对象阶跃响应曲线

针对计算机控制是采样控制的特点,按表 2.5.3 计算时,要用等效纯迟延时间 τ_c 代替参数整定公式中的纯迟延时间 τ。

所谓等效纯迟延时间 τ_c,就是被控对象的纯迟延时间 τ 加控制周期 T_c 的一半,即 $\tau_c= \tau+T_c/2$,这样估算出的 PID 控制参数更接近数字控制系统。

表 2.5.3 被控对象有自平衡时的动态特性法整定 PID 参数(4∶1 衰减)

控制规律	$\dfrac{\tau}{T_p} \leqslant 0.2$			$0.2 \leqslant \dfrac{\tau}{T_p} \leqslant 1.5$		
	δ	T_i	T_d	δ	T_i	T_d
P	$K\dfrac{\tau}{T_p}$			$2.6K\dfrac{\dfrac{\tau}{T_p}-0.08}{\dfrac{\tau}{T_p}+0.70}$		
PI	$1.1K\dfrac{\tau}{T_p}$	3.3τ		$2.6K\dfrac{\dfrac{\tau}{T_p}-0.08}{\dfrac{\tau}{T_p}+0.60}$	$0.8T_p$	
PID	$0.85K\dfrac{\tau}{T_p}$	2τ	0.5τ	$2.6K\dfrac{\dfrac{\tau}{T_p}-0.15}{\dfrac{\tau}{T_p}+0.88}$	$0.81T_p+0.19\tau$	$0.25T_i$

2.5.4 控制周期的选取

从系统控制品质的要求来看,希望控制周期 T_c 取得小些。这样接近于连续控制,不仅控制效果好,而且可以采用模拟 PID 控制参数的整定方法。

从执行器的特性要求来看,由于过程控制中通常采用电动调节阀或气动调节阀,它们的响应速度较低。如果控制周期过短,那么执行器来不及响应,仍然达不到控制目的,所以控制周期也不宜过短。

从控制系统抗扰动和快速响应的要求出发,要求控制周期短些。从计算工作量来看,又希望控制周期长些。这样一台计算机就可以控制更多的回路,并保证每个回路有足够的时间来完成必要的运算。

从计算机的成本考虑,也希望控制周期长一些。这样计算机的运算速度和采集数据的速率也可降低,从而降低硬件成本。

控制周期的选取还应考虑被控对象的时间常数 T_p 和纯迟延时间 τ。当 $\tau=0$ 或 $\tau<0.5T_p$ 时,可选 T_c 为 $0.1T_p \sim 0.2T_p$;当 $\tau \geqslant 0.5T_p$ 时,可选 T_c 等于或接近 τ。

必须注意,控制周期的选取应与 PID 控制参数的整定综合考虑。选取控制周期时,一般应考虑下列几个因素:

(1) 控制周期应远小于被控对象的扰动信号的周期。

(2) 控制周期应比被控对象的时间常数 T_p 小得多,否则无法反映瞬变过程。

(3) 考虑执行器的响应速度,与执行器的响应速度相匹配。如果执行器的响应速度比较慢,那么过短的控制周期将失去意义。

(4) 被控对象所要求的调节品质。在计算机运算速度允许的情况下,控制周期短,调节品质好。

(5) 性能价格比。从控制性能来考虑,希望控制周期短。但计算机运算速度,以及 A/D 和 D/A 的转换速度要相应地提高,导致计算机的费用增加。

(6) 计算机所承担的工作量。如果控制的回路数多,计算量大,则控制周期要加长;反之,可以缩短。

由上述分析得知,控制周期受各种因素的影响,有些是相互矛盾的,必须视具体情况和主要的要求做出折中的选择。在具体选择控制周期时,可参照如表2.5.4所示的经验数据,再通过现场试验,最后确定合适的控制周期。表2.5.4仅列出了几种经验控制周期的上限,随着计算机技术的进步及硬件成本的下降,一般可以选取较短的控制周期,使数字控制系统近似连续控制系统。

表 2.5.4 经验控制周期

被 控 量	控制周期/s	备 注
流量	1~2	优先选用 1s
压力	2~3	优先选用 2s
液位	3~5	优先选用 3s
温度	5~8	优先选用 5s,或对象纯迟延时间 τ
成分	10~20	优先选用 15s

本章叙述了常规DDC算法,即用计算机实现常规PID控制技术,绝不只是简单地用数字PID控制器代替模拟调节器,而是在原基础上增加了辅助功能。尽管目前DDC、DCS、FCS、PLC等计算机控制系统中仍然以采用常规PID控制技术为主,但也应该看到,建立在现代控制理论基础上的现代控制技术,正在逐步应用于工业生产过程。关于现代DDC算法,读者可以阅读参考文献[8]~[10]。

本章小结

本章叙述了常规DDC算法中的数字PID控制算法的原理分析、工程实现、编程调试、工程应用及参数整定。

在DDC、DCS、FCS、PLC中,PID控制算法占主导地位。PID控制算法分为理想微分PID控制算式(2.1.1)和实际微分PID控制算式(2.1.39)、式(2.1.46)、式(2.1.52),后者在工业控制中使用更为普遍。为了便于编程序,将PID控制算式写成增量型差分方程式(2.1.37)、式(2.1.45)、式(2.1.51f)、式(2.1.53b)。为了提高PID控制性能,对PID控制算法作了某些改进。其中积分项改进有积分分离、抗积分饱和和梯形积分,微分项改进有偏差平均和测量值微分,另外还有变PID控制。

PID控制程序在计算机中作为所有控制回路共享的子程序,为了具有通用性和工程实用价值,对PID控制的工程实现应考虑设定量处理、被控量处理、偏差处理、PID计算、控制量处理、自动手动切换6方面的实际问题。为了实现PID控制方式的无扰动切换,应对手动自动、输出跟踪、输出安全、输出保持4项采取相应的措施。

一般采用汇编语言编写PID控制器程序,经过编译形成机器码(或指令码),再固化于内存(ROM)中,调入CPU运行,因为机器码运行效率高,所以实时性好。用汇编语言编写程序会涉及PID控制块参数表(见表2.1.1)中的数据选取数据格式、加法、减法、乘法、除法、开平方等运算,以及二进制整数转成十进制整数BCD码、二进制小数转成十进制小数

BCD码、十进制整数BCD码转成二进制整数、十进制小数BCD码转成二进制小数的算法。

PID控制器程序的调试,首先调试开环阶跃响应,再调试单回路、串级等闭环阶跃响应。调试PID控制器的开环阶跃响应曲线,每次只改PID参数(K_p、T_i、T_d、K_d)中的一个参数,此参数至少变2次或多次,分析响应曲线。调试单回路、串级PID控制的闭环阶跃响应的曲线,每次只改PID参数(K_p、T_i、T_d、K_d、β)及被控对象参数(K_1、T_1)中的一个参数,此参数至少变2次或多次,分析响应曲线。

PID控制程序及其对应的参数表(见表2.1.1)组成PID控制器或PID控制块。一台计算机中有N个PID控制块及对应的N个PID控制块参数表,而PID控制程序只有一个,供N个PID控制块调用。在组态软件支持下,PID控制块的用户表现形式是PID控制块图(见图2.19)及其参数表(见表2.1.1)。以PID控制块为核心,可以构成单回路、串级、前馈和比值控制回路等。PID控制块的概念及其组态的方法应用于DDC、DCS、FCS、PLC中,既方便了用户,也推广了计算机的应用。

若要使PID闭环控制系统正常运行,必须进行PID控制参数(K_p、T_i、T_d、K_d)的整定。数字PID控制参数的整定过程,首先按模拟PID控制参数整定的方式来选择,然后再适当调整,并考虑控制周期T_c对整定参数的影响。介绍了衰减曲线法、稳定边界法、动态特性法3个常用的参数整定方法,以及控制周期的选取。

第 3 章

DDC 系统的硬件

DDC 系统的硬件以工业 PC(Industry Personal Computer,IPC)为主,其硬件分为主机单元、输入输出单元和人机接口单元,一般采用模板、模块的结构形式。DDC 系统硬件的主流机型是工业 PC(IPC)及其各类控制器或可编程控制器。

DDC 系统硬件的基本组成是,控制站(CS)1 台或多台,主流机型是工业 PC(IPC);操作员站(OS)1 台或多台,一般机型是商用 PC;工程师站(ES)1 台,一般机型是商用 PC;控制网络(C-NET),一般采用工业以太网。

本章叙述 DDC 系统的主机单元、输入/输出单元、人机接口单元。主机单元是 DDC 系统的核心,输入/输出单元是 DDC 系统的基础,人机接口单元是 DDC 系统的窗口。

3.1 DDC 系统的主机单元

微课视频 26

主机单元是 DDC 系统的核心,主要由主机、内存储器、外存储器、外部设备接口和网络接口等组成,另外还有显示器、键盘、鼠标和打印机等。主机单元采用模板式和模块式结构。

3.1.1 DDC 系统的主机

微课讲解 26

现以工业 PC(IPC)为例,介绍 DDC 系统的主机。其中主机模板或主机模块是主机单元的核心。

课件视频 31

工业 PC 组成之一(如图 3.1 所示),采用模板式结构。主机箱(见图 3.1(c))内有一块主机模板,主机模板上集成了 CPU、内存储器、外存储器(硬盘、光盘驱动器)接口、串行通信

(a) 主机箱正面

(b) 主机箱背面

(c) 主机箱内部

(d) 主机板

(e) I/O 板

图 3.1 IPC 主机组成之一

接口、并行通信接口、显示器接口、网络接口、键盘接口、鼠标接口、USB接口等等。主机模板的PC总线插座上可以插入I/O模板和功能模板。

工业PC(IPC)组成之二(如图3.2所示)，采用模板式和模块式混合结构，其特点是主机单元和输入/输出单元可以分离。主机板插入主机箱内的总线母板，主机箱位于控制室。主机板提供冗余控制网络C-NET，I/O模块和功能模块可以分散安装于生产现场，亦称远程I/O单元，通过C-NET与主机板连接，便于就地连接I/O线。这种方式不仅节省电线，而且便于工程施工和现场维修。

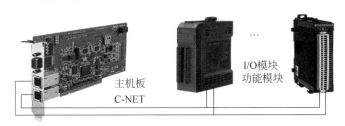

图3.2　IPC主机组成之二

工业PC(IPC)组成之三(如图3.3所示)，采用模块式结构，其特点是主机单元和输入/输出单元可以分离。主机模块提供冗余控制网络C-NET，I/O模块和功能模块可以分散安装于生产现场，亦称远程I/O单元，通过C-NET与主机模块连接，便于就地连接I/O线。这种方式不仅节省电线，而且便于工程施工和现场维修。主机模块既可以位于控制室，也可以安装于生产现场，多台主机模块通过C-NET互联，构成分散控制系统。

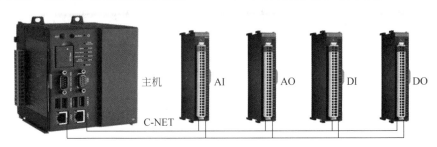

图3.3　IPC主机组成之三

1. 主机CPU

主机CPU型号多样，取决于系统规模、应用领域和结构形式。例如，一般工业PC(IPC)的常用CPU是Intel 80386、80486、Pentium(奔腾)、Core(酷睿)系列等。

2. 主机存储器

主机存储器分为内存储器和外存储器。如果将主机安装于生产现场，因现场环境恶劣和机械设备振动等因素，不宜采用具有运动部件的硬盘和光盘驱动器，那就采用电子盘，并用后备电池，保证停电后不丢失电子盘中的数据。

3. 主机总线

主机总线是某些线的集合，它定义了各引线的信号、电气和机械特性；使计算机系统内部的模板或模块之间建立信号联系，进行数据传送；以及在外部的各设备之间建立信号联系，进行数据传送和通信。

计算机内部的模板或模块之间进行通信的总线,称为内部总线。尽管各种内部总线的线数不同,但按其功能仍可分为数据总线 D、地址总线 A、控制总线 C、电源总线 P,如图 3.4(a)所示。采用总线母板结构,组成计算机的各功能模板插入总线插座,由总线完成各模板之间的信息传送,从而构成完整的计算机系统。内部总线标准的机械要素包括接插件尺寸和针数,电气要素包括信号的电平和时序。

工业 PC(IPC)的常用内部总线有 PC/XT、PC/AT 或 ISA、PCI、PC104 等,关于各总线的引线定义,请见参考文献[1]～[4]。

工业 PC(IPC)的 ISA 总线和 PCI 总线母板,如图 3.4(b)所示,用户将主机模板、I/O 模板、功能模板插在此母板上构成所需的工业 PC(IPC)。

PC104 总线有 104 根针形引线,分为插座 P1(64 线)和插座 P2(40 线),如图 3.4(d)所示。模板采用叠式安装,上下层模板之间通过总线插座 P1 和 P2 互相连接,从而实现了多层模板之间的信号连接及安装。

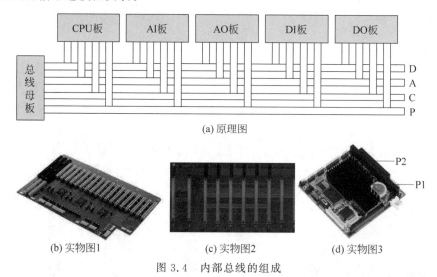

(a) 原理图

(b) 实物图1   (c) 实物图2   (d) 实物图3

图 3.4   内部总线的组成

课件视频 32

3.1.2 DDC 系统的通信

计算机与计算机之间或计算机与设备之间进行通信的总线,称为外部总线。常用的有 RS-232、RS-422 和 RS-485 串行通信总线。另外还有各种通信网络,常用的有工业以太网(Ethernet),并配置相应的通信网络接口,构成控制网络(C-NET)。关于通信总线及网络的更多内容,请见参考文献[1]～[4]。

1. 串行通信总线

常用的串行通信总线有 RS-232、RS-422 和 RS-485,其中 RS-232 和 RS-422 为点对点通信,RS-485 为点对多点通信。

1) RS-232 总线

RS-232 总线的发送器(T)和接收器(R)电路原理如图 3.5(a)所示,采用点对点连接方式,两点之间的通信距离不大于 15m,传输速率不大于 20kbps。由于采用单端发送器(T)和接收器(R),并有公共信号地线 SGND,所以通信距离短而且容易引入干扰。

RS-232 总线采用 25 线或 9 线连接器将两台设备互连起来,如图 3.5(b)所示,其中基本的 3 根线是发送数据线 TxD、接收数据线 RxD 和信号地线 SGND。关于 RS-232 总线的更多内容,请见参考文献[1]～[4]。

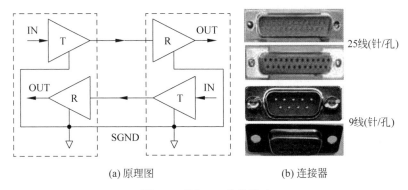

(a) 原理图　　　　　(b) 连接器

图 3.5　RS-232 总线接口

2) RS-422 总线

RS-422 总线采用双端发送器(T)和接收器(R),如图 3.6 所示,双端发送接收的优点之一是抑制噪声干扰;优点之二是不受节点接地电平差异的影响,因为两点之间无公共信号地线。

RS-422 总线采用点对点连接方式,两台设备之间用 4 线电缆互连,每个方向使用两根线,可以实现全双工通信方式。RS-422 总线的传输距离为 12～1200m,传输速率为 100kbps～10Mbps。关于 RS-422 总线的更多内容,请见参考文献[1]～[4]。

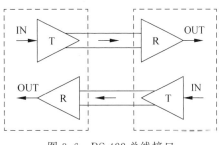

图 3.6　RS-422 总线接口

3) RS-485 总线

RS-485 总线采用一点对多点连接方式,而且只需两根通信线。发送器(T)和接收器(R)采用平衡差分电路,其优点是抑制噪声干扰。尽管两根通信线上可以连接 32 台发送器(T)和 32 台接收器(R),但同时只能有一对发送器和接收器进行点对点通信。也就是说,RS-485 总线为半双工通信方式。RS-485 总线的传输距离为 12～1200m,传输速率为 100kbps～10Mbps。关于 RS-485 总线的更多内容,请见参考文献[1]～[4]。

2. 工业以太网

工业以太网是普通以太网的延伸,为了适应控制网络(C-NET)对其进行技术扩展。工业以太网与 OSI 参考模型的分层对应关系如图 3.7 所示。

OSI参考模型		工业以太网
应用层	7	应用协议
表示层	6	(省略5、6层)
会话层	5	
传输层	4	TCP/UDP
网络层	3	IP
数据链路层	2	数据链路层 (IEEE 802.3)
物理层	1	物理层　(IEEE 802.3)

图 3.7　工业以太网与 OSI 参考模型

工业以太网面对恶劣的工业环境,作为控制网络(C-NET)要解决一系列问题。例如,不宜采用 IP20 防护等级的办公用 RJ45 连接器,应该用 IP65/IP67 防护等级的工业用 RJ45 连接器;收发器、集线器、交换机等通信设备应具有适应恶劣环境、抗振动、耐高低温的能力。

微课视频 27

3.2 DDC 系统的输入/输出单元

第 2 章讨论了 DDC 系统的控制算法,即数字 PID 控制器的设计。此后,还要为数字 PID 控制器提供被控对象的控制参数,这就要有信号的输入通道,如模拟量输入(AI)和数字量输入(DI);另一方面,数字 PID 控制器的控制命令要作用于被控对象,这就要有信号的输出通道,如模拟量输出(AO)和数字量输出(DO)。

微课讲解 27

输入/输出单元是 DDC 系统的基础。输入/输出单元的结构方式可以分为混合式和分离式,成型方式可以分为模板式和模块式。

模板式结构的各类 I/O 模板和主机模板都插在总线母板上,将主机单元和输入/输出单元集中安装,这种混合式结构如图 3.1 所示。另一种将主机模板和输入/输出模块分别安装,两者之间用通信线互连,输入/输出单元可以安装于生产现场,这种分离式结构如图 3.2 所示。

模块式结构的各类 I/O 模块和主机模块用通信线互连,如图 3.3 所示,其特点是主机单元和输入/输出单元分离。各类 I/O 模块分散安装于生产现场,每个模块的信号接线端子与现场变送器和执行器的信号线可以就地连接,既简化了安装,又节省了信号线。模块式结构既可以集中式安装,也可以分散式安装,对应组装成集中式或分散式控制计算机。

3.2.1 模拟量输入

课件视频 33

模拟量输入通道的功能是把被控对象的相关参数(如温度、压力、流量、料位和成分等)的模拟量信号(如 4~20mA DC,0~5V DC,mV DC)转换成计算机可以接收的数字量信号,用作控制和运算功能块的输入信号。

模拟量输入通道一般由信号预处理、多路模拟开关、前置放大器、采样保持器、模数转换器(A/D)、接口电路 6 部分组成,如图 3.8(a)所示。

用于工业 PC(IPC)的模拟量输入具有模板和模块两种结构形式,如图 3.8(b)和图 3.8(c)所示。其中图 3.8(b)模板通过 PC 总线与主机模板或主机总线母板连接,外接线插座引出模拟量输入信号与传感器或变送器连接,模板安装在机箱内;如图 3.8(c)所示的模块通过右接线端子的通信线与主机单元或主机模块连接,左接线端子引出模拟量输入信号与传感器或变送器连接,模块分散安装在现场。

1. 信号预处理

信号预处理的功能有两个:一是对来自传感器或变送器的电流信号 I_1 进行处理得到电压信号 V_1,例如将输入电流信号 I_1(4~20mA DC)变为电压信号 V_1(1~5V DC);二是对来自传感器的电阻信号 R_t 进行处理得到电压信号 V_1,例如将热电阻 R_t(Pt100 或 Cu50)的电阻信号通过电桥电路转变为电压信号 V_1。

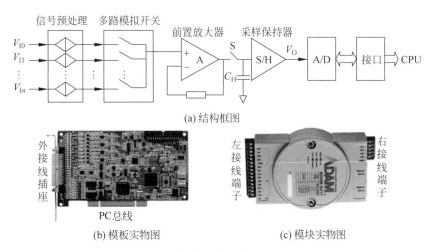

(a) 结构框图

(b) 模板实物图   (c) 模块实物图

图 3.8   模拟量输入

2. 多路模拟开关

多路模拟开关轮流切换各路被测信号,一般是几路或十几路(4 路、8 路、12 路、16 路)被测信号共用一只 A/D 转换器,通过多路模拟开关轮流切换被转换的模拟信号,采用分时 A/D 转换方式。多路模拟开关有专用的集成电路(如 CD4051)。

多路模拟开关位于前置放大器的输入端,一般设计成单端输入或双端输入,用户可以选择单端输入或双端输入。例如,常用的 16 路单端输入,用户可以选择成 8 路双端输入。

3. 前置放大器

前置放大器的任务是将模拟输入小信号放大到 A/D 转换的量程范围之内(0~5V DC),为了适应多种小信号的放大需求,而设计可变增益放大器。例如,用热电偶测量温度,热电偶的热电势随热电偶类型及测温量程而变,对应的放大器增益也要可变,才能将各种类型热电偶的热电势放大到 0~5V DC。

前置放大器增益的改变可以有两种方法,一种是人工设置放大器增益,另一种是自动设置放大器增益。一般采用可变增益放大器集成电路芯片,例如 PAG202 和 PAG203 等,其内部结构和引脚,请见相关参考文献。

4. 采样保持器

采样保持器 S/H(Sample Hold)集成电路由输入放大器 A_1、逻辑控制开关 S、保持电容器 C_H 和输出放大器 A_2 构成。

在采样期间,S 闭合,A_1 给 C_H 充电,A_2 的输出电压 V_O 跟随输入电压 V_I。

在保持期间,S 断开,由于 A_2 的输入阻抗很高,理想情况下 C_H 将保持充电时的最终值电压。

在采样期间,不启动 A/D 转换器。一旦进入保持期间,立即启动 A/D 转换器,从而保证 A/D 转换期间的模拟输入电压恒定,提高了 A/D 转换的精度。

常用的采样保持器 S/H 集成电路芯片有 AD582 和 LF198 等,其内部结构和引脚,请见参考文献[1]~[4]。

5. A/D 转换器

A/D 转换器的功能是将被测模拟信号转换成二进制数字量,A/D 转换器的品种很多,分辨率分为 8 位、10 位、12 位、14 位、16 位;既有单极性电压输入 V_{I+},也有双极性电压输

入 $V_{I-}\sim 0\sim V_{I+}$；转换速度也有高、中、低之分。

6. 接口电路

接口电路处于 A/D 和 CPU 之间，其功能是进行接口地址译码，产生控制信号，并启动 A/D 转换器工作，再将 A/D 转换结果传送给 CPU。

★关于模拟量输入的详细内容，请见参考文献[1]～[4]。

课件视频 34

3.2.2　模拟量输出

模拟量输出通道的功能是把计算机输出的数字信号转换成模拟电流或电压信号(如 4～20mA DC，0～5V DC)，以便驱动相应的执行器(如电动或气动调节阀)，达到控制被控对象的目的。

模拟量输出通道一般由接口电路、数模转换器(D/A)和电压电流转换器(V/I)等组成，如图 3.9(a)所示。

用于工业 PC(IPC)的模拟量输出具有模板和模块两种结构形式，如图 3.9(b)和图 3.9(c)所示。其中图 3.9(b)模板通过 PC 总线与主机模板或主机总线母板连接，外接线插座引出模拟量输出信号与执行器连接，模板安装在机箱内；图 3.9(c)模块通过上接线端子的通信线与主机单元或主机模块连接，下接线端子引出模拟量输出信号与执行器连接，模块分散安装在现场。

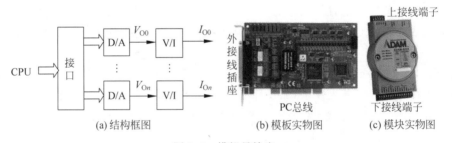

(a)结构框图　　　　　　(b)模板实物图　　　(c)模块实物图

图 3.9　模拟量输出

1. 接口

接口电路处于 CPU 和 D/A 之间，其功能是接收 CPU 数据线的数据、接口地址译码、产生片选信号或写信号，并启动 D/A 转换器工作。

2. D/A

D/A 转换器的功能是将 n 位数字量输入 $DI_0\sim DI_{n-1}$ 转换成模拟量输出电压 V_O，D/A 转换器的分辨率分为 8 位、10 位、12 位、14 位、16 位。

3. V/I

V/I(电压电流转换器)的功能是将 D/A 转换器的输出电压转换成 4～20mA DC 电流，以便驱动执行器(如电动或气动调节阀)。

★关于模拟量输出的详细内容，请见参考文献[1]～[4]。

课件视频 35

3.2.3　数字量输入

数字量输入通道的功能是把被控对象的开关状态信号(通/断、ON/OFF)或数字状态信号(1/0)传给计算机，用作控制、运算功能块的输入信号。

一般 DI 信号分两类：一类是机械开关、按钮的接通或断开,机械触点的闭合或断开,此类统称为无源开关信号;另一类是直流、交流电压数值的突变,即从某个恒定值变为零或反之,此类统称为有源开关信号。

数字量输入通道一般由信号调整电路和输入接口电路组成,如图 3.10(a)所示。

用于工业 PC(IPC)的数字量输入具有模板和模块两种结构形式,如图 3.10(b)和图 3.10(c)所示。其中图 3.10(b)模板通过 PC 总线与主机模板或主机总线母板连接,外接线插座引出数字量输入信号与开关式传感器连接,模板安装在机箱内;图 3.10(c)模块通过上接线端子的通信线与主机单元或主机模块连接,下接线端子引出数字量输入信号与开关式传感器连接,模块分散安装在现场。

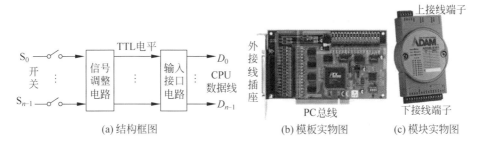

图 3.10　数字量输入

1. 信号调整电路

信号调整电路的功能有 3 个：一是克服机械开关或触点通断时的抖动;二是进行信号隔离;三是将无源或有源开关信号转换成 TTL 电平 1 或 0。

2. 输入接口电路

输入接口电路的功能是进行接口地址译码,并产生控制信号,再将 TTL 电平 1 或 0 传送给 CPU。

★关于数字量输入的详细内容,请见参考文献[1]～[4]。

3.2.4　数字量输出

数字量输出通道的功能是把计算机输出的数字信号(或开关信号)1 或 0 传送给开关执行器(如电磁阀、电动机),控制它们的通、断,以达到控制目的。

数字量输出通道一般由输出接口电路和输出驱动电路组成,如图 3.11(a)所示。

用于工业 PC(IPC)的数字量输出具有模板和模块两种结构形式,如图 3.11(b)和图 3.11(c)所示。其中图 3.11(b)模板通过 PC 总线与主机模板或主机总线母板连接,外接线插座引出数字量输出信号与开关执行器连接,模板集中安装在机箱内;图 3.11(c)模块通过上接线端子的通信线与主机单元或主机模块连接,下接线端子引出数字量输出信号与开关执行器连接,模块分散安装在现场。

课件视频 36

1. 输出接口电路

输出接口电路的功能是进行接口地址译码,并产生控制信号,再接收来自计算机的数字信号 1 或 0。

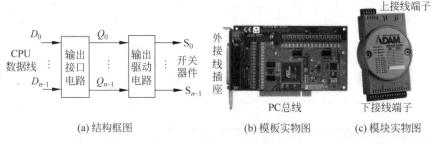

(a) 结构框图　　　　(b) 模板实物图　　　(c) 模块实物图

图 3.11　数字量输出

2. 输出驱动电路

输出驱动电路的功能有两个:一是进行信号隔离;二是将数字信号 1 或 0 放大以便驱动开关执行器,常用的有指示灯、发光二极管(LED)、继电器(Relay)、固态继电器(Solid State Relay,SSR)、电磁阀、电动机等。

★关于数字量输出的详细内容,请见参考文献[1]~[4]。

课件视频 37

3.3　DDC 系统的人机接口单元

前面讨论了计算机和生产过程(或被控对象)之间通过模拟量输入(AI)、模拟量输出(AO)、数字量输入(DI)、数字量输出(DO)互通信息,亦称过程输入输出接口(Process Input Output interface,PIO),如图 3.12 所示。

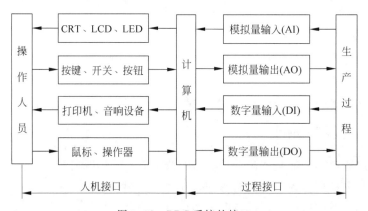

图 3.12　DDC 系统的接口

与此类似,计算机和操作人员之间也要互通信息。比如,计算机实时地显示生产过程状况和控制信息,而操作人员为了配合计算机对生产过程的控制,往往要根据生产状况及时地向计算机发出各种操作控制命令。为此,计算机和操作人员之间设置的设备称为人机接口(Man Machine Interface,MMI),如图 3.12 所示。

3.3.1　通用人机接口设备

通用人机接口设备有显示器(LCD)、打印机、鼠标等。工业用 LCD 屏幕尺寸一般选用 21 英寸(1 英寸=2.54 厘米)或更大,其中操作员站(OS)配置 1 台或 2 台 LCD,工程师站

(ES)配置1台LCD。打印机有点阵式、喷墨式和激光式,其中点阵式打印机采用折叠式打印纸,适用于随机报警和事故打印。

3.3.2　专用人机接口设备

专用人机接口设备有回路操作器、操作显示面板和操作显示台等,这些设备是为特定的生产装置而设计的,并无统一的标准。一般会涉及专用键盘接口,七段LED、十六段LED、单段LED接口。

在计算机控制系统中,对于十分重要的PID控制回路,还必须外置回路操作器(亦称手动操作器),特殊情况下用其直接操作对应的执行器(如电动或气动调节阀)。也就是说,回路操作器作为计算机的备用设备,一旦计算机出现故障,可以远方手动操作执行器。

★关于键盘接口、LED接口、回路操作器的详细内容,请见参考文献[1]~[4]。

本章小结

本章主要叙述DDC系统的主机单元、输入/输出单元、人机接口单元,其中主机单元是DDC系统的核心、输入/输出单元是DDC系统的基础、人机接口单元是DDC系统的窗口。

DDC系统的硬件分为主机单元、输入/输出单元和人机接口单元,采用模板或模块式结构,并以工业PC(IPC)为主。

主机单元的核心是主机模板或模块,集成了CPU、内存储器、外存储器接口、通信接口、显示器接口、键盘接口、USB接口等,另外还有显示器、键盘、鼠标和打印机接口等。

输入输出单元一般由模拟量输入(AI)、数字量输入(DI)、模拟量输出(AO)和数字量输出(DO)模板或模块组成。

模拟量输入(AI)通道一般由信号预处理、多路模拟开关、前置放大器、采样保持器、模数转换器(A/D)、接口电路等组成。

模拟量输出(AO)通道一般由接口电路、数模转换器(D/A)和输出驱动(V/I)电路组成。

数字量输入(DI)通道一般由信号调整电路和输入接口电路组成。

数字量输出(DO)通道一般由输出接口电路和输出驱动电路组成。

人机接口单元的设备分为通用和专用两类,通用设备有显示器(LCD)、键盘、鼠标、打印机等,专用设备有回路操作器、操作显示面板和操作显示台等。

第4章

CHAPTER 4

DDC 系统的软件

DDC 系统的软件由系统软件、应用软件和监控组态软件组成。系统软件是指操作系统、实时数据库和通信软件等。应用软件是指控制运算软件、输入/输出软件和人机接口软件,这3部分软件分别对应第3章讨论的 DDC 系统硬件的主机单元、输入/输出单元和人机接口单元。监控组态软件是将应用软件图形化或工程化,为用户使用应用软件提供了形象直观的可视化界面。

本章并不涉及具体的语言编程,而是叙述 DDC 系统的控制运算软件、输入输出软件、人机接口软件所实现的功能,以及在监控组态软件环境下的可视化界面或功能块图。

4.1　DDC 系统的控制运算软件

DDC 系统的控制运算功能分为连续控制、逻辑控制和顺序控制3类,每类有对应的算法、功能和特性。软件设计者的任务就是在计算机上实现这些算法、功能和特性,并给用户使用提供可视化界面。限于篇幅,本节只叙述控制运算软件的用户表现形式、外部功能特性和算法,并不涉及具体的语言编程。

4.1.1　DDC 系统的控制软件

微课视频 28

微课讲解 28

课件视频 38

课件视频 39

DDC 系统的控制软件分为连续控制、逻辑控制、顺序控制3类。在监控组态软件的支持下,连续控制软件的用户表现形式是功能块图,逻辑控制软件的用户表现形式是逻辑梯形图、逻辑功能块图和逻辑指令表,顺序控制软件的用户表现形式是顺序功能块图,并用这3类用户表现形式的可视化界面组成所需的控制回路。本节介绍连续控制软件、逻辑控制软件和顺序控制软件。

1. 连续控制软件

第2章介绍了 DDC 控制算法,这是构成连续控制软件的主体。常规 DDC 算法以 PID 控制为主,并以 PID 控制块的形式呈现在用户面前。在监控组态软件的支持下,以 PID 控制块为核心,再配置所需的输入、输出和运算功能块来组成控制回路,常用的有单回路、串级、前馈、比值 PID 控制回路等,2.4节介绍了这些典型 PID 控制回路的功能块图组成。

单回路 PID 控制原理图及 PID 控制功能块组态图如图 4.1 所示,它由 AI 功能块(FT1234)、PID 控制块(FC1234)和 AO 功能块(FV1234)组成,其中 AI 功能块(FT1234)对应被控量 PV 的物理实现(A/D),PID 控制块(FC1234)对应 PID 控制算法的物理实现,AO

功能块(FV1234)对应控制量 U 的物理实现(D/A)。

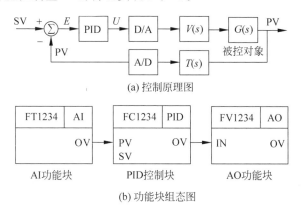

(a) 控制原理图

(b) 功能块组态图

图 4.1　单回路(流量)PID 控制功能块组态图

单回路 PID 控制功能块组态图(见图 4.1(b))的物理含义是：被控量(FT1234.OV)经 AI 模板输入到控制站(CS)中,由控制站(CS)内的 PID 连续控制软件(FC1234)进行运算,运算结果(FC1234.OV)经 AO 模板输出(FV1234.OV)到执行器。在监控组态软件的支持下,用户只需在工程师站(ES)的 LCD 屏幕上进行 PID 控制回路功能块图组态,形成控制回路组态文件(CF),再在工程师站(ES)上将 CF 下装到控制站(CS)中运行,就可以达到控制目的,如图 1.12 所示。

PID 连续控制软件的编程应符合 PID 控制算法工程实现(见图 2.20)中的设定量处理、被控量处理、偏差处理、PID 计算、控制量处理、自动手动切换以及工作方式无扰动切换等的要求,并符合 PID 控制块参数表(见表 2.1.1)中数据选取格式的要求。该软件的调试过程是,首先调试开环阶跃响应,再调试单回路、串级等闭环阶跃响应。相关内容请参见 2.3 节。

在应用软件中,可以将 PID 连续控制软件看作一个子程序,调用此子程序者必须自带数据区,这个数据区存储 PID 控制块参数表(见表 2.1.1)的数据。尽管在控制计算机中只有一个 PID 连续控制软件(或 PID 控制子程序),但是有 N(如 32、64、128、……)个存储 PID 控制块参数表(见表 2.1.1)的数据区,每个数据区对应一个 PID 控制块。换句话说,一台控制计算机中只有一个 PID 控制子程序,还有 N 个 PID 控制数据区分别对应 N 个 PID 控制块。也就是说,PID 连续控制软件是"公共"子程序,PID 控制块参数表(见表 2.1.1)是"专用"数据区。由此可见,在监控组态软件平台上看到的 PID 控制块的实体是 PID 控制子程序和 PID 控制数据区(见表 2.1.1)。在控制计算机中,PID 控制子程序固化在内存 ROM 中,PID 控制数据区占用内存 RAM。系统监控软件根据控制回路组态文件的要求,实时调用 PID 控制子程序,所需数据在对应的 PID 控制数据区中,每调用执行一次实现对应的 PID 控制块或 PID 控制回路的功能。

2. 逻辑控制软件

逻辑控制用于设备的启/停(电机、泵)和通/断(电磁阀、开关阀),事故状态的连锁保护等。其主要输入信号为状态信号(通或断,开或关,ON 或 OFF,1 或 0),对这些信号进行逻辑运算,其输出信号仍然是状态信号。常用的逻辑控制算法有与(AND)、或(OR)、非(NOT)、异或(XOR)、触发器(FLIPFLOP)、定时器(TIMER)、计数器(COUNT)等。

逻辑控制算法的用户表现形式或组态形式有逻辑梯形图、逻辑功能块图和逻辑指令表,并用相应的逻辑控制软件来实现。

1) 逻辑梯形图

继电器由常开(Normal Open,NO)触点、常闭(Normal Close,NC)触点和线圈组成,如图 4.2(b)所示,线圈通电后触点闭合或断开。

常开触点(NO)的含义是:继电器线圈不通电时,触点打开(OFF);反之,继电器线圈通电时,触点闭合(ON)。

常闭触点(NC)的含义是:继电器线圈不通电时,触点闭合(ON);反之,继电器线圈通电时,触点打开(OFF)。

继电器是逻辑控制的主要元件,人们早已习惯了用继电器的触点、线圈构成的逻辑梯形图来表示逻辑关系。除了继电器之外,还用到按钮、按键、电灯、电机等开/关器件或通/断器件。也就是说,逻辑梯形图由触点、线圈、开/关器件和连线等构成。在监控组态软件的支持下,用逻辑元件构成逻辑梯形图,即可实现逻辑控制功能。其优点是既直观形象,又简便易懂。

逻辑梯形图如图 4.2(a)所示,图中 S1~S6 代表按钮或按键开关,L1 和 L2 代表电灯或继电器线圈,左、右竖线代表电源线。

若要 L1 电灯亮,则开关 S1、S2、S3 必须同时闭合,阶梯 1 的与(AND)逻辑式为

$$L1 = S1 \text{ AND } S2 \text{ AND } S3$$

若要 L2 电灯亮,则开关 S4、S5、S6 之一闭合,阶梯 2 的或(OR)逻辑式为

$$L2 = S4 \text{ OR } S5 \text{ OR } S6$$

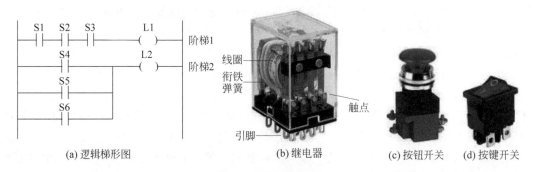

图 4.2　逻辑图构成

逻辑梯形图的物理含义是:开关 S1~S6 经 DI 模板输入到控制站(CS)中,由控制站(CS)内逻辑梯形图软件进行逻辑运算,运算结果经 DO 模板输出到电灯 L1 和 L2。在监控组态软件的支持下,用户只需在工程师站(ES)的 LCD 屏幕上进行逻辑梯形图组态(所见即所得),形成逻辑梯形图组态文件(CF),再在工程师站(ES)上将 CF 下装到控制站(CS)中运行,就可以达到逻辑控制目的,如图 1.12 所示。

逻辑梯形图的详细内容,将在本书第 2 篇和第 4 篇中叙述。

2) 逻辑功能块图

上述逻辑梯形图(见图 4.2(a))的功能也可以用逻辑功能块图来表示,如图 4.3 所示。功能块的左边为输入信号端(S1~S6),右边为输出信号端(L1、L2),块内为算法名(AND、OR)。

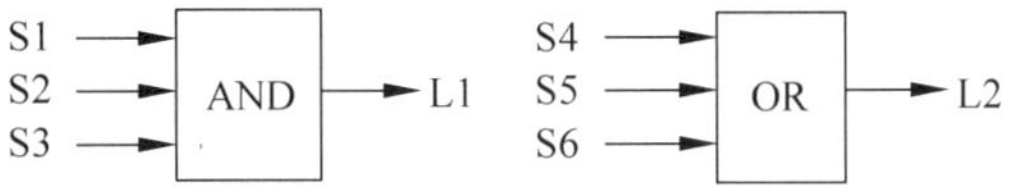

图 4.3 逻辑功能块图

逻辑功能块图的物理含义是：开关 S1～S6 经 DI 模板输入到控制站(CS)中,由控制站(CS)内逻辑功能块图软件进行逻辑运算,运算结果经 DO 模板输出到电灯 L1 和 L2。在监控组态软件的支持下,用户只需在工程师站(ES)的 LCD 屏幕上进行逻辑功能块图组态(所见即所得),形成逻辑功能块图组态文件(CF),再在工程师站(ES)上将 CF 下装到控制站(CS)中运行,就可以达到逻辑控制目的,如图 1.12 所示。

逻辑功能块图的详细内容,将在本书第 2 篇和第 4 篇中叙述。

3）逻辑指令表

尽管逻辑梯形图和逻辑功能块图的共同点是用图形来表示逻辑运算形象直观,但是人们也习惯了用指令来描述逻辑运算,即用指令来写逻辑程序,多条指令形成逻辑指令表。例如,图 4.2 或图 4.3 对应的逻辑指令表如下：

```
LD      S1    ; 输入 S1
AND     S2    ; 与 S2
AND     S3    ; 与 S3
OUT     L1    ; 输出 L1
LD      S4    ; 输入 S4
OR      S5    ; 或 S5
OR      S6    ; 或 S6
OUT     L2    ; 输出 L2
```

逻辑指令表的物理含义是,开关 S1～S6 经 DI 模板输入到控制站(CS)中,由控制站(CS)内逻辑指令表软件进行逻辑运算,运算结果经 DO 模板输出到电灯 L1 和 L2。在监控组态软件的支持下,用户只需在工程师站(ES)的 LCD 屏幕上进行逻辑指令表组态(所见即所得),形成逻辑指令表组态文件(CF),再在工程师站(ES)上将 CF 下装到控制站(CS)中运行,就可以达到逻辑控制目的,如图 1.12 所示。

逻辑指令表的详细内容,将在本书第 2 篇和第 4 篇中叙述。

3. 顺序控制软件

顺序控制是按照预定的顺序步进行运算控制,用"步框"(STEP)、"步前进条件"和"步命令框"3 项来描述顺序控制过程,它的输入输出信号以逻辑信号(通或断,开或关,ON 或 OFF,1 或 0)为主,以连续信号为辅。顺序控制算法的用户表现形式或组态形式是顺序功能块图,并用相应的顺序控制软件来实现。

例如,对于如图 4.4 所示的反应罐,顺序控制要求如下。

(1) 步 1：当启动按钮 BU 接通(ON)时,进料阀门 VA 和 VB 都打开(ON),向反应罐内加物料 A 和 B。

(2) 步 2：当液位开关 LA 和 LB 都接通(ON)时,反应罐内物料装满,进料阀门 VA 和 VB 都关闭(OFF),停止向反应罐内加物料,同时启动搅拌电机 MT(ON),搅拌物料降温。

(3) 步 3：当反应罐内物料温度降低到 30℃时,温度开关 LT 接通(ON),停止搅拌电机

MT(OFF),并打开出料阀 VC(ON)出料。

(4) 步 4:当液位开关 LA 断开(OFF)时,放料完毕,关闭出料阀 VC(OFF)。

至此,一个顺序控制过程完毕。如果再次按启动按钮 BU(ON),那么又一个顺序控制过程开始。

图 4.4(b)所示的顺序功能块图的组成:用"步框"STEP1~STEP4 表示顺序步 1~4,步框上面有进入此步的"步前进条件"(逻辑运算式),若条件成立(ON),则进入此步,并执行步框右侧的"步命令框"中的命令。

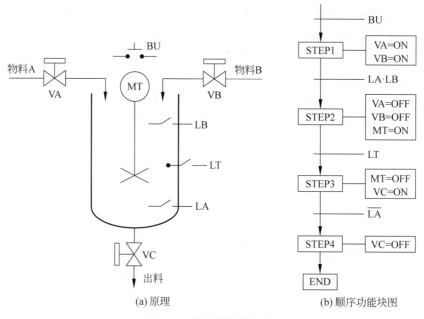

(a) 原理　　　　(b) 顺序功能块图

图 4.4   反应罐顺序控制

顺序功能块图的物理含义是,开关信号 BU、LA、LB 和 LT 经 DI 模板输入控制站(CS)中,由控制站(CS)内顺序功能块图软件进行顺序运算,运算结果经 DO 模板输出到执行器件 VA、VB、MT 和 VC。在监控组态软件的支持下,用户只需在工程师站(ES)的 LCD 屏幕上进行顺序功能块图组态(所见即所得),形成顺序功能块图组态文件(CF),再在工程师站(ES)上将 CF 下装到控制站(CS)中运行,就可以达到顺序控制目的,如图 1.12 所示。

顺序功能块图的详细内容,将在本书第 2 篇和第 4 篇中叙述。

4.1.2　DDC 系统的运算软件

微课视频 29

微课讲解 29

课件视频 40

DDC 系统的运算软件分为连续运算软件、逻辑运算软件和顺序运算软件。其中连续运算软件的用户表现形式是功能块图,逻辑运算软件的用户表现形式是逻辑梯形图、逻辑功能块图和逻辑指令表,顺序运算软件的用户表现形式是顺序功能块图。

复杂的连续控制、逻辑控制和顺序控制回路的组成,除了控制算法外,还需要有运算算法相配合。本节介绍连续运算、逻辑运算和顺序运算的常用算法。

1. 连续运算软件

在常规 DDC 算法中,除 PID 控制算法外,还必须有相关的连续运算算法配合,才能构成复杂控制回路。

常用的连续运算算法有加(减)法、乘法、除法、绝对值、开平方、选常数、选信号、选最大值、选最小值、平滑切换、高低限限制、变化率限制、偏差限制、高低限报警、变化率报警、偏差报警、孔板流量温度压力补偿、折线函数、设定量曲线、非线性曲线、工程量变换、一阶超前、超前滞后、一阶惯性、纯迟延一阶惯性、纯迟延补偿等,并有相应的运算式,式中 x 表示模拟输入量,y 表示模拟输出量,K、A 表示常数,SW、SA 和 ST 表示开关量。每个连续运算算法用相应的连续运算软件来实现,并对应一个功能块组态图。

1) 加法(ADD)

$$y = K_1 x_1 + K_2 x_2 + K_3 x_3 + A_1 \tag{4.1.1}$$

其中,K_1、K_2 和 K_3 为系数。若系数为正,则为加法;若系数为负,则为减法。A_1 为偏置。加法(ADD)运算功能块组态图如图 4.5 所示。

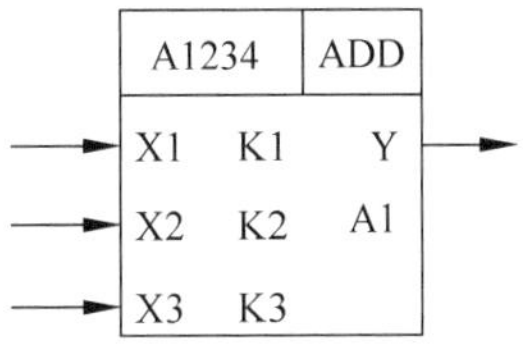

2) 乘法(MULTIP)

$$y = (K_1 x_1 + A_1)(K_2 x_2 + A_2) + A_3 \tag{4.1.2}$$

其中,K_1 和 K_2 为系数,A_1、A_2 和 A_3 为偏置。乘法(MULTIP)运算功能块组态图与图 4.5 类似。

3) 除法(DIVISION)

$$y = \frac{K_1 x_1 + A_1}{K_2 x_2 + A_2} + A_3 \tag{4.1.3}$$

其中,K_1 和 K_2 为系数,A_1、A_2 和 A_3 为偏置。除法(DIVISION)运算功能块组态图与图 4.5 类似。

4) 孔板流量温度压力补偿(FTPCOMP)

$$y = K_1 \sqrt{\frac{K_2 x_2 + A_2}{K_3 x_3 + A_3} \cdot x_1} \tag{4.1.4a}$$

其中,x_1、x_2 和 x_3 分别为差压信号、压力信号和温度信号,K_1、K_2 和 K_3 为系数。

孔板流量温度压力补偿公式为

$$y = K_1 \sqrt{\frac{T_0 P_1}{T_1 P_0} \cdot x_1} = K_1 \sqrt{\frac{P_1/P_0}{T_1/T_0} \cdot x_1} \tag{4.1.4b}$$

其中,x_1 为差压信号,T_0 和 T_1 分别为设计孔板的气体的基准绝对温度和实际绝对温度(单位 K),P_0 和 P_1 分别为设计孔板的气体的基准绝对压力和实际绝对压力。

将式(4.1.4a)与式(4.1.4b)比较,可得 $K_2 x_2 + A_2 = P_1/P_0$,$K_3 x_3 + A_3 = T_1/T_0$,即两式对应的分子和分母相等。

在监控组态软件的支持下,上述连续运算算法式(4.1.1)～式(4.1.4)以功能块图形式呈现在用户面前。功能块图左边为信号输入端,右边为信号输出端。用户对输入端和输出端进行组态连线,构成连续运算控制回路,如图 4.6 所示。

在图 4.6 中流量温度压力补偿运算块 FI234 的算法式为式(4.1.4a),3 个输入 FI、TI、PI 分别为流量的差压 FI231、温度 TI232 和压力 PI233 信号,经 FI234 运算后得到标准流量 OV,并作为流量 PID 控制块 FC234 的被控量 PV,FC234 的控制量 OV 经模拟量输出块 FV234 输出后作用于执行器(如电动调节阀、气动调节阀),以达到控制目的。

图 4.5　加法运算功能块

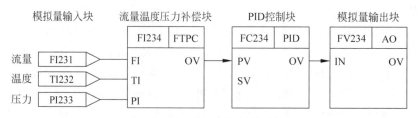

图 4.6 连续运算控制功能块组态图

★以上介绍了几个连续运算算法,更多算法和详细内容请阅读参考文献[1]~[4]。

2. 逻辑运算软件

逻辑运算的算法有与(AND)、或(OR)、非(NOT)、异或(XOR)、计数器(COUNT)、计时器(TIMER)等,并用相应的逻辑运算软件来实现。在监控组态软件的支持下,可用这些逻辑运算的算法构成逻辑梯形图(如图 4.2(a)所示)、逻辑功能块图(如图 4.3 所示)和逻辑指令表。

逻辑运算的详细内容将在第 2 篇和第 4 篇中叙述。

3. 顺序运算软件

顺序运算的步前进条件采用逻辑运算的与(AND)、或(OR)、非(NOT)、异或(XOR)、计数器(COUNT)、计时器(TIMER)等。顺序运算用相应的顺序运算软件来实现。在监控组态软件的支持下,用这些顺序运算构成顺序功能块图,如图 4.4(b)所示。

顺序运算的详细内容将在第 2 篇和第 4 篇中叙述。

4.2 DDC 系统的输入/输出软件

DDC 系统的输入/输出单元由各种类型的输入/输出模板或模块组成,它是主机单元与生产过程之间输入/输出信号连接的通道。为此,必须为输入/输出单元配置相应的输入/输出软件,才能将其硬件信号变为软件信号或变量名,便于系统共享,并以输入/输出功能块的形式呈现在用户面前,用于控制回路组态。限于篇幅,本节只介绍输入/输出软件的功能特性和用户表现形式,并不涉及具体的语言编程。

4.2.1 DDC 系统的输入软件

微课视频 30

微课讲解 30

课件视频 41

DDC 系统的输入软件的功能是接收来自 AI 和 DI 通道的信号,再进行数据处理,然后填入实时数据库(RTDB),在监控组态软件环境下以输入功能块和变量名的方式呈现在用户面前。输入功能块分为模拟量输入(AI)功能块和数字量输入(DI)功能块,输入功能块与输入模板或模块的信号点一一对应。注意区分输入模板或模块是硬件,输入功能块是软件的一种图形表现形式。

1. 模拟量输入功能块

模拟量输入(AI)功能块与模拟量输入模板或模块的信号点一一对应。例如,图 4.7 所示的 AI 模板有 8 个输入信号点 $AI_1 \sim AI_8$,分别对应了 8 个模拟量输入功能块 PT121,LT122,…,FT128。采用图形组态方式时,模拟量输入功能块的右侧 OV 为信号输出端。

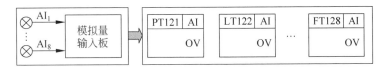

图 4.7　模拟量输入信号与模拟量输入功能块

模拟量输入(AI)功能块的变量名为"工位号.参数名",其中工位号是功能块名(PT121,
LT122,…,FT128)。例如,压力输入信号 AI_1 为 PT121.OV,流量输入信号 AI_8 为 FT128.OV,
用户或其他软件按此方式引用变量名 PT121.OV。模拟量输入(AI)功能块便于图形组态,
如图 4.6 所示。

常用的模拟量输入可分为高电平(4~20mA DC 或 1~5V DC)输入、热电偶或 mV DC
输入、热电阻和脉冲输入。

模拟量输入功能块的内部结构各异,例如,高电平模拟量输入功能块的内部结构及其功
能如图 4.8 所示,用相应的软件来实现,也就是说,软件开发者按照图 4.8 的各项要求编写
程序,对原始过程变量 PVR 进行处理,得到实用的信号 PV。每个模拟量输入(AI)功能块
对应一张参数表(见表 4.2.1),每张参数表对应内存(RAM)中的一段数据区。

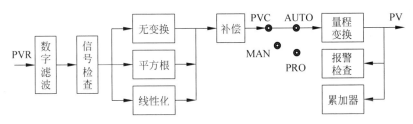

图 4.8　高电平模拟量输入功能块的结构

表 4.2.1　AI 功能块参数表

项号	参数名	名　　称	数据及说明	默认
1	NO	功能块号	I/O 模板号 00~63,模板内点号 00~15	00~00
2	TAGNAME	工位号	8 个字符	
3	ALGORITH	算法码	AI	
4	ACTIVE	AI 功能块激活	未激活=OFF　　激活=ON	OFF
5	ATTRIBUT	AI 功能块属性	OPERATOR=OFF　　PROGRAM=ON	OFF
6	PV_MODE	PV 方式	自动 AUTO=OFF　　手动 MAN=ON	OFF
7	PV	过程变量	工程量　　RL~RH	
8	RH	PV 量程上限	工程量　　RH>RL　-99999.00~+99999.00	
9	RL	PV 量程下限	工程量　　RL<RH　-99999.00~+99999.00	
10	EU	PV 工程单位	℃、Pa、MPa、m³(自定义 8 个字符)	
11	DECIMAL	PV 小数点位数	0、1、2、3、4	2
12	S_PV	PV 标准数	标准数 0~1	
13	PHHA	PV 高高限报警值	RL~RH　　PHHA≥PHIA	RH
14	PHIA	PV 高限报警值	RL~RH　　PHIA≥PLOA	RH
15	PLOA	PV 低限报警值	RL~RH　　PLOA≥PLLA	RL

续表

项号	参数名	名　　称	数据及说明	默认
16	PLLA	PV 低低限报警值	RL~RH　　PLLA≥RL	RL
17	HY	PV 报警死区	0.1%~100%(RH~RL)	1
18	PHHAS	PV 高高限报警状态	未报警=OFF　　报警=ON	
19	PHIAS	PV 高限报警状态	未报警=OFF　　报警=ON	
20	PLOAS	PV 低限报警状态	未报警=OFF　　报警=ON	
21	PLLAS	PV 低低限报警状态	未报警=OFF　　报警=ON	
22	TF	PV 滤波时间常数	0.1~1000.0s	0.1
23	LINE	PV 线性化	0=无,1=平方根,2=线性化	0
24	ICM	PV 补偿	0=无,1=补偿	0
25	D_R	正/反方向	正方向 D=OFF　　反方向 R=ON	OFF
26	SUM	PV 累加	0=无,1=累加	0
27	T_PV	PV 端子	工位号.参数名　　模拟量	

高电平模拟量输入功能块的内部结构及其功能如图 4.8 所示,分为数字滤波、信号检查、平方根、线性化、补偿、信号源选择、量程变换、报警检查和累加器,分别介绍如下。

1) 数字滤波

所谓数字滤波,就是在计算机中用某种计算方法对原始过程变量 PVR 进行数学处理,以便减少有用信号中的干扰成分,提高信号的真实性。常用的数字滤波法有平均值滤波法、中位值滤波法、限幅滤波法和惯性滤波法,详细内容见参考文献[1]~[4]。

2) 信号检查

对输入信号进行有效性检查,将输入信号与有效信号的量程范围(RH~RL)比较,例如 4~20mA DC 电流信号。若大于量程上限 RH 的 105% 或小于量程下限 RL 的 −5%,则认为输入信号无效,同时保持最近一次有效信号。

3) 平方根

求输入信号的平方根。例如,孔板差压 ΔP 与流量 F 之间为平方根关系,此项功能组态时可选。

4) 线性化

某些传感器或变送器信号与过程变量成非线性关系,例如用热电偶测量温度,热电偶的热电势与实际温度成非线性关系,可采用多段折线来近似线性,如图 4.9 所示。折线段内输入 X 与输出 Y 采用线性插值,见式(4.2.1)。

折线段内输入 X 与输出 Y 采用线性插值,其公式为

$$Y = Y_{i-1} + \frac{Y_i - Y_{i-1}}{X_i - X_{i-1}}(X - X_{i-1}) \quad (4.2.1a)$$

或

$$Y = Y_{i-1} + K_i(X - X_{i-1}) \quad (4.2.1b)$$

其中,X_i 和 Y_i 为折线段点($i=1,2,\cdots,n$),K_i 为第 i 段折线的斜率。

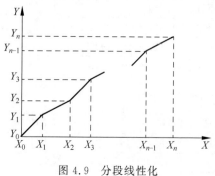

图 4.9　分段线性化

5）补偿

某些过程变量与其他参数有关,如气体的测量流量必须用温度、压力进行补偿计算,才能得到标准流量。例如,用孔板差压测量气体流量时,式(4.1.4)是标准流量与测量流量的补偿式。此项功能组态时可选。

6）信号源选择

正常情况下,模拟量输入功能块的信号来自传感器或变送器,此时 AI 功能块处于自动(AUTO)状态。在调试阶段,通过操作员站将 AI 功能块置于手动(MAN)状态,手动给信号。通过程序将 AI 功能块置于程序(PRO)状态,此时信号来自程序。

7）量程变换

根据过程变量 PV 的量程、正/反方向及输入信号,计算 PV 的工程值,其公式为
当正方向时,

$$PV = RL + (RH - RL)PVC \tag{4.2.2}$$

当反方向时,

$$PV = RH - (RH - RL)PVC \tag{4.2.3}$$

其中,RH、RL 分别为量程高、低限值,PVC 为经过处理后的输入信号,取值 0~100%。

当正方向时,如输入信号 4~20mA DC,对应过程变量 PV 的量程 RL~RH(如 0~1000m³/h)。当反方向时,如输入信号 20~4mA DC,对应过程变量 PV 的量程 RL~RH(如 0~1000m³/h)。

8）报警检查

对过程变量 PV 进行高高(PHHA)、高(PHIA)、低(PLOA)、低低(PLLA)限报警检查,一旦越限,就将相应的报警状态信号 PHHAS、PHIAS、PLOAS、PLLAS 置成逻辑 1。

9）累加器

累加器用作流量计算,其公式为

$$F_a(n) = F_a(n-1) + K_1 K_2 T_c PV \tag{4.2.4}$$

其中,$F_a(n)$ 和 $F_a(n-1)$ 分别为当前和前一时刻的流量累加值,T_c 为计算周期(单位 s),PV 为瞬时流量,K_1 为流量单位变换系数,K_2 为流量时间单位系数。若 PV 瞬时流量时间单位为秒、分、时,则与其对应的 K_2 分别为 1、1/60、1/3600。此项功能组态时可选。

模拟量输入(AI)功能块的实体是 AI 模板、AI 软件及 AI 功能块参数表,AI 功能块参数表的物理实现是内存中的一段数据区。在监控组态软件环境下,用户只需按要求填写 AI 功能块参数表(见表 4.2.1),而不必关心功能的具体实现,一切由模拟量输入软件来完成。

★关于模拟量输入功能块的详细内容,请读者阅读参考文献[1]~[4]。

2. 数字量输入功能块

数字量输入(DI)功能块与数字量输入模板或模块的信号点一一对应。例如,图4.10所示的 DI 模板有 8 个输入信号点 DI_1~DI_8,分别对应了 8 个数字量输入功能块 SW121,SW122,…,SW128。采用图形组态方式时,数字量输入功能块的右侧 OV 为信号输出端。

数字量输入(DI)功能块的变量名为"工位号. 参数名",其中工位号是功能块名(SW121,SW122,…,SW128)。例如,开关输入信号 DI_1 为 SW121. OV,开关输入信号 DI_8 为 SW128. OV,用户或其他软件按此方式引用变量名 SW121. OV。数字量输入(DI)功能块便于图形组态。

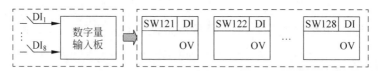

图 4.10 数字量输入信号与数字量输入功能块

数字量输入(DI)功能块的信号来自开关、按钮或触点,内部结构及其功能如图 4.11 所示,用相应的软件来实现,也就是说软件开发者按照图 4.11 的各项要求编写程序。每个数字量输入功能块对应一张参数表,每张参数表对应内存(RAM)中的一段数据区。关于数字量输入功能块的参数表,请读者阅读参考文献[1]~[4]。

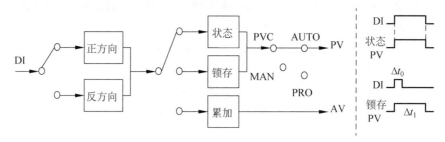

图 4.11 数字量输入功能块的结构

数字量输入(DI)功能块的内部结构及其功能如图 4.11 所示,分为正方向或反方向、状态、锁存和累加,分别介绍如下。

1) 正方向

当触点闭合时,状态为 ON 或逻辑 1;反之,则为 OFF 或 0。

2) 反方向

当触点闭合时,状态为 OFF 或逻辑 0;反之,则为 ON 或 1。

3) 状态

状态变量 PV 维持 ON 或 OFF 的时间等于原始输入触点 DI 的状态。

4) 锁存

对于快速通/断的触点,选用锁存方式。若原始输入触点 DI 闭合时间为 Δt_0,那么锁存变量 PV 维持 ON 的时间为 Δt_1,可由用户选择 Δt_1,且 $\Delta t_1 > \Delta t_0$,如图 4.11 所示。

5) 累加

累加触点通/断(ON/OFF)的次数,相当于累加脉冲个数。当累加值 P_AV 达到设定量 P_SAV 时,将相应的累加标志信号 P_AVF 置成逻辑 1。累加器可以接收启动(START)、停止(STOP)、复位(RESET)命令。累加方向分为增加(UP)或减少(DOWN)两种,若置为 UP,则从复位值 P_RAV 向上加计数;若置为 DOWN,则从复位值 P_RAV 向下减计数。

6) 信号源选择

正常情况下,数字量输入功能块的信号来自开关、按钮或触点,此时 DI 功能块处于自动(AUTO)状态。在调试阶段,通过操作员站将 DI 功能块置于手动(MAN)状态,手动给信号。通过程序将 DI 功能块置于程序(PRO)状态,此时信号来自程序。

数字量输入(DI)功能块的实体是 DI 模板、DI 软件及 DI 功能块参数表,DI 功能块参数表的物理实现是内存中的一段数据区。在监控组态软件环境下,用户只需按要求填写DI功能块参数表,而不必关心功能的具体实现,一切由数字量输入软件来完成。

★关于数字量输入功能块的详细内容,请读者阅读参考文献[1]~[4]。

4.2.2 DDC系统的输出软件

微课视频31

DDC系统的输出软件的功能是接收来自功能块的输出或实时数据库(RTDB)的变量,在监控组态软件环境下以输出功能块和变量名的方式呈现在用户面前。输出功能块分为模拟量输出(AO)功能块和数字量输出(DO)功能块,输出功能块与输出模板或模块信号点一一对应。注意区分输出模板或模块是硬件,输出功能块是软件的一种图形表现形式。

微课讲解31

1. 模拟量输出功能块

模拟量输出功能块与模拟量输出模板或模块的信号点一一对应。例如,图4.12所示的模拟量输出模板有8个输出信号点AO_1~AO_8,分别对应了8个模拟量输出功能块PV121,LV122,…,FV128。采用图形组态方式时,模拟量输出功能块的左侧IV为信号输入端,右侧OV为信号输出端。

微课视频32

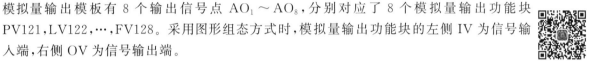

图4.12 模拟量输出功能块与模拟量输出信号

微课讲解32

模拟量输出(AO)功能块的变量名为"工位号.参数名",其中工位号是功能块名(PV121,LV122,…,FV128)。例如,压力控制信号AO_1为PV121.OV、流量控制信号AO_8为FV128.OV,用户或其他软件按此方式引用变量名PV121.OV。模拟量输出(AO)功能块便于图形组态,如图4.6所示。

课件视频42

常用的模拟量输出信号为4~20mA DC或1~5V DC,模拟量输出(AO)功能块的内部结构及其功能如图4.13所示,用相应的软件来实现,也就是说,软件开发者按照图4.13的各项要求编写程序,对输入信号IV进行处理,得到实用的输出信号OV。每个模拟量输出功能块对应一张参数表,每张参数表对应内存(RAM)中的一段数据区。关于模拟量输出功能块的参数表,请读者阅读参考文献[1]~[4]。

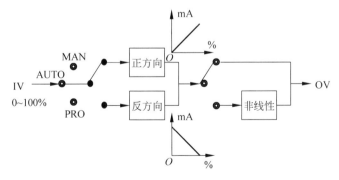

图4.13 模拟量输出功能块的结构

模拟量输出(AO)功能块的内部结构及其功能如图4.13所示,分为信号源选择、正方向或反方向和非线性,分别介绍如下。

1) 信号源选择

正常情况下,模拟量输出功能块的信号IV来自内部变量(0~100%),如PID控制块的控制量MV,此时AO功能块处于自动(AUTO)状态。在调试阶段,通过操作员站将AO功能块置于手动(MAN)状态,手动给输出信号。通过程序将AO功能块置于程序(PRO)状态,此时输出信号来自程序。

2) 正方向或反方向

正方向输出时,被输出的内部变量0~100%对应输出模板的4~20mA DC电流输出;反之,反方向输出时,被输出的内部变量0~100%对应输出模板的20~4mA DC电流输出。

采用正/反方向输出,可以适应执行器的输入需求。例如,某电动调节阀为电开阀,输入4~20mA DC对应阀门开度0~100%,此时模拟量输出(AO)功能块选用正方向输出;反之,某电动调节阀为电关阀,输入4~20mA DC对应阀门开度100%~0,此时模拟量输出(AO)功能块选用反方向输出。

3) 非线性

被输出的内部变量0~100%按照预定的折线段输出,如图4.14所示。折线段点(X_i,Y_i)由用户定义,折线段内输入X与输出Y采用线性插值,其公式为

$$Y = Y_{i-1} + \frac{Y_i - Y_{i-1}}{X_i - X_{i-1}}(X - X_{i-1}) \tag{4.2.5}$$

其中,X_i和Y_i为折线段点($i=1,2,\cdots,n$)。

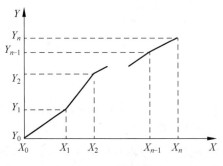

图4.14　非线性输出

为了实现分程控制,将PID控制块的输出控制量MV对应两个非线性模拟量输出功能块AOM1和AOM2,分别对应阀门V1和V2,如图4.15所示。当MV为0~50%时,阀门V1开度为0~100%;当MV为50%~100%时,阀门V2开度为0~100%。

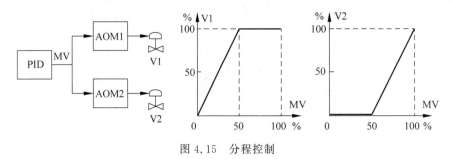

图4.15　分程控制

模拟量输出(AO)功能块的实体是 AO 模板、AO 软件及 AO 功能块参数表,AO 功能块参数表的物理实现是内存中一段数据区。在监控组态软件环境下,用户只需按要求填写 AO 功能块参数表,而不必关心功能的具体实现,一切由模拟量输出软件来完成。

★关于模拟量输出功能块的详细内容,请读者阅读参考文献[1]～[4]。

2. 数字量输出功能块

数字量输出(DO)功能块与数字量输出模板或模块的信号点一一对应。例如,图 4.16 所示的数字量输出模板有 8 个输出信号点 DO_1～DO_8,分别对应了 8 个数字量输出功能块 DV121,DV122,…,DV128。采用图形组态方式时,数字量输出功能块的左侧 IV 为信号输入端,右侧 OV 为信号输出端。

图 4.16　数字量输出功能块与数字量输出信号

数字量输出(DO)功能块的变量名为"工位号.参数名",其中工位号是功能块名(DV121,DV122,…,DV128)。例如,开关输出信号 DO_1 为 DV121. OV、开关输出信号 DO_8 为 DV128. OV,用户或其他软件按此方式引用变量名 DV121. OV。

数字量输出(DO)功能块的内部结构及其功能如图 4.17 所示,分为状态输出和脉宽调制(Pulse Wide Modulation,PWM)输出两种,用相应的软件来实现,也就是说,软件开发者按照图 4.17 的各项要求编写程序。每个数字量输出功能块对应一张参数表,每张参数表对应内存(RAM)中的一段数据区。关于数字量输出功能块的参数表,请读者阅读参考文献[1]～[4]。

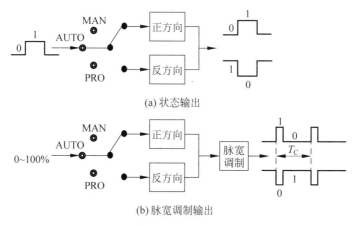

(a) 状态输出

(b) 脉宽调制输出

图 4.17　数字量输出功能块的结构

数字量输出(DO)功能块的内部结构及其功能如图 4.17 所示,分为信号源选择、正/反方向状态输出和正/反方向脉宽调制(PWM)输出,分别介绍如下。

1) 信号源选择

正常情况下,数字量输出功能块的信号来自内部变量,此时 DO 功能块处于自动(AUTO)

状态。在调试阶段,通过操作员站将 DO 功能块置于手动(MAN)状态,手动给输出信号。通过程序将 DO 功能块置于程序(PRO)状态,此时输出信号来自程序。

2) 状态输出

信号来自内部逻辑变量,若为逻辑 1,则输出 ON 状态(触点闭合);若为逻辑 0,则输出 OFF 状态(触点断开)。

正/反方向表示对内部逻辑变量取原/反码状态输出。这是为了适应外部逻辑输入或开关器件输入的需求。

3) 脉宽调制输出

信号来自内部连续变量,如 PID 控制块的输出 MV(0~100%),在一个控制周期 T_C 内,ON/OFF 脉冲占宽比与 MV 成比例,即

当正方向时,ON 脉冲宽度为

$$\mathrm{PW_{ON+}} = T_C \times \mathrm{MV} \qquad (4.2.6)$$

当反方向时,ON 脉冲宽度为

$$\mathrm{PW_{ON-}} = T_C \times (100\% - \mathrm{MV}) \qquad (4.2.7)$$

例如,某 PID 控制块采用脉宽调制输出,设控制量 MV=20%,T_C=120s,则 ON 脉冲宽度为

正方向时,$\mathrm{PW_{ON+}} = T_C \times \mathrm{MV} = 120 \times 20\% = 24(\mathrm{s})$

反方向时,$\mathrm{PW_{ON-}} = T_C \times (100\% - \mathrm{MV}) = 120 \times (100\% - 20\%) = 96(\mathrm{s})$

PID 控制块的控制量 MV(0~100%)输出给 DO 功能块,选用脉宽调制输出给控制要求不高的被控对象的执行器,例如烧开水的电加热炉的电加热器。

数字量输出(DO)功能块的实体是 DO 模板、DO 软件及 DO 功能块参数表,DO 功能块参数表的物理实现是内存中的一段数据区。在监控组态软件环境下,用户只需按要求填写 DO 功能块参数表,而不必关心功能的具体实现,一切由数字量输出软件来完成。

★关于数字量输出功能块的详细内容,请读者阅读参考文献[1]~[4]。

4.2.3　DDC 系统的输入/输出标准数

在计算机控制系统内,功能块的模拟量输入输出参数采用标准数 0~1,其目的一是便于功能块输出与输入端之间数据的传送,二是便于不同参数的混合运算。

例如,图 4.6 中流量温度压力补偿块(FI234)的 3 个输入分别为流量(FI231)、温度(TI232)、压力(PI233),由于采用标准数 0~1,3 个不同单位、不同量程的参数才能按式(4.1.4a)计算标准流量。

模拟量输入/输出参数的单位和量程范围各异,为了便于不同参数的混合运算,便于功能块输出与输入端之间数据的传送,必须统一量纲。为此,采用输入标准数 0~1。也就是说,将实际参数除以量程,得到无量纲的标准数 0~1。例如,某温度量程为 0~1600℃,实测温度 400℃、800℃和 1200℃,分别对应标准数 400/1600=0.25、800/1600=0.50 和 1200/1600=0.75。

通常把被测参数的量程范围(RL~RH)定义为输入标准数 0~1。例如,某温度信号量程(RL~RH)为 0~1600℃,温度变送器输出为 0~5V DC 或 4~20mA DC,再由 12 位 A/D 转换器变为 000H~FFFH。如果采用双字节定点数存放输入参数,最高位 15 为符号位(0 为正,1 为负),次高位 14 为整数位 0 或 1,其余 0~13 位为小数位,那么 0~1600℃存放

微课视频33

微课讲解33

课件视频43

结果如表 4.2.2 所示,对应输入标准数 0～0.99975586,近似为 0～1,量化误差为 0.00024414。表 4.2.2 所示的双字节定点数与图 2.34(b)定义的数据格式一致。

其他与被控参数有关的参数也用输入标准数存放。例如,设定量 SV、积分分离值 β、高限报警值 PHIA、低限报警值 PLOA 等。这些参数必须折算成量程的百分数存放。仍以上述温度参数为例,若设定量 SV 为 1200℃,折算成输入标准数为 1200/1600=0.75,仍然采用如表 4.2.2 所示的双字节定点数的形式。

为了将输入功能块、控制功能块和运算功能块无缝连接构成控制回路,这些功能块的输入、输出信号也应统一为标准数 0～1,如表 4.2.2 所示。

表 4.2.2　输入标准数对应关系

温度/℃	A/D	双字节定点数	输入标准数
0	000H	00.000000　00000000	0
400	400H	00.010000　00000000	0.25
800	800H	00.100000　00000000	0.50
1200	C00H	00.110000　00000000	0.75
1600	FFFH	00.111111　11111100	0.99975586

控制功能块和运算功能块的输出标准数 0～1 通过模拟量输出功能块,再经 D/A 转换器变换成 0～5V DC 或 4～20mA DC 后,才能作用于执行器。为此,应将输出标准数 0～1 变换成 D/A 转换器的数字位状态。例如,12 位 D/A 转换器与输出标准数的对应关系如表 4.2.3 所示。

表 4.2.3　输出标准数对应关系

输出标准数	12 位 D/A 数字位	输出电流/mA
0	000000000000	0.0
0.25	010000000000	5.0
0.50	100000000000	10.0
0.75	110000000000	15.0
0.99975586	111111111111	20.0

综上所述,输入标准数 0～1 的物理含义是:对应被测参数的 A/D 转换结果的全 0～全 1(如 000H～FFFH);输出标准数 0～1 的物理含义是:对应控制数据的 D/A 转换数字位的全 0～全 1(如 000H～FFFH)。换一种说法,输入标准数 0～1 的物理含义是对应被测参数的变送器输出信号量程范围(RL～RH),如 0～5V DC 或 4～20mA DC;输出标准数 0～1 的物理含义是:对应控制数据的执行器输入信号量程(RL～RH),如 0～5V DC 或 4～20mA DC。

PID 控制块参数表(见表 2.1.1)中,项号 52～60 存储输入输出标准数 0～1。AI 功能块参数表(见表 4.2.1)中,项号 12 存储输入(PV)标准数 0～1。AO 功能块参数表中,项号 7 和 12 分别存储输入(IV)和输出(OV)标准数 0～1。

★关于参数表的详细内容,请读者阅读参考文献[1]～[4]。

4.3 DDC 系统的人机接口软件

DDC 系统的人机接口单元由显示器(LCD)、键盘、回路操作显示设备(手动操作器)、操作显示面板、操作显示台和打印机等设备组成,它是人与计算机之间连接的通道。为此,必须为这些设备配置相应的人机接口软件,才能为人提供形象直观、图文并茂、友好简便的操作监控环境。本节讨论人机接口软件中的操作显示软件和操作管理软件。限于篇幅,本节只介绍人机接口软件的功能特性和用户表现形式,并不涉及具体的语言编程。

4.3.1 DDC 系统的操作显示软件

课件视频 44

DDC 系统的操作显示软件的用户表现形式是各种类型的操作显示画面,例如,总貌画面、组画面、点画面、趋势画面、流程图画面、报警画面、操作指导画面等。另外还有操作显示窗口,如 PID 回路操作显示窗口、趋势曲线窗口和参数设置窗口等。

1. 操作显示画面

操作显示画面由各种图形、文字和数据等组合而成,模拟实际的物理装置和控制系统。除静态画面外,还有颜色、闪光、图形、文字和数值变化的动态画面,给人以直观形象和身临其境之感觉,为人提供十分友好的操作界面。

常用的操作显示画面有总貌画面、组画面、点画面、趋势画面、流程图画面、报警画面、操作指导画面等。

例如,流程图画面如图 4.18 所示,此画面上的设备有反应器 1、进料泵 1、反应器 2、出料泵 2 和储罐 3,用 PID 控制器(LC123)调节反应器 2 的液位,单击 LC123 将弹出该 PID 回路操作显示窗口(类似于图 4.19),进行有关操作,如手动自动切换、设置设定量等。单击泵按钮可以启/停泵。该画面上不仅用数字显示压力和液位,还模拟指针表指示压力和流量,模拟玻璃柱液位计指示液位。流程图画面实时显示工艺流程的信息,其动态效应活跃了操作气氛,提高了操作水平和控制品质。

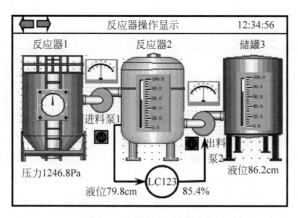

图 4.18 流程图画面示意

为此,操作显示软件必须有绘图、设置动态点、设置动态控件、设置操作点、显示报警点和时间等功能。

★以上仅仅介绍了一幅流程图画面,更多画面请读者阅读参考文献[1]～[4]。

2. 操作显示窗口

操作显示画面上设置了各种操作点或热点,一旦单击即弹出操作显示窗口,其中常用的是 PID 控制块所对应的 PID 回路操作显示窗口,如图 4.19 所示,该窗口由显示信息和操作按键两部分组成。该窗口来源于模拟仪表 PID 调节器,符合人们的操作习惯。

图 4.19　PID 回路操作显示窗口

1) 显示信息

PID 回路操作显示窗口的显示信息如下:

(1) 棒图信息。

窗口左侧有 S、P、O 这 3 根彩色棒图(白、蓝、红),分别代表设定量 SV、被控量 PV 和控制量 OV。其中被控量(P)棒高代表当前测量值与量程的百分数,如量程为 0～700t/h,棒高为 65.4%,则当前被控量为 457.8t/h;设定量(S)棒高代表当前设定量与量程的百分数;控制量(O)棒高代表当前控制量的百分数,量程为 0～100%。

(2) 数值显示。

窗口右上侧有 3 个数值窗,从上到下依次显示设定量(S)、被控量(P)和控制量(O),而且数值颜色(白、蓝、红)与其棒图颜色一致。也就是说,棒图定性显示,数值定量显示,各有所长。

(3) 运行方式显示。

窗口右下侧的串级、跟踪、手动、自动按键下有条形显示窗,若为绿色,则代表 PID 控制块处于相应的运行方式。

(4) 报警状态显示。

窗口左上侧有 DA 显示窗,用深红、粉红、黄色分别代表被控量(P)高限、低限、偏差报警,用深红闪烁、粉红闪烁分别代表被控量(P)高高限、低低限报警。

(5) 静态文字显示。

窗口首行中间显示 PID 控制块的工位号或名字,最多 8 个英文字母和数字,如"FWC8PID3";窗口次行显示 PID 控制块的描述,最多 8 个汉字,如"汽包水位三冲量副"(调节器)。

2) 操作按键

PID 回路操作显示窗口提供操作按键,可单击进行有关操作。

(1) 运行方式按键。

单击窗口右下侧的串级、跟踪、手动、自动按键,可使 PID 控制块进入相应的运行方式。手动(MAN)、自动(AUTO)方式可参见图 2.32,串级(CAS)方式可参见图 2.21,跟踪方式可参见图 2.32 及其相应的说明。

(2) 设定量(S)操作键。

当 PID 控制块处于自动(AUTO)方式时,单击设定量(S)棒图下的▲或▼可以增加或减少设定量,如单击一次,变化其量程的 1%。如果单击设定量(S)数值显示窗,则输入数字值后回车即可。请注意,PID 控制块处于串级、手动、跟踪方式时,无法改变设定量;而且处于手动、跟踪方式时,设定量(S)跟踪被控量(P)。

（3）控制量（O）操作键。

当 PID 控制块处于手动（MAN）方式时，单击控制量（O）棒图下的▲或▼可以增加或减少控制量，如单击一次，变化其量程的1%。如果单击控制量（O）数值显示窗，则输入数字值后回车即可。请注意，PID 控制块处于串级、自动、跟踪方式时，无法改变控制量。

（4）整定键。

单击整定键可调出 PID 控制块参数表，如表 2.1.1 所示。如果操作权限允许，可以修改有关参数，如比例增益 KP、积分时间 TI、微分时间 TD 等。

（5）趋势曲线键。

单击整定键左边的趋势曲线键可调出当前设定量（S）、被控量（P）和控制量（O）曲线显示窗口，如图 4.20 所示。通过这 3 条曲线的变化趋势可以帮助用户整定 PID 参数，逐步达到令人满意的调节品质。

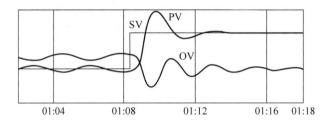

图 4.20 设定量 SV、被控量 PV 和控制量 OV(MV)曲线窗口

课件视频45

4.3.2 DDC 系统的操作管理软件

DDC 系统的操作管理软件的用户表现形式是各种类型的记录画面和打印报表。其中，记录画面有操作记录、设备状态记录、设备错误记录、过程点报警记录等，打印报表有生产报表、事故报表、设备报表等。

1. 记录画面

常用的记录画面有操作记录、设备状态记录、设备错误记录、过程点报警记录等。

操作记录画面按时间顺序记载了操作员的操作信息，如图 4.21 所示。操作员操作信息行从左到右分成以下 9 项。

返回	◀◀▶▶	操作员操作记录		08:34:12	前翻	后翻		
13:52:34	TC2_123	R12_TEMP	SV	121.4	125.0	degC	U2	OS2
13:54:12	TC2_123	R12_TEMP	MODE	AUTO	MAN		U2	OS2
13:54:25	TC2_123	R12_TEMP	OP	52.1	55.0	%	U2	OS2
13:59:12	TC2_123	R12_TEMP	MODE	MAN	AUTO		U2	OS1
13:59:34	TC2_123	R12_TEMP	SV	126.4	128.0	degC	U2	OS1
14:02:59	PC2_235	T21_PRES	SV	12.5	13.5	KPa	U2	OS1
14:12:34	FC2_235	T21_FLOW	SV	32.4	35.0	Kg/m	U2	OS1
14:24:12	LC2_235	T21_LEVE	MODE	AUTO	MAN		U2	OS1
14:24:45	LC2_235	T21_LEVE	OP	62.5	65.0	%	U2	OS1
14:36:01	TC2_323	R13_TEMP	MODE	AUTO	MAN		U2	OS2
14:36:19	TC2_323	R13_TEMP	OP	65.3	70.0	%	U2	OS2
14:59:12	TC2_323	R13_TEMP	MODE	MAN	AUTO		U2	OS1
15:12:34	TC2_323	R13_TEMP	SV	321.4	325.0	degC	U2	OS1
15:24:12	TC2_423	T14_TEMP	MODE	AUTO	MAN		U2	OS1
15:24:45	FC2_423	T14_FLOW	OP	72.1	75.0	%	U2	OS2
15:39:52	FC2_423	T14_FLOW	MODE	AUTO	MAN		U2	OS2
15:40:12	FC2_423	T14_FLOW	OP	45.6	50.5	%	U2	OS2

图 4.21 操作记录画面

（1）时间：时、分、秒，如 13：52：34。

（2）工位号：操作员对该点进行了操作，如 TC2_123。

（3）描述：该点的说明符，如 R12_TEMP(12 号反应器的温度)。

（4）参数：操作员修改的参数，如 SV(设定量)。

（5）旧参数：操作前的参数，如 121.4。

（6）新参数：操作后的参数，如 125.0。

（7）单位：该参数的工程单位，如 deg C(摄氏度)。

（8）单元：该点所属的单元，如 U2。

（9）站号：操作员用此操作员站(OS2)修改上述参数。

操作员操作记录画面保存了所有操作信息，一旦发生事故，便于分析事故原因，同时也明确了操作责任，提高了操作管理水平。

★以上仅仅介绍了操作记录画面，更多记录画面请读者阅读参考文献[1]～[4]。

2. 打印报表

打印报表有生产报表、事故报表和设备报表等。生产报表有小时、班、日、月报表，报表形式有数值、曲线、棒图和饼图等，报表格式按操作管理要求设计。实时打印事故记录或事故追忆信息，可以供操作员分析事故原因之用。

常用的打印机有点阵式、喷墨式和激光式机。其中点阵式打印机采用折叠式打印纸，适用于连续长时间打印，如随机事件和报警打印。

4.4　DDC系统的监控组态软件

DDC 系统的硬件分为主机单元、输入/输出单元和人机接口单元 3 部分，相应的软件也分为控制运算软件、输入/输出软件和人机接口软件 3 部分。这 3 个软件必须由监控组态软件来支持，才能构成完整的应用软件。监控组态软件的主要功能是组态、构建控制回路和人机界面。本节介绍监控组态软件的结构和应用。

4.4.1　DDC系统的监控组态软件的结构

课件视频46

DDC 系统的监控组态软件运行于 PC 或 IPC，基于 PC 的硬件和软件平台。监控组态软件的结构包括输入输出、实时数据库、控制回路、人机界面和通信接口组态软件，如图 4.22 所示。

监控组态软件中组态(Configuration)的含义是：使用软件工具，为用户提供应用设计平台，按用户的需要对计算机的资源进行组合。组态的过程可以看作是软装配的过程，软件提供了各种"零部件"供用户选择，如输入功能块、输出功能块、控制功能块、运算功能块、子图、动态点、动态控件、操作点、操作显示窗口、通用画面(如总貌、组、点、趋势画面)模板、打印模板等。

用户选择所需的"零部件"进行组态，组态的

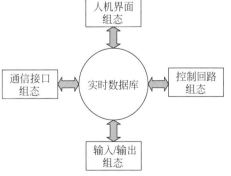

图 4.22　监控组态软件的结构

结果形成控制回路组态文件(CF)和人机界面组态文件(MF),再将控制回路组态文件(CF)下装到控制站(CS),将人机界面组态文件(MF)下装到操作员站(OS);然后启动系统运行,根据组态文件调用输入、输出、控制、运算、人机接口等相关软件协调工作,达到应用设计的目的,如图 1.12 所示。这也就是说,DDC 系统工作流程分为组态、下装、运行 3 个阶段。

对用户来说,监控组态软件是应用设计平台,用户只需选择它所提供的各种"零部件",可像搭积木那样十分方便地构成控制回路、人机界面、实时数据库和通信接口,用户不需要编写源程序。

1. 输入/输出组态软件

该软件的功能之一是将输入(AI、DI)、输出(AO、DO)信号抽象为输入(AI、DI)功能块、输出(AO、DO)功能块,便于用户使用 I/O 数据。

该软件的功能之二是输入输出服务(I/O Server),作为输入输出单元(设备)与实时数据库之间的接口程序,其作用一是从输入(AI、DI)单元采集过程参数并进行处理后送到实时数据库,二是处理来自实时数据库中的操作命令并送到输出(AO、DO)单元。

2. 实时数据库组态软件

实时数据库(RTDB)中的数据来自外部 I/O 设备和通信设备,以及内部功能块。实时数据库组态软件负责数据库的建立、实时数据处理、历史数据处理、统计数据处理、报警数据处理和数据服务请求处理等,以及数据的存储和检索。用户以"点名.点参数"方式使用数据库,例如 PT123.PV,其中 PT123 是压力点的点名,点参数 PV 是压力点的测量值。实时数据库中存储功能块的参数表,例如表 2.1.1 所示的 PID 控制块参数表,表 4.2.1 所示的 AI 功能块参数表。参数表是功能块存在的实体,用户只需在显示器(LCD)屏幕上填写参数表,即可以形成相应的功能块。功能块运行时,自动更新数据库中的相关变量。

3. 控制回路组态软件

监控组态软件将控制回路的构成元素抽象为输入(AI、DI)功能块、输出(AO、DO)功能块、控制功能块和运算功能块,在工程师站的显示器(LCD)屏幕上以功能块图形方式呈现在用户面前,如图 4.6 所示。控制回路组态软件为用户提供了十分友好的组态环境。用户首先在工程师站(ES)上从功能块图形库中调出所需的功能块,单击功能块的输出端和输入端,即可形成功能块端子间的信号连线;双击功能块,弹出功能块参数表,逐项填写参数表;然后编译形成控制回路组态文件(CF),并以文件形式存储;最后将控制回路组态文件(CF)下装到控制站(CS)上运行,以达到控制目的,如图 1.12 所示。也就是说,控制回路组态在工程师站(ES)上进行,控制回路组态文件在控制站(CS)上运行。

4. 人机界面组态软件

操作监视画面为用户提供了形象直观、图文并茂、友好简便的操作监控环境。人机界面组态软件为建立操作监控环境提供了各种图形开发工具和图形库,进行操作监视画面的组态。用户首先在工程师站(ES)上用图形工具绘制子图或从图形库中调出子图,绘制所需的画面,例如总貌画面、组画面、点画面、趋势画面、流程图画面、报警画面和操作指导画面等;再在画面中设置操作点、参数点、动态点和报警点,嵌入操作显示窗口、趋势曲线窗口和参数设置窗口等;然后编译形成人机界面组态文件(MF),并以文件形式存储;最后将人机界面组态文件(MF)下装到操作员站(OS)上运行,达到操作监控目的,如图 1.12 所示。除了上述画面外,还有打印报表的组态和运行。

5. 通信接口组态软件

监控组态软件的通信方式有两种：第一种是与 I/O 设备或网络通信，第二种是与第三方软件通信。

第一种采用网络通信软件，并取决于网络结构方式，常用的有独立式结构、客户/服务器结构和对等结构，详细内容见参考文献[1]～[4]。

第二种是与第三方软件通信，常用的有 DDE(动态数据交换)、OLE(对象连接嵌入)、ODBC(开放的数据库连接)和 OPC(用于过程控制的 OLE)，应用最为普遍的是 OPC。监控组态软件提供了这几种通信方式，用户组态后即可运行，实现与第三方软件通信，详细内容见参考文献[1]～[4]。

4.4.2　DDC 系统的监控组态软件的应用

课件视频 47

目前有多种运行于 PC 或 IPC 的监控组态软件，这些软件的应用方法各异，组态界面各异。应用设计的主要项目有输入输出组态、实时数据库组态、控制回路组态、人机界面组态和通信接口组态。

1. 输入输出组态

输入输出组态的内容存入实时数据库，实时数据库中有来自输入(AI、DI)设备的生产过程参数，也有向输出(AO、DO)设备传送的操作命令和数据。

对应输入(AI、DI)设备，需要按输入点组态 AI 和 DI 功能块，每个功能块有对应的参数表。例如，如图 4.7 所示的 AI 模板有 8 个输入信号点 $AI_1 \sim AI_8$，分别对应了 8 个 AI 功能块 PT121,LT122,…,FT128，并分别对应了 8 个 AI 功能块参数表。

对应输出(AO、DO)设备，需要按输出点组态 AO 和 DO 功能块，每个功能块有对应的参数表。例如，如图 4.12 所示的 AO 模板有 8 个输出信号点 $AO_1 \sim AO_8$，分别对应了 8 个模拟量输出功能块 PV121,LV122,…,FV128，并分别对应了 8 个 AO 功能块参数表。

本书只给出了功能块参数表的文本形式。实际组态界面因组态软件而异，一般在显示器(LCD)屏幕上，采用窗口菜单操作方式，十分简便，并有在线帮助(Help)和参数表项描述。

2. 控制回路组态

控制回路组态软件为用户提供了十分友好的组态环境。控制回路组态分为连续控制、逻辑控制和顺序控制 3 种。

连续控制回路采用功能块图组态方式，如图 4.6 和图 4.23 所示。

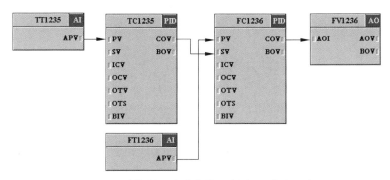

图 4.23　连续控制回路功能块组态图(温度流量串级)

逻辑控制回路采用梯形图、功能块图和指令表组态方式。常用的是逻辑梯形图组态方式,如图 4.2(a)所示;逻辑功能块图组态方式,如图 4.3 所示;顺序控制回路采用顺序功能块图组态方式,如图 4.4(b)所示。

本书只给出了控制回路组态的一般形式。实际组态界面因组态软件而异,通常在显示器(LCD)屏幕上,采用窗口菜单操作方式,构成控制回路(功能块图、梯形图),并有在线帮助(Help)、功能块端子和参数表项描述等。

3. 人机界面组态

人机界面分为图形画面和打印报表。利用图形组态软件,在显示器(LCD)屏幕上绘制画面,添加动态画面,设置操作点、参数点、动态点和报警点,嵌入操作显示窗口、趋势曲线窗口、参数设置窗口等。画面组态内容丰富,组态界面因组态软件而异。

为了模拟生产设备、工艺流程和操作环境,绘制形象直观、图文并茂的动态画面,必须把生产过程变量引入画面,并与图形联系。

在图 4.18 所示的反应器 2 操作显示画面中,设置了 4 个动态点,如进料泵 1 的流量(FT121.PV)、出料泵 2 的流量(FT122.PV)、反应器液位(LT123.PV)、PID 控制量(LC123.OV);设置了 2 个操作点,如进料泵 1 的启/停按钮 P1、出料泵 2 的启/停按钮 P2;设置了 1 个快捷点,如 PID 控制器(LC123)。

进行图形组态时,将图 4.18 中动态点、操作点、快捷点与过程变量、功能块建立联系。例如,进料泵 1 的流量用指针表指示流量,该指针表控件所对应的流量变量名为 FT121.PV,组态时首先调出指针表控件,然后填写输入变量名 FT121.PV。进行快捷点组态时,首先填写 PID 控制块工位号 LC123,然后填写 PID 控制块窗口(见图 4.19)名。

画面运行时,动态显示过程参数,单击快捷点 LC123 时弹出 PID 控制块窗口(见图 4.19)。单击操作按钮 P1 或 P2,可以启/停进料泵 1 或出料泵 2。

4. 通信接口组态

通信接口组态内容取决于通信方式,常用的通信方式有与 I/O 设备或网络通信,与第三方软件通信。其中与 I/O 设备通信的接口有 RS-232、RS-422、RS-485 等,通信接口组态内容有传输速率和通信协议等,包括规定起始位、数据位、停止位、校验位等一系列串行通信参数。与网络通信的组态内容有配置网络、节点号、传输速率等一系列网络通信参数。

本章小结

本章叙述了 DDC 系统的控制运算软件、输入/输出软件、人机接口软件和监控组态软件。

控制软件分为连续控制、逻辑控制和顺序控制,实现相应的控制功能。其中连续控制软件的用户表现形式是控制功能块,逻辑控制软件的用户表现形式是逻辑梯形图、逻辑功能块图和逻辑指令表,顺序控制软件的用户表现形式是顺序功能块图。控制功能块的实体是控制程序及控制参数表。

运算软件分为连续运算、逻辑运算和顺序运算,实现相应的运算功能。其中连续运算软件的用户表现形式是运算功能块,逻辑运算软件的用户表现形式是逻辑梯形图、逻辑功能块图和逻辑指令表,顺序运算软件的用户表现形式是顺序功能块图。运算功能块的实体是运算程序及运算参数表。

　　输入软件的用户表现形式是模拟量输入(AI)功能块和数字量输入(DI)功能块。输入功能块实体是传感器或变送器、输入模板或模块、输入程序、输入参数表,前两者是硬件,后两者是软件。

　　输出软件的用户表现形式是模拟量输出(AO)功能块和数字量输出(DO)功能块。输出功能块实体是输出程序、输出参数表、输出模板或模块、执行器,前两者是软件,后两者是硬件。

　　功能块的模拟量输入/输出端采用标准数 0～1,其目的是便于功能块在输入/输出端之间数据的传送和运算。输入标准数 0～1 的物理含义是对应被测参数 A/D 转换结果的全 0～全 1;输出标准数 0～1 的物理含义是对应控制参数 D/A 转换数字位的全 0～全 1。

　　监控组态软件中组态的含义是使用软件工具,为用户提供应用设计平台,按用户的需要对计算机的资源进行组合。监控组态软件的结构包括输入输出、实时数据库、控制回路、人机界面和通信接口组态软件。监控组态软件的用户表现形式是输入/输出组态、控制回路组态、人机界面组态和通信接口组态。

第5章　DDC 系统的设计和应用

CHAPTER 5

DDC 系统的设计分为开发设计和应用设计。开发设计的任务是生产最终用户所需的硬件和软件,也就是前几章介绍的 DDC 系统的算法、硬件和软件。应用设计的任务是设计控制方案、选择硬件和软件、输入输出组态、控制回路组态、操作画面组态、打印报表组态、施工设计、现场调试。本章介绍 DDC 系统的设计原则、设计过程、设计方法和应用设计,并介绍典型应用实例。

5.1　DDC 系统的设计

DDC 系统的设计涉及计算机的硬件和软件、现场变送器和执行器、控制理论和设计规范等方面的知识,既有理论问题,也有工程问题。这就要求设计者不仅要有专业知识,而且要有实践经验,并且熟悉被控对象或生产过程。本节概述 DDC 系统的设计原则、设计过程和设计方法。

5.1.1　DDC 系统的设计原则

课件视频 48

尽管计算机控制的生产过程多种多样,系统设计方案和具体的技术指标也千变万化,但在设计过程中应该遵守共同的设计原则,主要体现在以下 9 方面:可靠性、冗余性、实时性、操作性、维修性、通用性、灵活性、开放性、经济性。

1. 可靠性

工业控制计算机不同于一般的科学计算或管理计算机,它的工作环境比较恶劣,周围的各种干扰随时威胁着它的正常运行,而它所担当的控制重任又不允许它不正常运行。这是因为,一旦系统出现故障,轻者影响生产,重者造成事故,产生不良后果。因此,在设计过程中要把安全可靠放在首位。

首先要选用高性能的工业控制计算机,保证在恶劣的工业环境下仍能正常运行。其次是设计可靠的控制方案,并具有各种安全保护措施,比如,报警、事故预测、事故处理等。

2. 冗余性

为了预防计算机故障,需要设计后备装置。对于重要的控制回路,可以选用回路操作器作为后备。对于特殊的控制对象,设计两台计算机,互为备用地执行控制任务,称为双机系统或冗余系统。双机系统的工作方式一般分为备份工作方式和双机工作方式。

在备份工作方式中,一台作为主机投入系统运行,另一台作为备份机也处于通电状态,作为系统的热备份机。当主机出现故障时,便自动地把备份机切入系统运行,承担起主机的任务。而故障排除后的原主机转为备份机,处于待命状态。

在双机工作方式中,两台主机并行工作,同步执行同一个任务,并比较两机执行结果。如果结果相同,则表明正常工作;否则,重复执行,再校验两机结果,以排除随机故障干扰。若经几次重复执行与核对,两机结果仍然不相同,则启动故障诊断程序。将其中一台故障机切离系统,让另一台主机继续工作。

3. 实时性

工业控制计算机的实时性,表现在对内部事件和外部事件能及时地响应,并做出相应的处理,不丢失信息,不延误操作。计算机处理的事件一般分为两类;一类是定时事件,如数据的定时采集,策略的运算控制等;另一类是随机事件,如事故、报警等。对于定时事件,应保证周期性地按时处理。对于随机事件,应根据事件的轻重缓急或优先级依次处理,保证不丢失事件,不延误事件处理。

4. 操作性

操作性体现在操作简单,形象直观,图文并茂,便于掌握。既要体现操作的先进性和友好性,又要兼顾原有的操作习惯。例如,操作员已习惯了 PID 控制器的面板操作,那就设计成如图 4.19 所示的 PID 回路操作显示方式。

5. 维修性

维修性体现在易于查找故障,易于排除故障。硬件采用标准的功能模板或模块结构,便于带电更换(热插拔)故障模板或模块。功能模板或模块上有工作状态指示灯和监测点,便于维修人员检查和测试。另外,应配置诊断程序,自动查找故障和报告故障。

6. 通用性

尽管计算机控制的对象千变万化,但适用于某个领域或行业的控制计算机应具有通用性。例如,用于连续过程工业(或流程工业)的控制计算机的通用性主要体现在输入、输出、控制和操作。其中,输入和输出信号统一为 4～20mA DC,常规 PID 控制可分为单回路、串级、前馈、比值、选择和分程等。采用 PID 回路操作显示方式,如图 4.19 所示。

7. 灵活性

灵活性体现在硬件和软件两方面。硬件采用积木式结构,按照各类总线标准设计功能模板或模块,如按照 PC 总线(ISA 或 PCI)设计主机板、AI 板、AO 板、DI 板、DO 板等,由用户灵活配置成所需的工业 PC(IPC)。软件采用功能块可视化组态方式,用户通过选用所需的各类功能块即可构成所需的控制回路。

8. 开放性

开放性体现在硬件和软件两方面。硬件提供各类标准的通信接口,如 RS-232、RS-422、RS-485、工业以太网(Ethernet)等。软件支持各类数据交换技术,如 DDE(动态数据交换)、ODBC(开放的数据库连接)、OLE(对象连接嵌入)、OPC(用于过程控制的 OLE)等。这样构成的开放式系统,既可以从外部获取信息,也可以向外部提供信息,实现信息共享和集成。

9. 经济性

计算机控制应该带来较高的经济效益,系统设计时要考虑性能价格比,要有市场竞争意识。计算机技术发展迅速,应尽量缩短设计周期,并要有一定的预见性。

经济效益体现在两方面：一是系统设计的性能价格比,在满足设计要求的情况下,尽量采用价廉物美的零部件；二是投入产出比,应该从提高产品质量与产量,降低能耗,消除环境污染,改善劳动条件等方面进行综合评估。

课件视频 49

5.1.2 DDC 系统的设计过程

DDC 系统的设计过程分为开发设计和应用设计。开发设计是生产最终用户所需的硬件和软件,应用设计是选择被控对象所需的硬件、软件和控制方案。

1. 开发设计

开发者的任务是生产出满足用户所需的硬件和软件。首先进行市场调查,了解用户需求；然后进行系统设计,落实具体的技术指标；最后进行制造调试,检验合格后在市场销售。开发设计应遵循标准化、模板化、模块化和系列化的原则。

1) 标准化

标准化是指硬件和软件要符合国际和行业标准或规范。例如,设计工业 PC(IPC)要符合 PC 总线(ISA 或 PCI)标准,采用通用的元器件,如 Intel 80386、80486、Pentium(奔腾)和 Core(酷睿)系列 CPU,标准的 RS-232、RS-422、RS-485、工业以太网(Ethernet)通信接口等。系统软件选择 Windows 操作系统及其配套软件。

2) 硬件模板化或模块化

硬件模板化或模块化是指按系统功能把硬件分成若干个模板或模块。例如,可以将一台工业 PC(IPC)分成主机板、AI 板、AO 板、DI 板、DO 板、通信板、总线母板等。AI 分成大信号、小信号、热电偶和热电阻模板或模块,DI 分成无源接点和有源接点模板或模块。通过选用这些功能模板或模块就可以灵活地构成各类控制计算机,即计算机配置采用积木式结构。

3) 软件模块化

软件模块化是指按应用软件功能将其分成若干个功能模块,每个模块之间既互相独立又互相联系,若干个模块组合成功能更齐全的模块组。例如,可以将一台工业 PC(IPC)的应用软件分为输入/输出模块、控制运算模块、人机接口模块、网络通信模块和监控组态模块 5 类,每类又可以分成多种模块。比如,输入输出模块中分成 AI 块、AO 块、DI 块和 DO 块 4 种,每种按 I/O 点建立点功能块。

4) 系列化

系列化是指构成系统的硬件和软件要配套。例如,配置一台工业 PC(IPC),除了一系列的硬件模板或模块外,还要有安装硬件模板或模块的机箱或机架,另外还有配套的硬盘、光盘、显示器(LCD)、键盘、鼠标和打印机等。软件除了 Windows 操作系统及其配套软件外,还要有配套的用于工业控制的应用软件和监控组态软件。

开发者为用户提供通用的 OEM(Original Equipment Manufacture)产品,这种开发设计被称为"一次开发"。用户按被控对象的要求选择所需的 OEM 产品,并组装成计算机控制系统,对生产过程实施控制,这种应用设计被称为"二次开发"。

2. 应用设计

应用设计的任务是选择满足被控对象所需的硬件和软件,设计控制方案,并用监控组态软件构成可实际运行的控制回路及操作显示画面,通过现场投运调试,满足操作监控要求。应用设计按顺序可分为可行性研究、初步设计、详细设计、组态设计、应用组态、安装调试、现场投运 7 个阶段。

1）可行性研究

根据生产工艺和设备的控制要求，统计输入/输出信号数量和控制回路数量，进行市场询价或估算投资，并写出可行性研究报告。聘请专家论证，审查系统方案，确定系统规模。

2）初步设计

根据可行性研究报告的方案和系统规模，依据管道及仪表流程图（Pipe and Instrument Diagram，P&ID）详细统计输入/输出信号种类和数量，控制回路数量和控制功能。确定硬件和软件的基本配置，主要内容包括传感器、变送器、执行器等现场仪表的种类和数量，控制计算机中主机单元、输入/输出单元和人机接口单元的配置，系统软件和应用软件的配置。

3）详细设计

根据可行性研究和初步设计文件，配合工艺、设备、电气等专业进行详细设计，完成设计图纸和文件，主要内容包括设计说明书、管道及仪表流程图（P&ID）、现场仪表数据表、输入/输出信号分类设计表、控制回路原理图、现场仪表供电图、现场仪表位置图、现场仪表安装图、现场仪表供电或供气图、现场仪表电缆布置图、现场仪表安装材料表、控制室布置图、控制室供电图。

4）组态设计

根据详细设计的图纸文件和控制回路功能，进行组态设计，主要内容包括输入功能块表、输出功能块表、连续控制功能块表、逻辑控制功能块表、顺序控制功能块表、运算功能块表、操作显示画面、打印报表。

5）应用组态

利用监控组态软件，将组态设计图纸文件构成可以在控制计算机上实际运行的控制回路、操作显示画面和打印报表，也就是将组态图纸文件变成组态文件（CF 和 MF），再将组态文件 CF 和 MF 分别下装到控制站（CS）和操作员站（OS）运行，如图 1.12 所示。

6）安装调试

根据详细设计图纸文件，首先进行现场仪表安装和信号电缆布置，再进行控制室计算机及其设备安装。硬件安装完毕并能正常通电后，首先安装系统软件和应用软件，然后调试输入点、输出点、控制回路、操作显示画面、打印报表等。

7）现场投运

生产装置投料开车，控制计算机在线运行，边生产边调试，逐步完善各项功能，最终达到设计要求，保证生产装置长期稳定运行。

5.1.3　DDC 系统的设计方法

随着 DDC 系统规模的不断扩大和复杂程度的不断提高，过去那种单靠一两个人的手工作坊式的设计方法已不适用，必须依靠许多人分工协作共同完成。为此，人们总结出一系列科学的设计方法。常用的方法有规范化设计方法、结构化设计方法和集成化设计方法。

课件视频 50

1. 规范化设计方法

规范化设计方法是指技术标准化和文档规格化，使众多的设计人员有章可循、有案可查，从而保证设计过程的顺利进行，并能达到所要求的技术性能指标。

1) 技术标准化

技术标准化是指设计中要采用国际和行业标准或规范,如总线标准、通信标准、软件标准和机械标准等。技术标准化是保证系统开放的必要条件,开放式系统结构已成为国际上产品设计的主流,不同制造商的产品都按统一标准设计生产,使不同系统的产品能够互相连接或兼容,提高产品的竞争力。

2) 文档规格化

文档规格化是指设计中编写一系列的技术文件,文字、表格和图形要规范化;叙述要严密,没有二义性;语言要流畅,不似是而非;表格要齐全,注释要确切;图形要清晰,含义要明确。这样在具体实施过程中,每个开发者都以设计文件为依据,独立开发并符合要求。技术文件在设计中形成,在开发中落实,在调试中完善,最终形成产品文档。这些技术文件既是编写产品使用说明书、操作说明书和维护说明书的依据,也是产品升级或更新换代的参考资料,并能够保证新老产品的兼容性或继承性。

2. 结构化设计方法

结构化设计方法是把系统分解成多个既相对独立又互相联系的单元或部件,首先是纵向分解,然后是横向分解。例如,对于 DDC 系统,首先将其纵向分解成硬件和软件两部分,然后再对硬件和软件进行横向分解。分解的目的是既利于设计开发,又利于系统集成。

1) 硬件结构化

硬件结构化体现在电气部分和机械部分的分解。例如,对于工业 PC(IPC),将电气部分分解成主机单元、输入/输出单元和人机接口单元,其中主机单元又被细分成主机板、硬盘和光盘驱动器,输入/输出单元又被细分成 AI 板、AO 板、DI 板和 DO 板,人机接口单元又被细分成显示器(LCD)、键盘、鼠标和打印机。将机械部分拆分成机箱、机架、端子及各种安装零部件。

2) 软件结构化

软件结构化体现在系统软件和应用软件的分解。首先将复杂的软件系统纵向分解成多层结构,然后将每层横向分解成多个模块,上层模块调用下层模块。模块的内部结构对外界而言如同一个"黑匣子",其内部结构的变化并不影响模块的外部接口条件。例如,可以将一台工业 PC(IPC)的应用软件分解成输入/输出模块、运算控制模块、人机接口模块、网络通信模块和监控组态模块 5 类,每类又可以分成多种模块,如将输入/输出模块分解成 AI 块、AO 块、DI 块和 DO 块 4 种,每种又按 I/O 点建立点功能块。这些功能块的外部接口是其输入/输出端子,功能块之间通过端子互相联系。软件的结构化设计法广泛运用结构化模块设计技术,使软件的设计工程化。

3. 集成化设计方法

随着技术的发展和社会的进步,行业分工越来越专业化或系列化。例如,一台工业 PC(IPC)绝不是某个制造商的独家产品,确切地说,应是多个专业制造商生产的各类零部件的集成产品。硬件小到集成电路芯片,大到功能模板,都有专业制造商的产品。软件也同样有专业制造商的产品,如 Windows 操作系统及其配套软件以及与 Windows 系统软件配套的应用软件等。

1) 硬件的集成化设计

硬件的集成化设计体现在总线和接口标准的选取,相应的集成电路芯片及部件的选取。

例如,工业 PC(IPC)主机板的设计,首先选取 ISA 和 PCI 总线、RS-232、RS-422 和 RS-485 串行通信接口、硬盘驱动器接口、并行打印机接口等;再选取相应的集成电路芯片,如 CPU 选用 Intel 80386、Intel 80486、Pentium(奔腾)和 Core(酷睿)芯片。硬件设计者关心的是在满足系统集成性能指标的条件下应该如何正确地选取集成电路芯片及部件,而不是去设计某个芯片。

2) 软件的集成化设计

软件的集成化设计体现在系统软件和应用软件的选取。例如,工业 PC(IPC)的系统软件可以选取 Windows 操作系统及其配套软件。选定操作系统之后,就可以选取合适的应用软件或者设计开发应用软件。一般情况下,商品化的应用软件与硬件的配套要满足一定的条件,如用于工业 PC(IPC)的监控组态软件与输入/输出单元的配套,就必须有满足其硬件接口需求的 I/O 驱动程序或 I/O 服务程序。

规范化设计方法、结构化设计方法和集成化设计方法相辅相成,互为补充,互相促进,推动了 DDC 系统设计的科学化、工程化和产业化。

5.2　DDC 系统的应用

DDC 系统的应用领域十分广泛,如石油、化工、发电、冶金、轻工、制药和建材等领域,现已成为计算机控制的基本系统,按需要构成小、中、大系统。DDC 系统功能的发挥取决于应用设计的水平。本节介绍 DDC 系统的应用设计的原则、阶段和内容,并列举典型应用实例。

5.2.1　DDC 系统的应用设计

DDC 系统的应用设计的目标是把控制方案应用于生产过程,实现安全运行,满足控制要求。DDC 系统的应用设计的内容是用工程图纸和文字资料描述控制方案的具体实施。下面介绍应用设计的原则、阶段和内容。

微课视频 34

1. 应用设计的原则

DDC 系统的应用设计人员必须要有正确的设计指导思想、严谨的科学作风、熟练的业务技能和丰富的实际经验,设计时还必须符合一系列应用设计规范。为了做好 DDC 系统的应用设计工作,设计人员应综合考虑下列应用设计原则。

微课讲解 34

1) 符合应用设计标准和规定

目前我国石油、化工、电力、冶金等工业部门都制定了有关常规仪表控制系统和计算机控制系统的应用设计标准和规定,并出版了设计手册及工具书,可以参照这些标准和规定进行 DDC 系统的应用设计。

课件视频 51

2) 坚持求实和创新精神

求实是应用设计工作的基础,应用设计最终要落实在建设项目的实施上。因此,设计的可靠性是设计人员首先要考虑的问题,它是决定项目成败的关键。如果应用设计无法付诸实施,那么设计只是一纸空文。

创新是为了提高设计的先进性,以利于推动生产过程自动化水平的不断提高。因此,设计人员要勇于开拓进取,充分吸取国内外的先进经验。先进技术的完善和推广使用是一个循序渐进的过程,如果在选用某项技术时过分强调其过往的使用业绩,那么就容易造成因循守旧,使先进技术难于推广应用。

3) 处理好技术与经济的关系

应用设计工作除了要在技术上可靠和先进外,还需要考虑经济上的合理性,加强经济论证分析,做多方案的技术与经济比较,以求得良好的综合效益。技术水平的高低应该从工程实际出发,使技术和经济得到辩证的统一。

4) 维护设计的科学性和客观性

应用设计的依据来自生产工艺的要求,设计人员应深入生产第一线了解用户需求。为了维护设计的科学性和客观性,设计中采用的基础资料要准确可靠,各种数据和技术条件要正确、切合实际。为了保证设计的完整性和严肃性,设计文件要规范化,文件中的文字说明要清楚和确切,图纸要清晰和正确。

5) 协调各个专业之间的关系

DDC 系统的应用设计是整个项目设计的一部分,是能否实现生产过程自动化的关键。尽管 DDC 系统的应用设计属于自控专业的设计范围,设计人员除了要重视应用设计工作外,还应处理好与外专业的相互配合问题,协调好各个专业之间的关系。应主要处理好下述关系:

(1) 自控专业与工艺专业的关系。

DDC 系统的应用设计人员必须了解工艺流程及装置布局,熟悉生产过程的控制要求和操作方式。工艺专业设计人员必须向自控专业设计人员提供自控条件和工艺参数。

(2) 自控专业与设备专业的关系。

DDC 系统的应用设计人员必须了解设备的概况和性能,对关键性设备要了解其工作原理和操作特点。设备专业设计人员必须向自控专业设计人员提供设备控制要求,一次仪表安装位置和设备运行参数。

(3) 自控专业与电气专业的关系。

DDC 系统的应用设计人员必须向电气专业设计人员提出仪表供电电源等级、供电电压、允许电压波动范围和耗电量,备用电源和不间断电源的供电要求,控制室接地和防干扰要求。

2. 应用设计的阶段

DDC 系统的应用设计的过程按顺序可以分为可行性研究、初步设计、详细设计、组态设计、应用组态、安装调试、现场投运 7 个阶段(参见 5.1.2 节)。

3. 应用设计的内容

根据控制方案和设计原则,绘制应用设计图,编写设计说明书。DDC 系统的应用设计的主要内容如下所述。

1) 管线及仪表流程图(P&ID)

根据工艺专业提供的工艺流程图、工艺参数和控制要求,在工艺流程图上按其流程顺序标注信号测量点和控制点,设计控制方案。首先绘制控制方案原理图,然后绘制管道及仪表流程图(P&ID)的位号图。前者原理清晰,后者形象直观,两者互为补充,如有必要还可以附文字说明,图文结合能够更完整地描述控制方案。

2) 现场仪表设备选型

现场仪表设备可分为变送器、执行器、辅助设备 3 类。其中常用的变送器有温度、压力、流量、物位和成分 5 类,每类又有多个品种。如果 I/O 单元提供热电偶和热电阻输入的模板或模块,则可以不用相应的温度变送器,直接将热电偶和热电阻连接到相应的输入模板或模块。常用的执行器有电动调节阀和气动调节阀。常用的辅助设备有仪表电源、本质安全栅、接线箱或接线柜。

3) 计算机设备选型

计算机设备包括主机单元、输入/输出单元和人机接口单元 3 部分。例如,选用工业PC(IPC)的主机单元是一块主机板,输入/输出单元是各类 I/O 模板,如图 3.1 所示;也可以选用主机单元是一块主机板,输入/输出单元是各类 I/O 模块,如图 3.2 所示;还可以选用主机单元是一块主机模块,输入/输出单元是各类 I/O 模块,如图 3.3 所示。如果输入/输出点非常分散,那就选用 I/O 模块(如图 3.2 或图 3.3 所示),这样可以就地连接信号线,简化了安装。人机接口单元的主要设备有显示器(LCD)、键盘、鼠标和打印机。

4) 安装接线图

根据设备的安装位置不同可以分为现场仪表安装和控制室内设备安装,安装又分为机械安装及电气接线两部分。

现场仪表安装又分为变送器、执行器、辅助设备的机械安装及电气接线。其中机械安装是指现场仪表的固定,电气接线又分为信号和电源接线。

控制室内设备安装又分为计算机设备、输入/输出设备、辅助设备的机械安装及电气接线。其中机械安装是指设备机箱、机柜、操作台的定位,电气接线又分为信号、通信和电源接线。

另外还有现场仪表和控制室内设备之间的信号及电源接线,例如,现场压力变送器的信号线要连接到控制室内模拟量输入(AI)板的输入端;反之,控制室内模拟量输出(AO)板的输出端要连接到现场执行器的信号端。现场执行器又分为电动和气动调节阀,其中电动调节阀除了有接收 AO 板输出信号的接线外,还有驱动器的交流电源(220V AC)接线;气动调节阀除了有电气阀门定位器接收 AO 板的输出信号接线外,还有仪表气源管线。

5) 控制系统的组态文档

DDC 系统的应用组态的主要内容有输入/输出组态、控制回路组态、操作监视画面组态和打印报表组态,必须为组态准备各种文档资料。例如,输入功能块参数表、输出功能块参数表、连续控制块参数表、逻辑控制块参数表、顺序控制块参数表、运算功能块参数表、操作监视画面草图及绘制说明、打印报表格式及说明。

5.2.2 DDC 系统的应用实例

课件视频 52

DDC 系统的应用已很普遍,现以某轧钢厂的推钢式加热炉燃烧控制系统为例,如图 5.1所示,顶钢机将冷钢锭推入炉膛,钢锭向前移动,逐渐加热,将热钢锭推到轧辊上。此加热炉分为均热段、第一下加热段、第二下加热段和上加热段,以重油为燃料。下面介绍该应用实例的控制方案、硬件和软件的选择。详细内容见参考文献[1]~[4]。

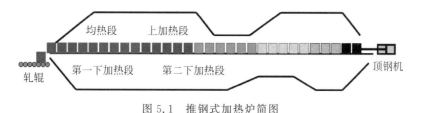

图 5.1 推钢式加热炉简图

1. 控制方案的选择

加热炉燃烧控制方案有炉温单回路控制、炉温并行串级控制、单交叉限制燃烧控制和双交叉限制燃烧控制。其中炉温单回路控制和炉温并行串级控制比较简单,控制效果不够理想,仅适用于小型加热炉;单、双交叉限制燃烧控制比较复杂,控制效果比较好,用于控制要求比较高的加热炉;详细内容见参考文献[1]～[4]。

此加热炉分为上加热段、第一下加热段、第二下加热段、均热段,控制要求比较高,需要综合考虑环境保护、节能效果和负荷响应速度。为此,选用带氧量校正的双交叉限制燃烧控制方案,如图5.2所示。此图只画出了上加热段的控制回路,其余3段类似。带氧量校正的双交叉限制燃烧控制方案的详细内容,请见参考文献[1]～[4]。

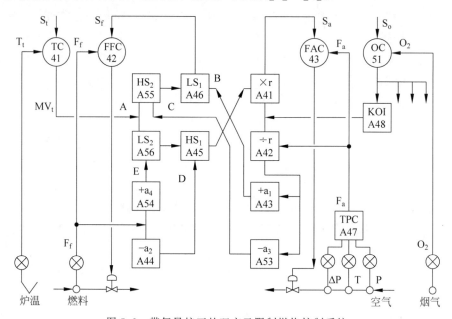

图 5.2　带氧量校正的双交叉限制燃烧控制系统

2. 硬件的选择

在控制方案确定之后,首要的任务是选择一台合适的计算机,DDC计算机以IPC为主。必须经过反复调研和比较,尤其是在可靠性和性能价格比方面应给予重视。DDC计算机包括主机单元、输入/输出单元和人机接口单元3部分。选择IPC的方案通常有以下3种。

1) 模板式结构机型

主机板、I/O板和通信板等都安装在一个主机箱内,另外还有硬盘、光盘驱动器等外部设备,如图3.1所示。主机板为人机接口单元提供了显示器(LCD)、键盘、鼠标和打印机的接口。这种模板式结构的特点是自成体系,例如,常用的台式IPC就是这种结构机型。

2) 模块式结构机型

主机单元和输入/输出单元均为模块式结构,每个I/O模块独立工作并提供串行通信总线(RS-485)接口及信号接线端子,用通信总线把各个I/O模块及主机模块互连成一体,如图1.8所示。另一种是用控制网络(C-NET)把各个I/O模块及主机模块互连成一体,如图3.3所示。这种模块式结构的特点是I/O模块可以分散安装于生产现场,就地连接I/O信号线,简化了安装,节省了导线,另外,主机单元和输入/输出单元也可以远距离安装。

3) 模板和模块混合式结构机型

主机单元为主机模板,输入/输出单元均为模块式结构,用控制网络(C-NET)把各个 I/O 模块及主机模板互连成一体,如图 3.2 所示。I/O 模块可以分散安装于生产现场,就地连接 I/O 信号线,简化了安装,节省了导线,另外,主机单元和输入/输出单元也可以远距离安装。

上述加热炉燃烧控制系统的 I/O 信号点分布在炉体周围,控制室也在炉前。因此,可以选用上述模板式结构机型(见图 3.1)或模板和模块混合式结构机型(见图 3.2)。

3. 软件的选择

软件的选择可分为系统软件和应用软件的选择,而且所选软件要与上述硬件配套。目前市场上有各类商品化的系统软件和应用软件供用户选择,一般用户不用自行开发这些软件,尤其是不必开发系统软件。

系统软件选择 Windows 操作系统及其配套软件,这是因为上述 3 种硬件结构机型都支持它。

应用软件选择在 Windows 操作系统平台上开发的监控组态软件,此软件具有输入/输出、控制运算、操作监视、数据通信和对外开放的功能,其特点是为用户提供了软件组态工具,采用"所见即所得"的组态方式,具备图形、窗口、菜单和填表等综合组态功能。该类商品化的监控组态软件采用开放式结构,可以嵌入用户开发的专用应用程序。

上述加热炉采用常规的燃烧控制系统,如图 5.2 所示。选用商品化的 Windows 操作系统及监控组态软件,完全可以满足系统要求。

4. 应用组态

DDC 系统的应用组态的任务是在上述计算机硬件和软件的平台上,将控制方案变成可在计算机内运行的应用程序,另外还要绘制操作监视画面和打印报表。DDC 系统的应用组态的主要内容如下。

1) 输入/输出组态

I/O 模板或模块上有各类物理信号点,首先必须将这些外部的 I/O 信号点变成计算机内部的输入功能块和输出功能块,然后建立实时数据库,以便系统共享 I/O 数据。例如,如图 5.2 所示的燃烧控制系统,需要建立模拟量输入(AI)功能块 6 个,模拟量输出(AO)功能块 2 个。

2) 控制回路组态

利用输入功能块、运算功能块、控制功能块和输出功能块,将控制方案构成可在计算机内运行的控制回路,即生成回路运行文件。例如,如图 5.2 所示的燃烧控制系统,需要建立 AI 功能块 6 个,AO 功能块 2 个,PID 功能块 4 个,运算功能块 12 个,并将这些功能块按控制原理连接成控制回路。

3) 操作监视画面组态

绘制图文并茂、形象直观的操作显示画面,为操作员提供友好的操作显示环境。例如,上述加热炉燃烧控制系统的操作监视画面至少应包括炉体总貌画面和 4 个加热段的段画面,在总貌画面上有 I/O 点参数显示和报警显示,在段画面上有 PID 控制回路的操作显示。

4) 打印报表组态

绘制小时、班、日、月报表,用数值、曲线、棒图和饼图等形式建立报表。

5. 硬件调试

DDC 系统的硬件包括主机单元、输入/输出单元和人机接口单元 3 部分。其中主机单元和输入/输出单元采用标准模板或模块的部件装配方式,这些部件出厂前已经过严格的测试,一般来说符合说明书的性能指标,用户不必再测试,而且一般用户也不具备测试的条件。如果要测试,用户可以采用制造商提供的测试软件进行测试。

对 I/O 模板或模块的信号有测试的必要。一般用户会选用商品化的监控组态软件,在完成了输入/输出功能块组态后,必须对 I/O 模板或模块上的所有信号点逐点调试。例如,首先调试信号的零点和满程,然后再分级检查满量程的 25%、50% 和 75%,并且上行和下行来回调试,以便检查线性度是否合乎要求。

在调试模拟量输入(AI)和模拟量输出(AO)模板之前,必须准备信号源、数字电压表和电流表等。测试其 I/O 信号与 I/O 功能块的数值是否一致。

例如,模拟量输入(AI)模板某点输入信号为 4~20mA DC,对应压力 0~1600Pa,首先用电流信号源分别输入 4mA、8mA、12mA、16mA 和 20mA DC,然后在显示画面上与该点对应的 AI 功能块的测量值(PV)应显示数值 0Pa、400Pa、800Pa、1200Pa 和 1600Pa,当然会有误差,但误差应在测试指标之内。

再例如,模拟量输出(AO)模板某点输出信号为 4~20mA DC,首先在显示画面上与该点对应的 AO 功能块窗口分别设置输出值 0%、25%、50%、75% 和 100%,然后用电流表测试该点电流应为 4mA、8mA、12mA、16mA 和 20mA DC,当然会有误差,但误差应在测试指标之内。

对数字量输入(DI)和数字量输出(DO)模板的调试比较简单,只需测试开或关、通或断。

硬件调试还包括现场仪表和执行器的调试。例如,温度、压力、流量、物位和成分分析变送器,电动或气动调节阀等。这些仪表设备必须在安装之前按照说明书要求校验完毕。

6. 软件调试

DDC 系统的软件包括系统软件和应用软件两部分,如果用户选择商品化的系统软件(如 Windows 操作系统)和应用软件(如监控组态软件),那么对这些软件不必调试,用户也不具备调试条件。

用户只需对由监控组态软件组态构成的控制回路、操作监控画面和打印报表进行调试,首先进行模拟调试,然后才能进行现场调试。

模拟调试控制回路的首要条件是必须有被控对象的物理模型或数学模型。例如,如图 5.2 所示的加热炉燃烧控制系统的模拟调试,就要为其准备温度、空气和燃料对象的数学模型或物理模型。对如图 5.2 所示的控制回路必须调试出符合控制要求的实验曲线,详细内容见参考文献[1]~[4]。

7. 现场投运

在现场投运中,系统设计人员与工艺操作人员要密切配合,在投运前制定一系列调试计划、实施方案、安全措施、分工合作细则等。现场投运过程是从小到大,从易到难,从手动到自动,从简单回路到复杂回路逐步过渡。

例如,上述加热炉有 4 个加热段,可以分两步调试:第一步是单段调试,第二步是 4 段统调。若以图 5.2 为例,进行单段调试,首先调试燃料(FFC42)和空气(FAC43)的单回路控制,并且先手动后自动;然后再投入炉温控制回路(TC41),进行双交叉限制控制系统的调试。在单段调试过程中,氧量控制回路(OC51)处于手动状态。分 4 段逐段调试完毕后,就可以进行 4 段联调,此时应使氧量控制回路(OC51)处于自动状态,并调整各段的氧量参加率 K_{oi},保证总烟道烟气中含氧量最低。在联调过程中,可以做升、降负荷试验,以便更好地调整 P、I、D 参数以及正、负偏置($+a_1$ 和 $-a_2$、$-a_3$ 和 $+a_4$)。详细内容见参考文献[1]~[4]。

在现场投运的过程中,往往会出现错综复杂、时隐时现的奇怪现象,暂时难以找到问题的根源。此时,计算机控制系统设计者们要认真地共同分析,每个人都不要轻易地怀疑别人所做的工作,以免掩盖问题的根源所在。这时冷静的情绪、科学的态度、协作的精神显得尤为重要。

现场投运是对计算机控制系统的全面检查与考核,通常会出现设计过程中未考虑到的问题,也会暴露出设计者的弱点。设计者应该有严肃的科学态度,认真地解决各种问题,绝不允许回避和掩盖矛盾。对于系统的可靠性和稳定性应长期考验,针对工业生产现场的特殊环境,采取行之有效的措施。不应有侥幸心理,不满足于偶然性的成功。在现场投运过程中,必须自始至终贯彻安全第一的思想,保障设备与人身安全。

本章小结

本章介绍 DDC 系统的设计原则、设计过程、设计方法和应用设计,并介绍了典型应用实例。

DDC 系统的设计原则主要体现在可靠性、冗余性、实时性、操作性、维修性、通用性、灵活性、开放性、经济性 9 方面。

DDC 系统的开发设计是生产最终用户所需的硬件和软件,开发设计应遵循标准化、模板化、模块化和系列化的原则。

DDC 系统的应用设计是选择被控对象所需的硬件、软件和控制方案,并用监控组态软件构成可实际运行的控制回路及操作显示画面,通过现场投运调试,满足操作监控要求。

DDC 系统的应用设计过程分为可行性研究、初步设计、详细设计、组态设计、应用组态、安装调试、现场投运 7 个阶段;应用设计方法有规范化设计、结构化设计和集成化设计 3 种,其中规范化设计方法包括技术标准化和文档规格化,结构化设计方法包括硬件和软件结构化,集成化设计方法包括硬件和软件的集成化设计。

DDC 系统的应用设计人员应遵循的原则有符合应用设计标准和规定、坚持求实和创新精神、处理好技术与经济的关系、维护设计的科学性和客观性、协调各个专业之间的关系。应用设计的主要内容有管线仪表设备(P&ID)位号图、现场仪表设备选型、计算机设备选型、安装接线图、控制系统的组态文档。

DDC 系统的应用实例为推钢式加热炉燃烧控制系统,叙述该应用实例的控制方案、硬件和软件的选择,以及现场调试。

第 1 篇小结

第 1 篇介绍的直接数字控制(DDC)是计算机控制的基础,在此基础上可以构成 DCS、FCS、PLC 等各类典型的计算机控制系统。本篇叙述了 DDC 系统的形成和发展、DDC 系统的体系结构、DDC 系统的算法、DDC 系统的硬件、DDC 系统的软件,以及 DDC 系统的设计和应用。

DDC 系统的体系结构分为硬件结构、软件结构和网络结构。其中硬件结构分成主机单元、输入/输出单元和人机接口单元;软件结构分成系统软件、控制运算软件、输入/输出软件、人机接口软件和监控组态软件;网络结构分成 I/O 总线和通信网络。

DDC 系统的算法核心是 PID 控制,讨论了数字 PID 控制算法的原理分析、工程实现、编程调试、工程应用、参数整定,叙述了数字 PID 控制算法的用户表现形式是 PID 控制块,介绍了典型的数字 PID 控制回路(单回路、串级、前馈、比值)的设计。

DDC 系统的硬件叙述了主机单元、输入/输出单元和人机接口单元。其中主机单元介绍了主机结构、CPU、总线和通信。输入/输出单元讨论了模拟量输入(AI)、模拟量输出(AO)、数字量输入(DI)、数字量输出(DO)。人机接口单元讨论了通用和专用设备,通用设备有显示器(LCD)、键盘、鼠标、打印机等,专用设备有回路操作器、操作显示面板和操作显示台等。

DDC 系统的软件叙述了控制运算软件、输入/输出软件、人机接口软件和监控组态软件。控制运算软件论述了算法及其用户表现形式是功能块、梯形图和指令表。输入输出软件论述了 I/O 的内部结构及功能、数据处理、标准数 0~1,还论述了它的用户表现形式是功能块。人机接口软件论述了操作显示软件和操作管理软件,还论述了它的用户表现形式是画面。监控组态软件论述了输入/输出、实时数据库、控制回路、人机界面和通信接口组态软件。

DDC 系统的设计分为开发设计和应用设计,叙述了 DDC 系统的设计原则、设计过程、设计方法和应用设计,并介绍了典型应用实例。

第 1 篇习题与思考题

第 1 章

1.1 典型的计算机控制系统有哪几种？其中哪种是计算机控制系统的基础？

1.2 闭环控制回路的构成需要哪 3 个控制要素？

1.3 闭环控制系统稳定的基本条件是什么？

1.4 概述 DDC 系统的基本构成。

1.5 概述 DDC 系统的模拟量输入/输出（AI、AO）和数字量输入输出（DI、DO）信号流。

1.6 概述图 1.5 中从被控对象开始的 I/O 信号流向及流动过程中信号类型的变迁。

1.7 概述计算机控制系统的发展历程。

1.8 概述 DDC 系统的体系结构。

1.9 概述 DDC 系统的硬件结构的 2 种方式。

1.10 DDC 系统的硬件安装有哪 3 种方式？

1.11 DDC 系统的软件构成主要有几部分？

1.12 人们为何把当今的控制计算机戏称为"傻瓜"机？借用图 1.10 来概述组态的含义。

1.13 概述如图 1.12 所示的 DDC 系统工作流程。

第 2 章

2.1 DDC 系统的连续控制算法分为哪两类？每类采用哪种控制理论？

2.2 常规 DDC 算法的核心算法是什么？典型控制回路有哪些？

2.3 比例(P)控制器有何缺点？为什么有此缺点？

2.4 在比例(P)控制器中，比例增益 K_p 怎样影响被控量 y？可以以图 2.3 为例分析。

2.5 在比例积分(PI)控制器中，为什么最终能使被控量 y 等于设定量 $r(y=r)$？

2.6 在比例积分(PI)控制器中，积分时间怎样影响积分作用？可以以图 2.4 为例分析。

2.7 在比例积分(PI)控制器中，怎样定义积分时间 T_i？可以以图 2.5 为例说明。

2.8 在比例微分(PD)控制器中，微分时间怎样影响微分作用？可以以图 2.6 为例分析。

2.9 在比例微分(PD)控制器中，怎样定义微分时间 T_d？可以以图 2.7 为例说明。

2.10 概述 PID 控制算法中比例(P)、积分(I)、微分(D)各自的功能，并叙述相应的比例增益 K_p、积分时间 T_i、微分时间 T_d 的改变对控制效应的影响。

2.11 数字 PID 控制算法的位置型算式(2.1.34)的物理含义是什么？

2.12 数字 PID 控制算法的位置型算式有何缺点？

2.13 数字 PID 控制算法的增量型算式(2.1.36)的物理含义是什么？

2.14 数字 PID 控制算法的增量型算式有何优点？

2.15　试分析式(2.1.34)和式(2.1.37)的物理含义是否一样。

2.16　数字 PID 控制算法的位置型算式和增量型算式的本质是否一样？试分析两者的区别。

2.17　PID 控制算法有哪两种？区别何处？

2.18　理想微分 PID 控制算法有何缺点？

2.19　理想微分 PID 控制算法的微分作用局限于第一个控制周期,这是为什么？

2.20　实际微分 PID 控制算法有何优点？

2.21　实际微分 PID 控制算法的微分作用能维持多个控制周期,这是为什么？

2.22　实际微分 PID 控制算式(2.1.39)中微分增益 K_d 能否无限增大,为什么？

2.23　实际微分 PID 控制算式(2.1.52)中微分增益 K_d 能否无限增大,为什么？

2.24　实际微分 PID 控制算式的物理背景是什么？

2.25　实际微分 PID 控制算式(2.1.46)中是否含有一阶惯性环节？

2.26　数字 PID 控制算法的改进措施有哪几种？

2.27　数字 PID 控制为何采用积分分离？采用积分分离有时会出现残差,是何原因？怎样避免？

2.28　在图 2.14(c)中被控量 y 和控制量 u 为什么会出现拐点 c？

2.29　在图 2.14(d)中被控量 y 出现残差,这是为什么？

2.30　数字 PID 控制为何采用抗积分饱和？怎样防止积分饱和？

2.31　概述矩形积分和梯形积分有何区别？

2.32　数字 PID 控制算法的偏差微分和测量值微分有何区别？为何采用测量值微分？什么情况下不能采用测量值微分？

2.33　叙述数字 PID 控制算法正/反作用的含义,及其对测量值微分算式的影响,可用算式说明。

2.34　变 PID 控制的物理含义是什么？有何优点？

2.35　计算机中怎样构成数字 PID 控制器,它的用户表现形式是什么？

2.36　计算机中为何引入 PID 控制块的概念？N 个 PID 控制块是怎样构成的？

2.37　计算机中 PID 控制块的实体是什么？用户怎样构成 PID 控制块？

2.38　用户在计算机上怎样构成单回路 PID 控制？有何物理含义？可以以图 2.19 为例说明。

2.39　数字 PID 控制算法的工程实现应考虑哪几方面？其目的是什么？

2.40　数字 PID 控制器中设定量方式(SV_MODE)有哪 3 种？分别对应哪 3 种控制回路？

2.41　数字 PID 控制器的设定量方式(SV_MODE)的选择可以有哪 3 种方法？

2.42　数字 PID 控制器中为何采用设定量变化率限制？怎样选取设定量变化率？

2.43　数字 PID 控制器中 PV 方式(PV_MODE)的选择有哪两种？怎样选用？

2.44　数字 PID 控制器中 PV 方式(PV_MODE)选为 MAN(手动)有何作用？

2.45　数字 PID 控制器中 PV 采用一阶惯性滤波的物理含义是什么？写出其对应的差分方程。

2.46　数字 PID 控制器中对 PV 高低限值报警为何要设置一定的报警死区 HY？

2.47　根据 PID 控制器正/反作用方式,写出其对应的偏差算式。

2.48　在 PID 控制器闭环控制系统中,为什么要设置数字 PID 控制器正/反作用的选择?

2.49　图 1.10 所示的房间温度空调系统,针对冬天制热、夏天制冷,对应的 PID 控制器应选何作用方式?画出相应的单回路闭环控制系统框图,并标出被控对象(房间)、执行器(电动调节阀)、变送器(温度变送器)、PID 控制器的正/负特性(正/反作用)。

2.50　数字 PID 控制器中有时设置非线性偏差区间,有何作用?列举相应的应用实例。

2.51　数字 PID 控制器中输入补偿的含义是什么?列举相应的应用实例。

2.52　数字 PID 控制器中控制量限幅值 OL 和 OH 的选取依据是什么?有何作用?

2.53　数字 PID 控制器中输出补偿的含义是什么?列举相应的应用实例。

2.54　数字 PID 控制器中输出保持和输出安全的物理含义分别是什么?两者的区别何在?

2.55　数字 PID 控制器的工作方式(OV_MODE)一般分为几种?简要说明。

2.56　数字 PID 控制器中输出跟踪的含义是什么?

2.57　数字 PID 控制器中为何采用控制量变化率限制?怎样选取控制量变化率?

2.58　为了实现 PID 控制器从 MAN(手动)到 AUTO(自动)、再从 AUTO 到 MAN 的无扰动切换,应采取哪些措施?

2.59　为了实现 PID 控制器从输出保持 YH 状态到正常工作 NH 状态的无扰动切换,应采取哪些措施?

2.60　为了实现 PID 控制器从输出安全 YS 状态到正常工作 NS 状态的无扰动切换,应采取哪些措施?

2.61　为了实现 PID 控制器从输出跟踪 YT 状态到正常工作 NT 状态的无扰动切换,应采取哪些措施?

2.62　根据图 2.20 中 6 个部分的要求,画出详细的编写 PID 控制块的程序框图。

2.63　数字 PID 控制块参数表(见表 2.1.1)中的参数可以分为哪两类?两者的区别何在?

2.64　单回路 PID 控制功能块组态图(见图 2.33)中,PID 控制块 LC1235 要用到参数表(见表 2.1.1)中哪些项?分项叙述,可以参照图 2.20～图 2.32。

2.65　概述 PID 控制块参数表(见表 2.1.1)中项号 7、52、70 的含义,这三者有何关系?

2.66　概述 PID 控制块参数表(见表 2.1.1)中项号 14、54、71 的含义,这三者有何关系?

2.67　在控制计算机中人们采用汇编语言编写 PID 控制器程序,这是为什么?

2.68　在控制计算机中人们采用汇编语言编写 PID 控制器程序,一般采用定点数的数据格式(见图 2.34),编程过程中进行四则运算要遵循什么规则?

2.69　在图 2.34(b)中,假设 PV 温度量程为 0～1600℃,采用 14 位 A/D 转换器,当实际温度为 1200℃时,对应的 A/D 转换结果如何存放?它所代表的十进制小数值是多少?如果采用 12 位 A/D 转换器,当实际温度为 1600℃时,在图 2.34(b)中如何存放?

2.70　控制量 $U(n)$ 经过 14 位 D/A 转换器,再转换成电流 4～20mA DC 信号送给执行器(如电动调节阀),假设控制量 $U(n)=50\%$,在图 2.34(b)中如何存放?此 $U(n)$ 在 14 位 D/A 转换器输入端如何存放?此 $U(n)$ 经 14 位 D/A 转换成电流是多少?如果控制量 $U(n)$ 在图 2.34(b)中为 29B7H(0010 1001 1011 0111),在 12 位 D/A 转换器输入端如何存放？

2.71　PID 控制器程序采用如图 2.34(b)所示的 2 字节定点数存放控制量 $U(n)$，程序运行过程中，如果发现整数位 $D_{14}=1$ 且符号位 $D_{15}=0$，应该怎样处理？如果发现符号位 $D_{15}=1$，应该怎样处理？

2.72　理想微分 PID 控制器的开环阶跃响应的曲线如图 2.35、图 2.36 和图 2.37 所示，依据曲线来分析比例增益 K_p、积分时间 T_i、微分时间 T_d 对响应曲线的影响。

2.73　实际微分 PID 控制器的开环阶跃响应曲线如图 2.38～图 2.41 所示，依据曲线来分析比例增益 K_p、积分时间 T_i、微分时间 T_d、微分增益 K_d 对响应曲线的影响。

2.74　根据理想微分、实际微分 PID 控制器的开环阶跃响应曲线，叙述两者的区别并分析其原因。

2.75　PID 控制器处于手动(MAN)时，能否人为改变设定量 SV？简要说明。

2.76　PID 控制器处于自动(AUTO)时，能否人为改变控制量 MV？简要说明。

2.77　单回路 PID 控制的闭环阶跃响应曲线如图 2.42 所示，依据曲线来分析比例增益 K_p 对响应曲线的影响。

2.78　单回路 PID 控制的闭环阶跃响应曲线如图 2.43 所示，依据曲线来分析积分时间 T_i 对响应曲线的影响。

2.79　单回路 PID 控制的闭环阶跃响应曲线如图 2.44 所示，依据曲线来分析微分时间 T_d 对响应曲线的影响。

2.80　单回路 PID 控制的闭环阶跃响应曲线如图 2.45 所示，依据曲线来分析微分增益 K_d 对响应曲线的影响。

2.81　单回路 PID 控制的闭环阶跃响应曲线如图 2.46 所示，依据曲线来分析对象增益 K_1 对响应曲线的影响。

2.82　单回路 PID 控制的闭环阶跃响应曲线如图 2.47 所示，依据曲线来分析对象时间常数 T_1 对响应曲线的影响。

2.83　单回路 PID 控制的闭环阶跃响应曲线如图 2.48 所示，依据曲线来分析积分分离值 β 对响应曲线的影响。

2.84　单回路 PID 控制的闭环阶跃响应曲线如图 2.49 所示，此图分为①、②、③、④这4 个阶段，依据曲线来分析每个阶段的功能。

2.85　串级 PID 控制的闭环系统，如何选取主被控对象 $G_1(s)$ 和副被控对象 $G_2(s)$ 阶次？简要说明。

2.86　串级 PID 控制的闭环阶跃响应曲线如图 2.50 所示，试分析图 2.50(b)和图 2.50(c)两组曲线的特征，其中副被控量 PV_2 有残差吗？为什么？主被控量 PV_1 有残差吗？为什么？

2.87　串级 PID 控制的闭环阶跃响应曲线如图 2.51 所示，试分析图 2.51(b)和图 2.51(c)两组曲线的特征，其中副被控量 PV_2 有残差吗？为什么？主被控量 PV_1 有残差吗？为什么？

2.88　综述串级 PID 闭环控制系统的调试步骤。

2.89　在串级控制回路(见图 2.53)中主、副 PID 控制块的设定量方式(SV_MODE)如何选择？

2.90　在串级控制回路(见图 2.53)中主、副 PID 控制块的控制周期如何选择？简要说明。

2.91　在前馈单回路控制(见图 2.54)中,前馈补偿器是怎样引入 PID 控制回路的?

2.92　在前馈串级控制回路(见图 2.55)中,前馈补偿器是怎样引入 PID 控制回路的?

2.93　在单闭环比值控制系统(见图 2.56)中,PID 控制块(FC1342)的设定量方式(SV_MODE)如何选择?

2.94　数字 PID 控制参数的工程整定方法一般有哪几种?

2.95　数字 PID 控制器的控制周期的选取一般应考虑哪几个因素?

第 3 章

3.1　DDC 系统的主机(IPC)主要由几个单元组成?采用哪 3 种结构方式?

3.2　概述内部总线的含义及功能。

3.3　内部总线主要由哪 4 部分组成?

3.4　串行通信总线 RS-232、RS-422 和 RS-485 分别采用何种连接方式?概要介绍。

3.5　工业控制计算机的输入输出通道的主要功能有哪些?

3.6　主机单元和输入/输出单元的结构方式有哪 3 种?简要描述。

3.7　概述模拟量输入通道的功能。

3.8　模拟量输入通道由哪几部分组成?画出结构框图。

3.9　概述模拟量输出通道的功能。

3.10　模拟量输出通道由哪几部分组成?画出结构框图。

3.11　概述数字量输入通道的功能。

3.12　数字量输入通道由哪几部分组成?画出结构框图。

3.13　概述数字量输出通道的功能。

3.14　数字量输出通道由哪几部分组成?画出结构框图。

3.15　常用的人机接口(MMI)设备有哪些?

3.16　概述人机接口(MMI)的作用。

第 4 章

4.1　DDC 系统的软件由哪 3 部分组成?DDC 系统的应用软件由哪 3 部分组成?分别对应 DDC 系统硬件的哪个单元?简要说明。

4.2　DDC 系统的控制软件分为哪 3 类?相应的用户表现形式是什么?用户表现形式又有何用?

4.3　单回路 PID 控制功能块图(见图 4.1)的物理含义是什么?怎样形成和运行?

4.4　PID 控制块的实体是什么?PID 控制子程序和 PID 控制块参数表是什么关系?

4.5　逻辑控制算法的用户表现形式或组态形式有哪 3 种?

4.6　逻辑梯形图(见图 4.2(a))的物理含义是什么?怎样形成和运行?

4.7　逻辑功能块图(见图 4.3)的物理含义是什么?怎样形成和运行?

4.8　逻辑指令表的物理含义是什么?怎样形成和运行?

4.9　顺序功能块图(见图 4.4(b))的物理含义是什么?怎样形成和运行?

4.10　DDC 系统的运算软件分为哪 3 类?相应的用户表现形式是什么?

4.11　模拟量输入(AI)功能块与输入(AI)模板的信号点有何关系？又有何区别？

4.12　模拟量输入(AI)功能块(见图 4.8)有哪些功能？

4.13　模拟量输入(AI)功能块的实体是什么？

4.14　数字量输入(DI)功能块与输入(DI)模板的信号点有何关系，又有何区别？

4.15　数字量输入(DI)功能块(见图 4.11)有哪些功能？

4.16　数字量输入(DI)功能块的实体是什么？

4.17　输入功能块(AI 块和 DI 块)存在的表现形式是什么？

4.18　计算机控制系统中功能块的模拟量输入输出为何采用标准数 0～1？

4.19　模拟量输入标准数 0～1 的物理含义是什么？与参数量程、A/D 转换数据有何关系？举例说明。

4.20　模拟量输出标准数 0～1 的物理含义是什么？与参数量程、D/A 转换数据有何关系？举例说明。

4.21　模拟量输出(AO)功能块与输出(AO)模板的信号点有何关系？有何区别？

4.22　模拟量输出(AO)功能块(见图 4.13)有哪些功能？

4.23　模拟量输出(AO)功能块的实体是什么？

4.24　模拟量输出(AO)功能块的正/反方向输出有什么用途？试举例说明。

4.25　模拟量输出(AO)功能块的非线性输出有什么用途？试举例说明。

4.26　数字量输出(DO)功能块与输出(DO)模板的信号点有何关系？有何区别？

4.27　数字量输出(DO)功能块(见图 4.17)有哪些功能？

4.28　数字量输出(DO)功能块的实体是什么？

4.29　数字量输出(DO)功能块选用脉宽调制输出时，其输入信号是数字量还是模拟量？试举应用实例说明。

4.30　输出功能块(AO 块和 DO 块)存在的表现形式是什么？

4.31　概述人机接口单元的组成。

4.32　人机接口软件主要由哪两部分组成？

4.33　操作显示软件的用户表现形式是什么？

4.34　概述流程图画面的基本组成及功能。

4.35　概述 PID 控制块、PID 回路操作显示窗口(见图 4.19)之间的关系。

4.36　概述 PID 回路操作显示窗口(见图 4.19)的功能。

4.37　操作管理软件的用户表现形式是什么？并简要说明。

4.38　概述监控组态软件的功能。

4.39　概述监控组态软件的结构。

4.40　概述输入/输出组态软件、实时数据库组态软件、控制回路组态软件、人机界面组态软件、通信接口组态软件的功能。

4.41　概述实时数据库组态、控制回路组态、人机界面组态。

第 5 章

5.1　DDC 系统的设计分为哪两类？各自有何任务？

5.2　DDC 系统的设计原则体现在哪几方面？

5.3　DDC 系统的开发设计应遵循哪些原则？

5.4　DDC 系统的应用设计分为哪几个阶段？

5.5　DDC 系统的设计方法有哪 3 种？简要说明。

5.6　DDC 系统的应用设计应遵循哪些原则？

5.7　DDC 系统的应用设计内容有哪些？

5.8　DDC 系统的应用组态内容有哪些？

5.9　概述为加热炉燃烧控制选择 IPC 的 3 种方案。

集散控制系统

集散控制系统(Distributed Control System,DCS)亦称分散控制系统,前者更符合其本质含义及体系结构。DCS采用分散控制和集中管理的设计思想、分而自治和综合协调的设计原则。

DCS采用层次化体系结构,基本构成是直接控制层和操作监控层,还可以扩展生产管理层和决策管理层;相应的基本网络是监控网络(SNET),另外可以扩展生产管理网络(MNET)和决策管理网络(DNET),从而构成控制和管理的一体化系统。

DCS直接控制层的主要设备是控制站,操作监控层的主要设备是工程师站、操作员站和计算机站。DCS是以多台DDC计算机为基础,集成了多台操作、监控和管理计算机,构成了集中分散型控制系统。

DCS是典型的计算机控制系统,它随着计算机技术、控制技术、通信技术和屏幕显示技术的发展而不断更新和提高,现已广泛应用于石油、化工、发电、冶金、轻工、制药、建材等工业的自动化,成为生产过程控制领域的主流系统。

DCS的特点和优点主要体现在分散性和集中性,自治性和协调性,灵活性和扩展性,先进性和继承性,可靠性和适应性,友好性和新颖性6方面。

DCS控制站具有输入、输出、运算、控制和通信功能。DCS控制站硬件主要由主控单元(MCU)、输入/输出单元(IOU)和电源系统(PWS)3部分组成。主控单元(MCU)是控制站的核心,主要由控制处理器、输入/输出接口处理器、通信处理器和冗余处理器模板或模块组成。输入/输出单元(IOU)是控制站的基础,由各种类型的模拟量输入

(AI)、数字量输入(DI)、模拟量输出(AO)、数字量输出(DO)、脉冲量输入(PI)和串行接口(SI)等模板或模块组成。

DCS控制站的功能以功能块的形式呈现在用户面前。DCS控制站常用的输入功能块有模拟量输入(AI)、数字量输入(DI)功能块;常用的输出功能块有模拟量输出(AO)、数字量输出(DO)功能块;常用的连续运算功能块有代数运算、信号选择、数据选择、数值限制、报警检查、计算公式和传递函数等功能块;连续控制以PID控制功能块为主,还需要有输入功能块、运算功能块和输出功能块相配合;逻辑控制以逻辑梯形图为主,另外还有逻辑功能块图和逻辑指令表;顺序控制用顺序功能块图表示。在工程师站监控组态软件的支持下,用这些功能块组态构成控制回路,形成回路组态文件(CF),再将CF下装到控制站运行。

DCS工程师站的监控组态软件还提供操作监控画面的组态绘制功能,形成画面组态文件(MF),再将MF下装到操作员站运行,为工艺操作员提供图文并茂、形象直观的操作监控环境。

本篇的主要内容有DCS的产生和发展、DCS的特点和优点、DCS的体系结构、DCS的控制站、DCS的操作员站、DCS的工程师站、DCS的应用设计。

第 6 章

CHAPTER 6

DCS 的概述

DCS 已经在生产过程控制领域得到了广泛的应用,由于 DCS 不仅具有连续控制和逻辑控制功能,而且具有顺序控制和批量控制功能,因此,DCS 既可以用于连续过程工业,也可以用于连续和离散混合的间歇过程工业。DCS 不仅用于分散控制,而且向着集成管理的方向发展。DCS 是基础,通过其开放式网络与生产管理层和决策管理层的网络相连,实现控制与管理的信息集成,进而实现企业的生产、控制和管理的一体化。

本章概述 DCS 的产生过程、发展历程、特点和优点,以及 DCS 的体系结构。其目的是让读者对 DCS 的基本认识。

6.1 DCS 的产生和发展

微课视频 35

在连续过程控制中,常规模拟仪表控制和早期的计算机控制可以归纳为仪表分散控制、仪表集中控制和计算机集中控制 3 种类型。人们分析比较了常规模拟仪表控制和计算机集中控制的优缺点之后,研制出计算机集散控制系统(DCS)。

本节概述 DCS 的产生过程、发展历程、特点和优点。

微课讲解 35

6.1.1 DCS 的产生过程

20 世纪 50 年代采用仪表分散控制,20 世纪 60 年代采用仪表集中控制,20 世纪 70 年代采用计算机集中控制。这 3 种控制系统分为分散型和集中型两类,人们分析比较了分散型控制和集中型控制的优缺点之后,认为有必要吸取两者的优点,并将两者结合起来,也就是采用分散控制和集中管理的设计思想,分而自治和综合协调的设计原则,于 20 世纪 70 年代中期人们开始研制 DCS,详见参考文献[1]~[4]。

课件视频 53

所谓分散控制,是用多台微型计算机,分散应用于生产过程控制。每台计算机独立完成信号输入/输出和运算控制,并可以实现十几个、几十个或几百个控制回路。这就打破了原有计算机集中控制带来的危险集中,以及常规模拟仪表控制功能单一的局限性。这是一种将控制功能分散,即"危险分散"的设计思想。

所谓集中管理,是用通信网络技术把多台计算机构成网络系统,除了控制计算机之外,还包括操作管理计算机,形成了全系统信息的集中管理和数据共享,实现控制与管理的信息集成,同时在多台计算机上集中监视、操作和管理。

20 世纪 70 年代中期,集成电路技术的发展,微型计算机的出现,其性能和价格的优势为研制 DCS 创造了条件；通信网络技术的发展,也为多台计算机互连创造了条件;CRT 屏幕显示技术可为人们提供完善的人机界面,进行集中监视、操作和管理。这 3 条为研制 DCS 提供了外部环境。另外,随着生产规模不断扩大,生产工艺日趋复杂,对生产过程控制不断提出新要求,常规模拟仪表控制和计算机集中控制系统已不能满足现代化生产的需要,这些是促使人们研制 DCS 的内部动力。经过人们的努力,于 20 世纪 70 年代中期研制出 DCS,成功地应用于连续过程控制,详见参考文献[1]～[4]。

DCS 的结构原型如图 6.1 所示。

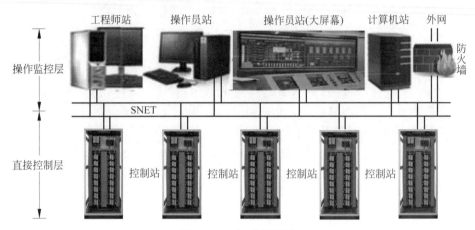

图 6.1　DCS 结构原型

在图 6.1 中,控制站(CS)进行过程信号输入/输出和运算控制,实现 DDC 功能;操作员站(OS)供工艺操作员对生产过程进行监视、操作和管理;工程师站(ES)供控制工程师按工艺要求进行控制回路或控制策略的组态,按操作要求进行人机界面(MMI)的组态,并对 DCS 硬件和软件进行维护和管理;监控计算机站(SCS)实现优化控制、自适应控制和预测控制等一系列先进控制算法,完成 SCC 功能;监控网络(SNET)将直接控制层和操作监控层的设备互连在一体,SNET 为冗余网络,实现与网上设备的冗余配置;防火墙和计算机网关(CG)完成 DCS 监控网络(SNET)与其他网络的连接,实现网络互联与开放。

DCS 组成示例如图 6.2 所示,分为操作监控室和控制机柜室,两室之间的设备通过监控网络(SNET)连接。

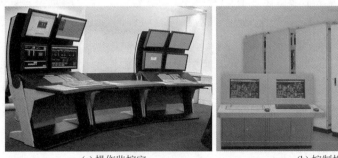 

(a) 操作监控室　　　　　　　　　(b) 控制机柜室

图 6.2　DCS 组成示例

在图 6.2 中,操作监控室配置操作员站(OS),供工艺操作员对生产过程进行监视、操作和管理,配置工程师站(ES)供控制工程师对系统进行组态、维护和管理;控制机柜室配置控制站(CS)、监控计算机站(SCS)、网络设备、电源柜、接线柜等,一般也配置 1 或 2 台工程师站(ES),用于正常的维护和管理。

6.1.2 DCS 的发展历程

DCS 的诞生综合了计算机(Computer)、控制(Control)、通信(Communication)和屏幕显示(Cathode Ray Tube,CRT)技术,简称"4C"技术。DCS 的发展与"4C"技术的发展密切相关,现在已经用 LCD(Liquid Crystal Display,液晶显示器)替代了 CRT。自从 20 世纪 70 年代中期诞生 DCS 至今,已更新换代了几代 DCS。20 世纪 70 年代为 DCS 初创期,20 世纪 80 年代为 DCS 成熟期,20 世纪 90 年代为 DCS 扩展期,详见参考文献[1]~[4]。

21 世纪初产生了新一代的 FCS(Field-bus Control System,现场总线控制系统),可以构成 DCS 和 FCS 混合系统,如图 6.3 所示。

20 世纪 90 年代,现场总线技术有了突破,生产出现场总线数字仪表,并将 DCS 控制站的功能化整为零分散到现场总线数字仪表中,形成现场总线控制系统(FCS),也标志着新一代 DCS 的产生,如图 6.3 所示。

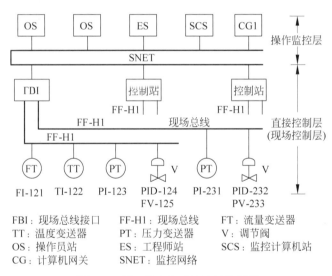

图 6.3　新一代 DCS(FCS)结构原型

在图 6.3 现场总线 FF-H1 上,流量变送器(FT)、温度变送器(TT)、压力变送器(PT)分别含有对应的输入功能块 FI-121、TI-122、PI-123,调节阀(V)中含有 PID 控制块 PID-124 和输出功能块 FV-125 等,用这些功能块就可以在现场总线 FF-H1 上构成 PID 控制回路。

在图 6.3 中 DCS 控制站具有现场总线(如 FF-H1)接口,可以连接现场总线数字仪表,这是 DCS 和 FCS 共存的混合系统。

现场总线接口(Field Bus Interface,FBI)下接现场总线,上接监控网络(SNET),即 FBI 作为现场总线(如 FF-H1)与监控网络(SNET)之间的网络接口。

FCS 革新了 DCS 的现场控制站及现场模拟仪表,用现场总线将现场总线数字仪表互连在一起,构成控制回路,形成现场控制层。也就是说,FCS 用现场控制层取代了 DCS 的直接控制层,操作监控层、生产管理层和决策管理层仍然同 DCS。

6.1.3 DCS 的特点和优点

DCS 自问世以来,随着计算机、控制、通信和屏幕显示技术的发展而发展,一直处于上升发展状态,广泛应用于工业控制的各个领域。究其原因是 DCS 有一系列特点和优点,主要体现在以下 6 方面:分散性和集中性,自治性和协调性,灵活性和扩展性,先进性和继承性,可靠性和适应性,友好性和新颖性。

1. 分散性和集中性

DCS 分散性的含义是广泛的,不仅指分散控制,还有地域分散、设备分散、功能分散和危险分散的含义。分散的目的是使危险分散,进而提高系统的可靠性和安全性。

DCS 硬件积木化和软件模块化是分散性的具体体现。因此,可以因地制宜地分散配置系统。DCS 纵向分层次结构,可分为直接控制层和操作监控层。DCS 横向分子系统结构,如直接控制层有多台控制站(CS),每台控制站可以看作一个子系统;操作监控层有多台操作员站(OS),每台操作员站也可以看作一个子系统。

DCS 的集中性是指集中监视、集中操作和集中管理。

DCS 通信网络和分布式数据库是集中性的具体体现,用通信网络把物理分散的设备构成统一的整体,用分布式数据库实现全系统的信息集成,进而达到信息共享。因此,可以同时在多台操作员站上实现集中监视、集中操作和集中管理。当然,操作员站的地理位置不必强求集中。

2. 自治性和协调性

DCS 的自治性是指系统中的各台计算机均可独立地工作,例如,控制站能自主地进行信号输入和输出、运算和控制;操作员站能自主地实现监视、操作和管理;工程师站的组态功能更为独立,既可在线组态,也可离线组态,甚至可以在与组态软件兼容的其他计算机上组态,形成组态文件后再装入 DCS 的控制站和操作员站运行。

DCS 的协调性是指系统中的各台计算机用通信网络互联在一起,相互传送信息,相互协调工作,以实现系统的总体功能。

3. 灵活性和扩展性

DCS 硬件采用积木式结构,像搭积木那样,可灵活地配置成小、中、大各类系统;另外,还可根据企业的财力或生产要求,逐步扩展系统,改变系统的配置。

DCS 软件采用模块式结构,提供输入、输出、运算和控制功能块,可灵活地组态构成简单、复杂的各类控制系统。另外,还可根据生产工艺和流程的改变,随时修改控制方案,在系统容量允许范围内,只需通过组态就可以构成新的控制方案,而不需要改变硬件配置。

4. 先进性和继承性

DCS 综合了"4C"(计算机、控制、通信和屏幕显示)技术,并随着"4C"技术的发展而发展。也就是说,DCS 硬件采用先进的计算机、通信网络和屏幕显示;软件采用先进的操作系统、数据库、网络管理和算法语言;算法采用自适应、预测、推理、优化等先进控制算法,建立生产过程数学模型和专家系统。

　　DCS自问世以来,更新换代比较快,几乎一年一更新。当出现新型DCS时,老DCS作为新DCS的一个子系统继续工作,新、老DCS之间还可互相传递信息。这种DCS的继承性,给用户消除了后顾之忧,不会因为新、老DCS之间的不兼容,给用户带来经济上的损失。

5. 可靠性和适应性

　　DCS的分散性带来系统的危险分散,提高了系统的可靠性。DCS采用了一系列冗余技术,如控制站主机、I/O板、通信网络和电源等均可双重化,而且采用热备份工作方式,自动检查故障,一旦出现故障立即自动切换,并且可以带电更换(热插拔)功能部件。DCS安装了故障诊断与维护软件,实时检查系统的硬件和软件故障,并采用故障屏蔽技术,使故障影响尽可能小。

　　DCS采用高性能的电子器件、先进的制造工艺和各项抗干扰技术,可使DCS能够适应恶劣的工作环境。DCS设备的安装位置可适应生产装置的地理位置,尽可能满足生产的需要。DCS的各项功能可适应现代化大生产的控制和管理需求。

6. 友好性和新颖性

　　DCS为操作人员提供了友好的可视化人机界面(MMI)。操作员站采用彩色LCD和交互式图形画面,常用的画面有总貌、组、点、趋势、报警、操作指导和流程图画面等。采用图形窗口、操作热点、专用键盘、鼠标等,使得操作简便。

　　DCS的新颖性主要表现在人机界面,采用动态画面、工业电视、合成语音等多媒体技术,图文并茂,形象直观,使操作人员有身临其境之感。

　　以上归纳了DCS 6方面的特点和优点,后面的章节将会详细论述,让读者全面了解DCS。

6.2　DCS的体系结构

　　尽管不同DCS产品在硬件的互换性、软件的兼容性、操作的一致性上很难达到统一,但从其基本构成方式和构成要素来分析,仍然具有相同或相似的体系结构。本节介绍DCS的层次结构和网络结构,以便读者了解和认识DCS。

6.2.1　DCS的层次结构

　　DCS按功能分层的层次结构,充分体现了其分散控制和集中管理的设计思想。DCS的基本构成是直接控制层和操作监控层,另外可以扩展生产管理层和决策管理层,构成控制和管理的一体化系统,如图6.4所示。

1. 直接控制层

　　直接控制层是DCS的基础,其主要设备是控制站(CS),控制站的功能是输入、输出、运算、控制和通信,控制站由主控单元(Master Control Unit,MCU)、输入/输出单元(Input Output Unit,IOU)和电源系统(Power System,PWS)3部分组成。

　　输入/输出单元(IOU)直接与生产过程的信号传感器、变送器和执行器连接,其功能包括两方面:一是采集反映生产状况的过程变量(如温度、压力、流量、料位、成分)和状态变量(如开关或按钮的通或断,设备的启或停),并进行数据处理;二是向生产现场的执行器传送模拟量信号(4~20mA DC)和数字量信号(开或关、启或停)。

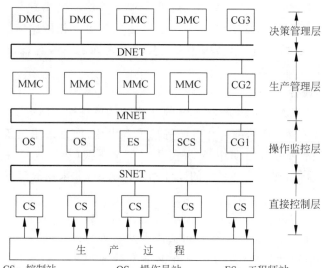

CS: 控制站　　　　　OS: 操作员站　　　　ES: 工程师站
SCS: 监控计算机站　　CG: 计算机网关　　　SNET: 监控网络
MNET: 生产管理网络　DNET: 决策管理网络
MMC: 生产管理计算机　DMC: 决策管理计算机

图 6.4　DCS 的控制和管理一体化系统

主控单元(MCU)下与 IOU 连接,上与监控网络(SNET)连接,其功能包括 3 方面:一是直接数字控制(DDC),即连续控制、逻辑控制和顺序控制等;二是与监控网络(SNET)通信,以便操作监控层对生产过程进行监视和操作;三是进行安全冗余处理,一旦发现硬件或软件故障,就立即切换到备用件,保证系统不间断地安全运行。

电源系统(PWS)提供控制站所需的不同电压等级的电源,以满足各种需要。

2. 操作监控层

操作监控层是 DCS 的中心,其主要设备是操作员站(OS)、工程师站(ES)、监控计算机站(SCS)和计算机网关(CG1),其功能是操作、监视和管理。

操作员站(OS)为 32 位(或 64 位)微型机或工作站,并配置彩色 LCD、操作员专用键盘和打印机等外部设备。其功能是供工艺操作员对生产过程进行监视、操作和管理,具备图文并茂、形象逼真、动态效应的可视化人机界面(MMI)。

工程师站(ES)为 32 位(或 64 位)微型机或工作站,或由操作员站兼用。其功能是供计算机工程师对 DCS 进行系统生成和诊断维护;供控制工程师进行控制回路组态、人机界面绘制、报表制作和特殊应用软件编制。

监控计算机站(SCS)为 32 位或 64 位小型机,用来建立生产过程的数学模型,实现高级过程控制策略,实现装置级的优化控制和协调控制;并可以对生产过程进行故障诊断、预报和分析,保证安全生产。

计算机网关(CG1)用作监控网络(SNET)和生产管理网络(MNET)之间相互通信。

3. 生产管理层

生产管理层是 DCS 的扩展层,主要设备是生产管理计算机(Manufactory Management Computer,MMC),一般由一台中型机和若干台微型机组成。

该层处于工厂级,根据订货量、库存量、生产能力、生产原料和能源供应情况及时制订全厂的生产计划,并分解落实到生产车间或装置;另外还要根据生产状况及时协调全厂的生产,进行生产调度和科学管理,使全厂的生产始终处于最佳状态,并能应付不可预测的事件。

计算机网关(CG2)用作生产管理网络(MNET)和决策管理网络(DNET)之间相互通信。

4. 决策管理层

决策管理层是 DCS 的扩展层,主要设备是决策管理计算机(Decision Management Computer,DMC),一般由一台大型机、几台中型机、若干台微型机组成。

该层处于公司级,管理公司的生产、供应、销售、技术、计划、市场、财务、人事、后勤等部门。通过收集各部门的信息,进行综合分析,实时做出决策,协助各级管理人员指挥调度,使公司各部门的工作处于最佳运行状态。另外还协助公司管理人员制订中长期生产计划和远景规划。

计算机网关(CG3)用作决策管理网络(DNET)和其他网络之间相互通信,即企业网和公共网络之间的信息通道。

目前世界上有多种 DCS 产品,具有定型产品供用户选择的一般仅限于直接控制层和操作监控层。其原因是下面两层有通用的输入、输出、控制、操作和监控模式,而上面两层的体系结构因企业而异,生产管理与决策管理方式也因企业而异,因而上面两层要针对各企业的要求分别设计和配置系统。

6.2.2　DCS 的网络结构

DCS 采用层次化网络结构,基本构成是监控网络(SNET),根据控制和管理一体化的需要,可以扩展生产管理网络(MNET)和决策管理网络(DNET),如图 6.4 所示。

1. 监控网络

监控网络(SNET)是 DCS 网络的基础,具有良好的实时性、快速的响应性、极高的安全性、环境的适应性、网络的互联性和网络的开放性等特点。一般选用工业以太网(Ethernet),传输介质为同轴电缆或光缆,传输速率为 10~100Mbps,传输距离为 1~5km。

2. 生产管理网络

生产管理网络(MNET)处于工厂级,覆盖全厂的各个网络节点。一般选用工业以太网(Ethernet),传输介质为同轴电缆或光缆,传输速率为 100 ~ 1000Mbps,传输距离为 5~10km。

3. 决策管理网络

决策管理网络(DNET)处于公司级,覆盖全公司的各个网络节点。一般选用工业以太网(Ethernet),传输介质为同轴电缆或光缆,传输速率为 100 ~ 1000Mbps,传输距离为 10~50km。

本章小结

DCS 综合了仪表分散控制和计算机集中控制的优点,采用分散控制和集中管理的设计思想,分而自治和综合协调的设计原则。

　　DCS综合了计算机、通信、屏幕显示和控制技术,简称"4C"技术,DCS的发展与"4C"技术的发展密切相关。

　　DCS的特点和优点主要体现在分散性和集中性、自治性和协调性、灵活性和扩展性、先进性和继承性、可靠性和适应性、友好性和新颖性6方面。

　　DCS采用层次化体系结构,基本构成是直接控制层和操作监控层,还可以扩展生产管理层和决策管理层;相应的基本网络是监控网络(SNET),另外可以扩展生产管理网络(MNET)和决策管理网络(DNET),从而构成控制和管理的一体化系统。

第7章

CHAPTER 7

DCS 的控制站

控制站(CS)是 DCS 的基础,直接与生产过程的信号传感器、变送器和执行器连接,具有信号输入、输出、运算、控制和通信功能。控制站的硬件主要由输入/输出单元(IOU)、主控单元(MCU)和电源系统(PWS)3 部分组成。控制站的软件可分为系统软件和应用软件两部分,其中应用软件的用户表现形式是各类功能块,一般有输入功能块、输出功能块、运算功能块、连续控制功能块、逻辑控制功能块和顺序控制功能块。功能块是 DCS 应用的基础,在工程师站组态软件的支持下,对功能块组态即可构成控制回路或控制策略,再下装到控制站(CS)中运行,如图 1.12 所示。因此,只有彻底理解每个功能块,才能灵活运用,充分发挥控制站的功能。本章介绍控制站的硬件和软件。

7.1 DCS 控制站的硬件

DCS 控制站硬件主要由输入/输出单元(IOU)、主控单元(MCU)和电源系统(PWS)3 个部分组成,如图 7.1 所示。输入/输出单元(IOU)是控制站的基础,由各种类型的输入/输出(AI、AO、DI、DO、PI、SI 等)功能模板或模块组成;主控单元(MCU)是控制站的核心,由控制运算处理器、输入/输出处理器、通信处理器和冗余处理器模板或模块组成;电源系统(PWS)是控制站的能源,提供控制站所需的不同电压等级的电源。控制站的模板或模块可以带电插拔(热插拔),更换维护方便。控制站模块的排列方式分为平行集中排列(见图 7.1(c))和倾斜分散排列(见图 7.1(d)),前者采用总线母板连接模块,后者采用输入输出网络

微课视频 36

微课讲解 36

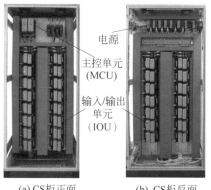

电源

主控单元
(MCU)

输入/输出
单元
(IOU)

(c) 平行集中排列

(a) CS柜正面　　　　(b) CS柜反面　　　　(d) 倾斜分散排列

图 7.1　控制站的硬件结构示例

(IONET)或输入输出总线(IOBUS)连接模块;前者散热效果一般,后者散热效果较好。本节主要介绍控制站的主控单元(MCU)和输入/输出单元(IOU)。

7.1.1　DCS 控制站的主控单元

微课视频 37

微课讲解 37

课件视频 55

主控单元(MCU)是控制站的核心,亦称控制站的主机或主处理器,主要由控制运算处理器、输入/输出处理器、通信处理器和冗余处理器组成。既可以分别采用 4 个处理器协同完成相关功能,也可以采用具有综合功能的 1 个处理器完成相关功能,两个 MCU 互为冗余,即 MCU1 和 MCU2 互为备用,如图 7.2 所示。

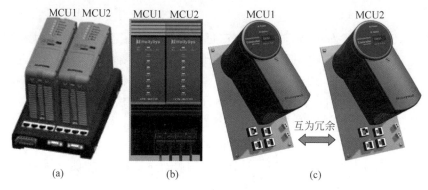

图 7.2　主控单元(MCU)示例

1. MCU 的组成

典型的主控单元(MCU)组成原理框图如图 7.3 所示,主要由以下几部分组成:

控制运算处理器的功能是控制和运算,实现控制算法或控制策略,对生产过程实施监视和控制。

输入/输出处理器通过输入输出网络(IONET)与输入/输出单元(IOU)交换 I/O 信息,并实时处理 I/O 信息。

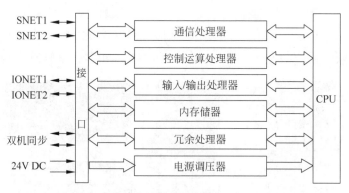

图 7.3　典型的主控单元(MCU)组成原理框图

通信处理器是控制站与监控网络(SNET)之间的通信接口,实现控制站与 SNET 之间的信息交换。

冗余处理器承担控制站的互为冗余的 MCU1 和 MCU2 的双机同步、故障分析和切换功能。

内存储器有各类存储芯片,固态盘(SSD)用于保存实时操作系统、控制算法软件和应用软件等,静态存储器(SRAM)用于保存运行过程中产生的实时数据。

电源调压器将输入24V DC变换成各类芯片所需的电源电压等级,满足各种需要。

2. MCU 的冗余

控制站中两个MCU互为冗余,即MCU1和MCU2互为备用,其中一个处于正常工作状态,另一个处于热备用状态,并具有自动诊断和自动切换的功能,当主MCU发生故障时,后备MCU立即同步投入运行,并实现无扰动切换。如图7.2(a)、(b)、(c)所示,分别为3种DCS的主控单元,每种都有两个MCU互为冗余。每个MCU有4个通信接口,其中2个互为冗余对,上连接监控网络(SNET),如图6.1和图7.7所示;另外2个互为冗余对,下连接输入/输出网络(IONET)或输入/输出总线(IOBUS),如图7.7所示。

3. MCU 的 I/O 容量

I/O容量是指每个MCU或控制站含有多少种类的I/O模块(AI、AO、DI、DO、RTD、TC、PI等)以及能装载多少个I/O模块,由于每个I/O模块的I/O点数是固定的,所以可以计算出每个MCU容纳的最多I/O点数。例如,某个MCU可以配置的I/O模块数量最多为128个,若每个I/O模块为8点,则I/O点数为$8\times128=1024$点;若每个I/O模块为16点,则I/O点数为$16\times128=2048$点。

I/O容量取决于MCU控制器的性能、内存储器容量以及IONET性能等诸多因素。上述I/O点数(1024或2048)是硬点数,每个I/O硬点对应一个I/O软点或I/O功能块,也就是对应一张功能块参数表(见表4.2.1),每个I/O功能块参数表对应内存储器中一块存储区,所以I/O容量取决于内存储器容量。每种I/O功能块还有相应的I/O软件,I/O软件运行还要占用CPU资源,所以I/O容量还要取决于CPU性能。

4. MCU 的算法容量

算法容量是指每个MCU或控制站含有多少种类的算法以及能装载多少个算法块,也就是可以配置多少个连续控制功能块、逻辑控制功能块、顺序控制功能块、运算功能块。例如,某个MCU最多配置256个PID控制功能块,用户可以将其组态成256个单回路或128个串级控制回路。每个算法功能块对应一张参数表,例如PID控制功能块对应表2.1.1。每个算法功能块参数表对应内存储器中一块存储区,所以算法容量取决于内存储器容量。每种算法还有相应的算法软件,算法软件运行还要占用CPU资源,所以算法容量还要取决于CPU性能。

算法容量要受限于MCU中3类器件的容量:一是固态盘(SSD)的容量,用于保存算法软件;二是内存储器容量,用于保存算法参数表;三是掉电保持SRAM的容量,用于保存算法运行过程中产生的实时数据。这3个容量中只要任何一个被突破,一般MCU就会报警提示,严重的甚至会死机。

5. MCU 的控制周期

MCU或控制站的控制周期是指每执行一次完整的数据输入、控制算法、数据输出和网络通信所需的时间,也就是说,每一个执行循环MCU需要依次完成的数据输入、控制算法、数据输出和网络通信4个任务。MCU的控制周期长短取决于这4个任务的大小,以及控制算法的复杂程度。

MCU或控制站的控制周期一般可以由用户设定,例如,50ms、100ms、200ms、500ms、

1s、2s 等。某些 MCU 或控制站还允许用户单独设定控制回路的执行周期,例如,某温度控制回路的执行周期为 1s,压力控制回路的执行周期为 500ms,这种方式更具灵活性,并能有效利用 MCU 的资源。

7.1.2 DCS 控制站的输入/输出单元

微课视频 38

微课讲解 38

课件视频 56

输入/输出单元(IOU)是控制站的基础,直接与生产过程的输入/输出信号连接,由各种类型的模拟量输入(AI)、数字量输入(DI)、模拟量输出(AO)、数字量输出(DO)、脉冲量输入(PI)和串行接口(SI)模板或模块组成。

每个 I/O 模板或模块主要由信号端子(Signal Terminal Card,STC)、信号调整(Signal Conditioner Card,SCC)和 I/O 处理(Input Output Processor,IOP)组成,如图 7.4(a)结构框所示。其中 STC 用作信号接线,SCC 用作信号隔离、放大或驱动,IOP 用作信号变换和数据处理,其实物如图 7.4(b)~(d)所示。对于重要的输入/输出信号,可采用冗余 I/O 模板或模块,即两块 I/O 同时工作,并具有自动诊断和自动切换的热备份功能,如图 7.4(b)所示。

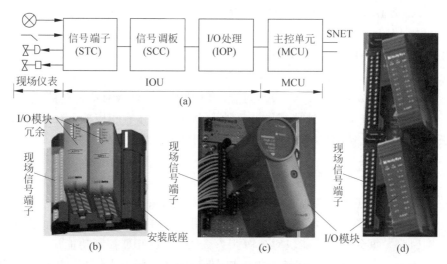

图 7.4 输入/输出单元(IOU)示例 1

I/O 模块提供以下 3 种安装接线方式:

第一种是 I/O 模块和底座连体安装在机柜内,底座上提供接线端子,如图 7.4(b)~(d)所示。

第二种是 I/O 模块与底座分离,中间有转接电缆线,两者既可以安装在同一机柜内,也可以安装在不同机柜内,底座上提供接线端子,如图 7.5 所示,其中图 7.5(a)和图 7.5(b)为输入模块(AI 或 DI),用来连接现场传感器或变送器;图 7.5(c)和图 7.5(d)为输出模块(AO 或 DO),用来连接现场执行器。

第三种是 I/O 模块和底座连体安装在 DIN 导轨上,既可以安装在机柜内,也可以安装在支架上,底座上提供接线端子,如图 7.6 所示。

主控单元(MCU)和输入/输出单元(IOU)之间连接方式有两种:一种是通过总线母板连接,功能模板或功能模块插入总线母板,如图 7.1(c)所示;另一种是通过输入输出网络

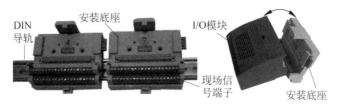

图 7.5　输入/输出单元(IOU)示例 2

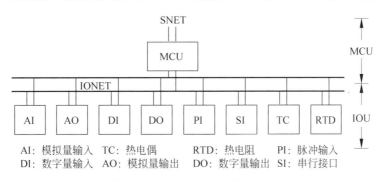

图 7.6　输入/输出单元(IOU)示例 3

(IONET)或输入输出总线(IOBUS)互连,并且冗余配置,如图 7.7 和图 7.1(d)所示;主控单元(MCU)提供冗余通信接口,如图 7.2 所示。由于采用 IONET 或 IOBUS,输入/输出单元(IOU)既可以与主控单元(MCU)安装在同一个机柜里,如图 7.1 所示;也可以远离MCU,直接安装在生产现场,亦称为远程 I/O,这样既节省信号线,又便于安装调试。

图 7.7　输入/输出网络(IONET)

I/O 模板或模块的输入输出信号来自现场仪表,如图 7.8 所示,例如,温度、压力、流量、物位、成分变送器,热电偶,热电阻,气动、电动调节阀,开关接点,继电器接点等。变送器输出电流信号 4~20mA DC,分为 4 线制变送器和 2 线制变送器,前者是电源线 2 根以及信号线 2 根,后者电源线和信号线合用 2 根;前者是自供电(24V DC),后者是控制站供电(24V DC)。

常用的 I/O 模板或模块如下:

(1) 模拟量输入板:信号为 4~20mA DC、0~5V DC,来自变送器,如图 7.8(a)、(b)、(c)所示。

(2) 热电偶输入板:信号为 S、B、R、K、T、E、J 等热电偶。

(3) 热电阻输入板:信号为 Pt100,Cu50 等热电阻。

(4) 脉冲输入板:信号为方波或正弦波。

(a) 温度变送器　　(b) 压力变送器　　(c) 物位变送器　　(d) 气动调节阀　　(e) 电动调节阀

图 7.8　现场仪表示例

（5）开关量输入板：信号为接点或电平，来自开关或按钮接点、继电器接点。

（6）模拟量输出板：信号为 4～20mA DC、0～5V DC，输出给调节阀，如图 7.8(d) 和图 7.8(e) 所示。

（7）开关量输出板：信号为接点或脉宽。

（8）通信接口板：支持 RS-232、RS-422、RS-485 等。

7.2　DCS 控制站的软件

控制站的软件分为系统软件和应用软件两类，系统软件包括实时操作系统和通信网络软件，应用软件包括输入、输出、控制和运算软件。控制站不同于一般的计算机，既无磁盘和键盘，也无屏幕显示器，只能由工程师站通过监控网络（SNET）向其下载系统软件和应用软件，一旦装载完毕立即自启动，并能独立工作。

控制站应用软件的用户表现形式是各类功能块。在工程师站组态软件支持下，用户选用所需的功能块，组态构造所需的控制回路或控制策略，并形成组态文件，再把该文件通过监控网络（SNET）下装到控制站，在控制站执行功能块，达到控制目的。换言之，控制回路的组态在工程师站进行，控制回路的运行或功能块的运行在控制站进行，如图 1.12 所示。本节介绍运算功能块、控制功能块、输入功能块和输出功能块，并不涉及具体的语言编程。

课件视频 57

7.2.1　DCS 控制站的运算控制软件

DCS 控制站的运算控制软件的用户表现形式是运算功能块和控制功能块。在工程师站组态软件支持下，对每个运算功能块和控制功能块进行定义，填写参数表，形成组态文件，再通过监控网络（SNET）下装到控制站执行，每个功能块对应一张参数表并有相应的执行软件。本节分类介绍运算功能块和控制功能块。

1. 连续运算功能块

常用的连续运算功能块分为代数运算、信号选择、数据选择、数值限制、报警检查、计算公式和传递函数功能块 7 类。

每个连续运算功能块对应一种算法、程序及参数表，算式中 X 为输入信号、Y 为输出信号，并有相应的功能块组态图，如图 4.5 所示。图内有算法名和工位号，图左侧有输入信号端 X，图右侧有输出信号端 Y。运算功能块的输入信号源有 AUTO（自动）、MAN（手动）和 PRO（程序）3 种选择。正常情况下处于 AUTO 方式，调试阶段处于 MAN 方式。若信号来自程序,则处于 PRO。由此可见,连续运算功能块的实体是算法、程序及参数表。

★关于连续运算功能块的详细内容,请见第 4 章及参考文献[1]~[4]。

2. 控制功能块

DCS 控制站的控制软件分为连续控制、逻辑控制和顺序控制 3 类,这些控制软件的用户表现形式是控制功能块。其中连续控制软件的用户表现形式是功能块图,逻辑控制软件的用户表现形式是逻辑梯形图、逻辑功能块图和逻辑指令表,顺序控制软件的用户表现形式是顺序功能块图。

1) 连续控制功能块

在连续生产过程中,PID 控制是应用最为广泛的一种控制算法。在组态软件的支持下,以 PID 控制块为核心,再配置所需的输入、输出和运算功能块组成典型控制回路,常用的有单回路、串级、前馈、比值、选择性、分程、纯迟延补偿、解耦控制回路等。第 2 章介绍了这些典型控制回路的功能块图组成,如图 2.52~图 2.56 所示。连续控制已在第 1 篇的有关章节作了叙述,不再赘述。

★关于连续控制功能块的详细内容,请见第 4 章及参考文献[1]~[4]。

2) 逻辑梯形图

逻辑梯形图如图 4.2(a)所示,在组态软件支持下,用接点、线圈、功能器件(定时器、计数器)和连线等构成逻辑梯形图,实现逻辑控制功能。其优点是既直观形象,又简便易懂。

★关于逻辑梯形图的详细内容,请见第 4 章及参考文献[1]~[4]。

3) 逻辑功能块

逻辑功能块图如图 4.3 所示,在组态软件支持下,逻辑算法用逻辑功能块来描述,左边为输入,右边为输出,块内符号(AND、OR、XOR、NOT 等)为算法名。

★关于逻辑功能块的详细内容,请见第 4 章及参考文献[1]~[4]。

4) 逻辑指令表

逻辑梯形图和逻辑功能块图的共同点是用图形来表示逻辑运算,也可以用指令来描述逻辑运算,多条指令形成逻辑指令表。例如,图 4.2 或图 4.3 对应的逻辑指令表,详细内容见 4.1.1 节。

★关于逻辑指令表的详细内容,请见第 4 章及参考文献[1]~[4]。

5) 顺序功能块

顺序功能块是按照预定的顺序步(step)进行运算控制,用步框(step)、步命令框和步前进条件描述顺序控制过程,它的输入输出信号是逻辑信号(通或断,开或关,ON 或 OFF,1 或 0)。例如,图 4.4(b)所示的反应罐顺序控制。

★关于顺序功能块图的详细内容,请见第 4 章及参考文献[1]~[4]。

7.2.2　DCS 控制站的输入/输出软件

DCS 控制站的输入输出软件的用户表现形式是输入(AI、DI)功能块和输出(AO、DO)功能块。这些 I/O 功能块与模拟量输入(AI)、数字量输入(DI)、模拟量输出(AO)和数字量输出(DO)信号点一一对应。在工程师站组态软件支持下,对每个输入/输出功能块进行定义,填写参数表,形成组态文件,再通过监控网络(SNET)下装到控制站运行,每个 I/O 功能块对应一张参数表及输入输出模板上的一个物理信号点。本节介绍模拟量输入(AI)和数

课件视频 58

字量输入(DI)功能块,模拟量输出(AO)和数字量输出(DO)功能块。

1. 输入功能块

输入功能块与输入模板(或模块)信号点一一对应,若输入模板有 m 个输入信号点,则对应 m 个输入功能块。两者的区别在于输入模板信号点是硬件,输入功能块是软件,后者可供用户组态。输入功能块对来自输入模板的物理信号进行处理,形成实时数据库的数据,供系统共享。通过组态给输入功能块定义工位号(tag name),还要定义输入信号量程、单位、报警限值和处理方式等。输入功能块的各项参数以"工位号.参数名"的形式呈现在用户面前。输入功能块存在的表现形式是功能块组态图及功能块参数表(见表4.2.1)。下面介绍模拟量输入(AI)功能块和数字量输入(DI)功能块。

1) 模拟量输入功能块

模拟量输入功能块与模拟量输入模板或模块信号点一一对应。例如,图4.7所示的AI模板有8个输入信号点 $AI_1 \sim AI_8$,分别对应了8个模拟量输入功能块 PT121,LT122,$\cdots$,FT128。采用图形组态方式时,模拟量输入功能块的右侧 OV 为信号输出端。输入功能块的变量名为"工位号.参数名",用户按此方式引用。例如,压力输入信号 AI_1 为 PT121. OV,流量输入信号 AI_8 为 FT128. OV。常用的模拟量输入可分为高电平输入($4 \sim 20 \text{mA DC}$)、热电偶或 mV DC 输入和热电阻输入。

(1) 高电平模拟量输入功能块。

高电平模拟量输入功能块的内部结构及其功能如图4.8所示,具体介绍见4.2.1节,表4.2.1是AI功能块参数表。

(2) 热电偶或 mV DC 输入功能块。

热电偶(Thermocouple,TC)或 mV DC 输入功能块的内部结构包括数字滤波、信号检查、冷端补偿、线性化、量程变换、报警检查等。详细内容见参考文献[1]～[4]。

(3) 热电阻输入功能块。

热电阻(Resistance Temperature Device,RTD)输入功能块的内部结构包括数字滤波、信号检查、线性化、量程变换、报警检查等。详细内容见参考文献[1]～[4]。

2) 数字量输入功能块

数字量输入功能块与数字量输入模板或模块信号点一一对应。例如,图4.10所示的DI模板有8个输入信号点 $DI_1 \sim DI_8$,分别对应了8个数字量输入功能块 SW121,SW122,$\cdots$,SW128。采用图形组态方式时,数字量输入功能块的右侧 OV 为信号输出端。输入功能块的变量名为"工位号.参数名",用户按此方式引用。例如,开关输入信号 DI_1 为 SW121. OV,开关输入信号 DI_8 为 SW128. OV。

数字量输入(DI)功能块的内部结构及其功能如图4.11所示,具体介绍见4.2.1节。

输入功能块的实体是 AI、DI 模板、AI、DI 软件及 AI、DI 功能块参数表,功能块参数表的物理实现是内存中一段数据区。在监控组态软件环境下,用户只需按要求填写功能块参数表(类似于表4.2.1),而不必关心功能的具体实现,一切由输入软件来完成。

★关于输入功能块的详细内容,请见第4章及参考文献[1]～[4]。

2. 输出功能块

输出功能块与输出模板或模块信号点一一对应,若输出模板有 m 个输出信号点,则对应 m 个输出功能块。两者的区别在于输出模板信号点是硬件,输出功能块是软件,后者可供用户组态。输出功能块对来自实时数据库的数据进行处理,再送到输出模板的对应通道输出物理信号。通过组态给输出功能块定义工位号(tag name),还要定义输出信号的高限值、低限值和输出方式等。输出功能块的各项参数以"工位号.参数名"的形式呈现在用户面前。输出功能块存在的表现形式是功能块组态图及功能块参数表(类似于表 4.2.1)。下面介绍模拟量输出(AO)功能块和数字量输出(DO)功能块。

1) 模拟量输出功能块

模拟量输出功能块与模拟量输出模板或模块信号点一一对应。例如,图 4.12 所示的模拟量输出模板有 8 个输出信号点 $AO_1 \sim AO_8$,分别对应了 8 个模拟量输出功能块 PV121,LV122,…,FV128。采用图形组态方式时,模拟量输出功能块的左侧 IV 为信号输入端,右侧 OV 为信号输出端。输出功能块的信号名为"工位号.参数名",例如,压力控制信号 AO_1 为 PV121.OV、流量控制信号 AO_8 为 FV128.OV。

模拟量输出(AO)功能块的内部结构及其功能如图 4.13 所示,具体介绍见 4.2.2 节。

2) 数字量输出功能块

数字量输出功能块与数字量输出模板或模块信号点一一对应。例如,图 4.16 所示的数字量输出模板有 8 个输出信号点 $DO_1 \sim DO_8$,分别对应了 8 个数字量输出功能块 DV121,DV122,…,DV128。采用图形组态方式时,数字量输出功能块的左侧 IV 为信号输入端,右侧 OV 为信号输出端。输出功能块的信号名为"工位号.参数名",例如,开关输出信号 DO_1 为 DV121.OV、开关输出信号 DO_8 为 DV128.OV。

数字量输出(DO)功能块的内部结构及其功能如图 4.17 所示,具体介绍见 4.2.2 节。

输出功能块的实体是 AO、DO 模板、AO、DO 软件及 AO、DO 功能块参数表,功能块参数表的物理实现是内存中一段数据区。在监控组态软件环境下,用户只需按要求填写功能块参数表(类似于表 4.2.1),而不必关心功能的具体实现,一切由输出软件来完成。

★关于输出功能块的详细内容,请见第 4 章及参考文献[1]~[4]。

本章小结

控制站(CS)是 DCS 的基础,具有输入、输出、运算、控制和通信功能。本章介绍了控制站的硬件和软件。

控制站的硬件主要由输入/输出单元(IOU)、主控单元(MCU)和电源系统(PWS)3 部分组成。主控单元(MCU)是控制站的核心,主要由控制处理器、输入/输出接口处理器、通信处理器和冗余处理器模板或模块组成。输入/输出单元(IOU)是控制站的基础,由各种类型的模拟量输入(AI)、数字量输入(DI)、模拟量输出(AO)、数字量输出(DO)、脉冲量输入(PI)和串行接口(SI)模板或模块组成。

控制站的软件分为系统软件和应用软件。系统软件包括实时操作系统和通信网络软件,应用软件包括输入、输出、运算和控制软件。应用软件的用户表现形式是各类功能块,常用的输入功能块有模拟量输入(AI)、数字量输入(DI)功能块;常用的输出功能块有模拟量输出(AO)、数字量输出(DO)功能块;常用的连续运算功能块有代数运算、信号选择、数据选择、数值限制、报警检查、计算公式和传递函数功能块;连续控制以 PID 控制功能块为主,还需要有输入功能块、运算功能块和输出功能块相配合;逻辑控制以逻辑梯形图为主,另外还有逻辑功能块图和逻辑指令表;顺序控制用顺序功能块图表示。在工程师站监控组态软件的支持下,用这些功能块构成控制回路,形成组态文件,再下装到控制站运行。

第 8 章

DCS 的操作员站

DCS 的操作员站(OS)的功能是供工艺操作员对生产过程进行监视、操作和管理。操作员站作为 DCS 的人机界面(MMI),为用户提供的画面分为通用画面、专用画面和管理画面3 类。其中通用画面有总貌画面、组画面、点画面、趋势画面、报警画面等,专用画面有主控系统画面、数据采集系统画面、操作指导画面、控制回路画面等,管理画面有操作员操作记录、过程点报警记录、系统设备状态记录、系统设备错误记录、事故追忆记录、系统设备状态、功能块汇总画面等。在工程师站组态软件的支持下,用户首先绘制和组态画面,再将画面文件下装到操作员站运行,供工艺操作员对生产过程进行监视、操作和管理,如图 1.12 所示。本章首先介绍操作员站的硬件,然后叙述这几类画面。

8.1 DCS 操作员站的硬件

微课视频 39

微课讲解 39

操作员站(OS)的硬件由主机设备和外部设备组成。其中主机设备有主机、外存储器、显示器(LCD)、键盘、鼠标、通信板卡等,外部设备有打印机、专用键盘和辅助操作台。一般选用个人计算机(PC)或工作站,采用台式和落地式两种结构。

8.1.1 DCS 操作员站的主机设备

课件视频 59

操作员站(OS)的主机为 32 位或 64 位微型机或工作站,内存(5GB 以上)、硬盘驱动器(500GB 以上)、光盘驱动器等。LCD 的主要性能指标是屏幕 22 英寸或更大,分辨率为1280×1024 或更高,一台主机配一台或两台 LCD。

由于个人计算机(PC)硬件和软件的通用性、兼容性以及性能价格比的优势,使得 PC 成为操作员站的主流机型。操作员站采用台式和落地式两种结构,如图 8.1 所示。

(a) 落地式　　　　　　　　　　　(b) 台式

图 8.1　操作员站的结构示例

8.1.2　DCS 操作员站的外部设备

操作员站(OS)的外部设备有打印机、专用键盘和辅助操作台。专用键盘采用形象直观的图形符号键和功能键。其中,功能键供用户定义,例如定义所对应的画面,按下键即可调出对应的画面;画面滚动键,对画面进行上、下或左、右移动;数据输入键,类似于普通标准键盘的数字、符号键;报警确认键,用于对报警点的确认。关于专用键盘的详细内容,请见参考文献[1]~[4]。

操作员站配置点阵式、喷墨式和激光式打印机,其中点阵式打印机用折叠式打印纸,适用于随机报警和事故打印。

辅助操作台是针对某个生产过程而特制的,配置各种专用操作开关、按钮、显示器和报警器等。

8.2　DCS 操作员站的画面

操作员站的画面反映了被控对象的实际运行状态,供工艺操作员实时调整参数、启停设备、操作阀门和处理事件等,为操作员提供了形象直观、图文并茂、友好简便的操作监控环境。本节介绍工艺操作员常用的通用画面、专用画面和管理画面。

微课视频 40

8.2.1　DCS 操作员站的通用画面

操作员站常用的通用画面有总貌画面、组画面、点画面、趋势画面和报警画面,这些画面的画面格式、动态数据、操作方式、静态图形和动态图形已由系统软件规定了,用户可以直接使用或通过简单的组态定义即可使用。

微课讲解 40

1. 总貌画面

总貌画面汇集了数十个至数百个点或功能块的状态,用文字、颜色和符号简要形象地描述每个点,如用红色 A 闪烁表示被控量(PV)处于报警(Alarm)状态,用红色 M 表示控制回路处于手动(MAN)状态,用黄色 F 表示信号处于故障(Fail)状态。操作员通过总貌画面了解重要控制回路和关键信号点的工作状态,以便及时处理有关事件。总貌画面格式因 DCS 而异,详细内容请见参考文献[1]~[4]。

微课视频 41

2. 组画面

组画面汇集了 PID 控制功能块和 I/O 功能块,一般为 8 个或 12 个功能块,如图 8.2所示,汇集了 12 个 PID 控制功能块,并用数字、文字、光柱、颜色和符号形象地描述,可以模仿常规仪表面板。例如,用红、绿、蓝光柱(棒图)分别表示被控量(PV)、设定量(SV)、控制量(MV),并用红、绿、蓝数字表示相应的数值;用文字表示 PID 控制回路的状态,如AUTO(自动)、MAN(手动)、CAS(串级)等;用红色方框表示开关点为 ON(接通)状态,用绿色方框表示开关点为 OFF(断开)状态。操作员通过组画面可以实施主要的操作,在AUTO(自动)状态下改变设定量(SV)、改变控制回路的状态(MAN、AUTO、CAS)、在MAN(手动)状态下改变控制量(MV)。组画面格式因 DCS 而异,详细内容请见参考文献[1]~[4]。

微课讲解 41

课件视频 60

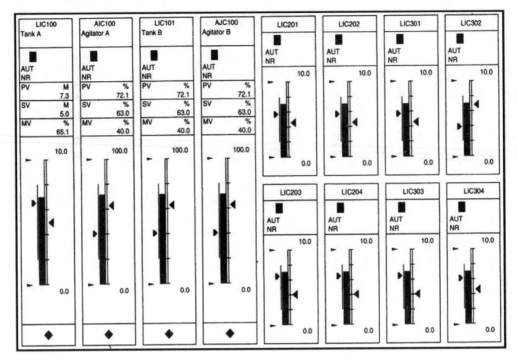

图 8.2　组画面

3. 点画面

点画面给出了该点或功能块的全部参数,例如,显示 PID 控制功能块的参数(见表 2.1.1),显示 AI 功能块的参数(见表 4.2.1)。不同的 DCS 有不同的点画面,而同一 DCS 的不同点也有不同的点画面。点画面格式因 DCS 而异,详细内容请见参考文献[1]~[4]。

4. 趋势画面

趋势画面用曲线描述过程参数,并将数据存入硬盘保存。趋势显示包括实时趋势和历史趋势两种,将实时趋势曲线存入硬盘后,当需要时再调出来显示就成为历史趋势曲线。历史趋势时间的长短,取决于硬盘存储容量及采样周期。趋势显示画面因 DCS 而异,详细内容请见参考文献[1]~[4]。

5. 报警画面

报警画面汇集多点报警信息,以文字、符号、颜色、闪光等形式来表示报警状态及操作员处理报警事件的方式。不同的 DCS 有不同的报警画面,即使同一 DCS 也有几种报警画面。报警画面因 DCS 而异,详细内容请见参考文献[1]~[4]。

8.2.2　DCS 操作员站的专用画面

课件视频61

专用画面是指控制工程师用 DCS 提供的绘图软件,根据工艺操作、监视和管理的需要,自行绘制的画面。不同的生产过程有不同的专用画面或工艺流程图画面,这些画面由各种图素、文字和数据等组合而成,用来模拟实际的物理装置和控制系统,不仅有静态图形,而且有动态图形,给人以直观形象和身临其境的感觉。工艺流程图画面形式因生产装置而异,即使同一生产装置,不同的人也可能绘制出不同风格的画面。其操作方式、色彩调配、数据显示、报警方式、画面调用等都需要认真设计,才能绘出一幅实用、协调、美观及动静感搭配合理的画面。操作员站常用的专用画面有主控系统(Master Control System,MCS)画面、数据采集系统(Data Acquisition System,DAS)画面、操作指导画面和控制回路画面等。

1. 主控系统画面

主控系统(MCS)画面或工艺流程图画面上不仅有生产设备、工艺管线和仪表阀门,而且有PID控制回路、操作按钮或开关,另外还有工艺参数和操作参数,这些参数既有用数字显示的,也有用模拟仪表显示的。

例如,图8.3是作者用中国制造DCS应用于某火力发电机组的MCS画面之一,该图是锅炉给水系统操作显示画面,从上到下分为标题区、调用区和图形区3部分。为了展示清楚,作者为图8.3画面去除了背景色。

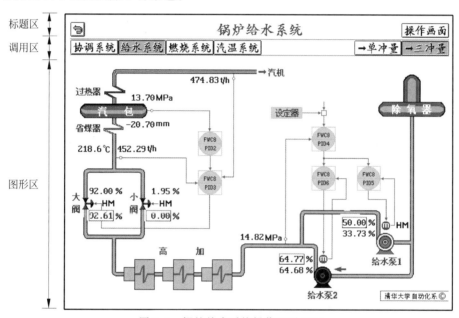

图 8.3　锅炉给水系统操作显示画面

标题区中间显示画面名字,左侧和右侧两个按钮分别为"总画面"和"操作画面"调用按钮,即从当前画面返回总画面及操作画面,总画面中有各类画面调用按钮,每类画面又有子画面的调用画面,"操作画面"就是其中的一类。

调用区中有与当前画面同类的其他子画面的调用按钮,例如,当前画面是锅炉给水系统的三冲量控制,与其同类的画面还有单冲量、汽温系统、燃烧系统和协调系统的画面。也就是说,通过调用区和标题区的调用按钮,可以进入系统中的任意一幅画面。

图形区是操作显示画面的主体部分,包括设备、管线、阀门、泵、电机、测控点、PID控制器等,供工艺操作员操作监视用。单击PID控制器可以调出其操作显示窗口(见图4.19),通过此窗口可以进行与其有关的各种操作。例如,改变工作状态,即自动(AUTO)、手动(MAN)、串级(CAS)和跟踪(TRACK);在自动状态下修改设定量(S),在手动状态下改变控制量(O);单击"整定"按钮进入点画面,可以调整PID参数;详见4.3.1节。

主控系统(MCS)画面或工艺流程图画面给人以直观形象和身临其境之感觉,采用了窗口(window)技术、工业电视(Industry Television,ITV)技术、语音合成技术、移屏技术等。

窗口技术革新了计算机操作环境。常用的窗口有 PID 控制器窗口(见图 4.19)、仪表面板图、设备启停开关或按钮、操作键盘、参数曲线、报警和帮助信息等,还可以调出总貌、组、点、趋势和报警画面等。

工业电视(ITV)摄像机通过控制器与操作员站连接,在工艺流程图画面上开设 ITV 窗口,该窗口不仅可以显示 ITV 图像,而且可以控制和切换 ITV。

语音合成技术用于操作画面,更加有声有色。在工艺流程图画面上有各种设备的启动和停止、报警和人机对话信息,为了使操作员有身临其境之感,采用语音合成技术,模仿设备的启、停音响,用语音来报警(如"1 号反应器温度过高"),或用语音发出操作命令(如"开 2 号阀,关 3 号阀")。

移屏技术用于操作画面,可以使画面左、右、上、下连续移动,扩大显示范围。例如,采用 4×4 移屏技术,一幅画面等于 16 屏。操作员在任意位置可以左、右、上、下移动,这样就可以连续地观看整幅画面,既有整体感,又方便操作。

2. 数据采集系统画面

数据采集系统(DAS)画面中不仅有设备、管线、仪表、阀门等,而且数字显示点与测控点对应,即实际生产装置上有多少个测控点,DAS 画面上就对应有多少个数字显示点。DAS 画面与上述 MCS 画面的总体结构和布局相似,区别是无 PID 控制回路,一般有少量的开、关设备(泵、电机)的启/停以及截止阀的通/断操作。

例如,图 8.4 是作者用中国制造 DCS 应用于某火力发电机组的 DAS 画面之一,该图是某火力发电机组中汽轮机高、中、低压缸蒸汽系统的相关参数及阀门状态,图中显示各个测点蒸汽温度、压力和流量,并用红色箭头标出蒸汽流向,工艺流程一目了然。操作员通过此画面可以了解汽轮机蒸汽系统的全部参数,为正确操作提供了有关数据。DAS 画面中的数据形象直观地显示在设备及管线上,增加了操作员的操作兴趣。为了展示清楚,作者为图 8.4 画面去除了背景色。

★以上介绍了部分专用画面,更多专用画面和详细内容请见参考文献[1]～[4]。

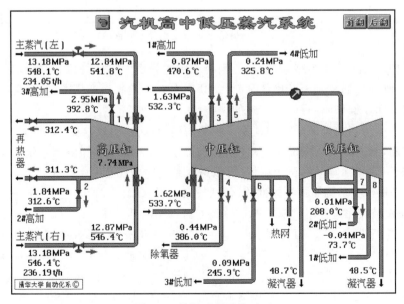

图 8.4　数据采集系统画面

8.2.3　DCS 操作员站的管理画面

DCS 的系统软件实时地将设备运行状况、报警信息、操作信息、错误信息和事故信息等按时间顺序存入硬盘,再以管理画面的形式显示,供操作员随时查阅和打印,便于事件的分析和事故的查找。操作员站常用的管理画面有操作员操作记录、过程点报警记录、系统设备状态记录、系统设备错误记录、事故追忆记录、系统设备工作状态和功能块汇总信息,详细内容请见参考文献[1]~[4]。

1. 操作员操作记录

操作员操作记录,按时间顺序记载了操作员的操作信息。

例如,操作员操作记录画面的某信息行从左到右分成以下 9 项(见图 4.21):

13:52:34,TC2_123,R12_TEMP,SV,121.4,125.0,degC,U2,OS2

下面给出这 9 项信息的具体说明。

(1) 时间:13:52:34。

(2) 工位号:TC2_123,对 PID 控制器 TC2_123 进行了操作。

(3) 设备号:R12_TEMP,12 号反应器的温度。

(4) 参数:SV,PID 控制器 TC2_123 的设定量。

(5) 旧参数:121.4,操作前 SV 值。

(6) 新参数:125.0,操作后 SV 值。

(7) 单位:degC,SV 工程单位(摄氏度)。

(8) 单元:U2,PID 控制器 TC2_123 所属的单元编号。

(9) 站号:OS2,操作员进行操作的操作员站编号。

操作员操作记录画面保存了所有操作信息,一旦发生事故,便于分析事故原因,同时也明确了操作责任,提高了操作管理水平。详细内容请见参考文献[1]~[4]。

2. 过程点报警记录

过程点报警记录,按时间顺序记载了过程点的报警信息。

例如,过程点报警记录画面的某信息行从左到右分成以下 10 项:

Y,01:25:44,LC1_123,T21_LEVEL,LO,LOW,14.3,cm,U1,OS2

下面给出这 10 项信息的具体说明。

(1) 确认:Y,指示操作员对该点的报警有(Y)、无(N)确认或响应。

(2) 时间:01:25:44。

(3) 工位号:LC1_123,报警点的工位号。

(4) 描述:T21_LEVEL,21 号罐的液位。

(5) 类型:LO,报警类型分为下下限(LL)、下限(LO)、高限(HI)和高高限(HH)。

(6) 级别:LOW,报警级别分为低级(LOW)、高级(HIG)和紧急(EMG)。

(7) 参数:14.3,报警参数值。

(8) 单位:cm,报警参数工程单位。

(9) 单元:U1,报警点所属的单元编号。

(10) 站号:OS2,操作员进行确认该点已报警的操作员站编号。

过程点报警记录画面保存了所有报警信息,一旦发生事故,便于分析事故原因,同时记录了操作员有无确认报警,这样可明确操作责任,提高操作管理水平。详细内容请见参考文献[1]～[4]。

★以上介绍了部分管理画面,更多管理画面和详细内容请见参考文献[1]～[4]。

本章小结

操作员站(OS)的硬件由主机设备和外部设备组成。其中主机设备有主机、外存储器、LCD、键盘、鼠标、通信板卡等,外部设备有打印机、专用键盘和辅助操作台。一般选用个人计算机(PC)或工作站,采用台式和落地式两种结构。

操作员站(OS)软件的用户表现形式是画面,一般分为通用画面、专用画面和管理画面3类。其中通用画面有总貌画面、组画面、点画面、趋势画面、报警画面等,专用画面有主控系统画面、数据采集系统画面、操作指导画面、控制回路画面等,管理画面有操作员操作记录、过程点报警记录、系统设备状态记录、系统设备错误记录、事故追忆记录、系统设备状态、功能块汇总画面等。

在工程师站监控组态软件的支持下,用户首先绘制和组态画面,再将画面文件下装到操作员站运行,供工艺操作员对生产过程进行操作、监视和管理。

第 9 章

DCS 的工程师站

DCS 工程师站(ES)的功能是组态和管理。控制站的控制功能,首先是在工程师站上组态生成,然后装入控制站运行,如图 1.12 所示。操作员站的操作画面,首先是在工程师站上组态生成,然后装入操作员站运行,如图 1.12 所示。工程师站组态的主要内容是系统设备组态、控制功能组态和操作画面组态。工程师站管理的主要内容是监视控制站、操作员站、通信网络的运行状态,检索控制站的功能块,分配操作员站的操作权限。本章首先介绍工程师站的硬件和软件,然后叙述工程师站的组态。

9.1 DCS 工程师站的组成

工程师站(ES)由硬件和软件组成。硬件有主机、外存储器、显示器(LCD)、键盘、鼠标、通信板卡和打印机等,一般选用个人计算机(PC)或工作站,也可以用操作员站(OS)兼做工程师站。软件有系统软件和应用软件。

微课视频 42

9.1.1 DCS 工程师站的硬件

工程师站(ES)的主机为 32 位或 64 位微型机或工作站,内存 5GB 以上,硬盘驱动器 500GB 以上,配有光盘驱动器等。LCD 的主要性能要求是:屏幕 22 英寸或更大、分辨率 1280×1024 或更高,如图 9.1 所示。

由于个人计算机(PC)硬件和软件的通用性、兼容性以及性能价格比的优势,使得 PC 成为工程师站的主流机型。

微课讲解 42

图 9.1　工程师站

微课视频 43

9.1.2 DCS 工程师站的软件

工程师站的主要功能是组态和管理,除了系统软件外,应用软件分为组态软件、绘图软件和编程软件 3 类。

微课讲解 43

1. 组态软件

DCS 的组态分为系统组态和应用组态两类,相应的有系统组态软件和应用组态软件。

系统组态软件的功能是建立网络、登记设备、定义系统信息、分配系统功能等,从而将一个物理的 DCS 系统构成一个逻辑的 DCS 系统,便于系统管理、查询、诊断和维护。

应用组态软件的功能是建立功能块,主要有输入功能块、输出功能块、运算功能块、连续

课件视频 63

控制功能块、逻辑控制功能块和顺序控制功能块,并将这些功能块构成控制回路或控制策略,从而实现各种控制功能。应用组态方式分为填表组态方式和图形组态方式。

1) 填表组态方式

填表组态方式是填写输入、输出、运算和控制功能块的参数表,例如表 4.2.1 所示的模拟量输入(AI)功能块参数表、表 2.1.1 所示的 PID 控制块参数表。组态时,用户首先根据控制回路或控制策略确定需要哪些功能块,然后通过菜单选择功能块,在 LCD 屏幕上列出该功能块参数表,利用鼠标和键盘逐项填写参数表,最后将参数表装入控制站运行。

填表组态方式原理简单,但不能为用户提供一个直观形象的组态环境,而且使用不方便。

2) 图形组态方式

图形组态方式采用图形块与窗口参数相结合的形式,它的基本图素是输入、输出、运算和控制功能块,功能块左侧为输入端、右侧为输出端,如图 9.2 所示。

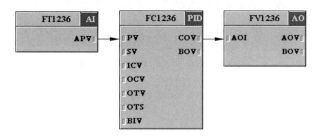

图 9.2　图形组态方式

组态时,用户根据控制回路或控制策略,首先从功能块库中调出所需的输入、输出、运算和控制功能块,摆放在 LCD 屏幕上,再把它们调整到适当位置;然后单击相关功能块的输出端和输入端,自动形成一条连线;最后双击功能块,弹出该功能块的参数表,通过窗口、对话框、选择等逐一填写或选择参数,直观形象。这样得到的组态画面就是"所见即所得"的组态结果,并自动生成组态文件,再把该文件装入控制站运行。

图形组态方式所得到的组态画面上的各个功能块之间的连接关系一目了然,而且属于"所见即所得",如图 9.2 所示。采用图形块与窗口参数相结合的方式,不仅直观形象,而且使用方便。因为人们已经熟悉了窗口技术,更容易掌握图形组态方式,与其相关的窗口、菜单、单击操作等功能也容易被人们掌握。

2. 绘图软件

绘图软件供用户绘制操作员站的通用画面、专用画面和管理画面。绘图软件提供了多种绘图工具和各类标准图素,用来绘制静态图形和动态图形,建立动态点,实时显示过程变量和参数。图形和实时数据配合用来模拟实际的物理装置、测控点和控制回路,再配置声光音响效果、工业电视画面和多媒体功能,给人以直观形象和身临其境的感觉。首先是在工程师站上组态生成通用画面、专用画面和管理画面,然后装入操作员站运行。

3. 编程软件

DCS 提供了专用控制语言(CL)和通用算法语言。除了原语言的基本语法、语句和函数外,还增添了面向过程的语句和函数,编程时可以直接运用功能块或实时数据库中的变量名。用这种语言编程可以实现高级控制算法,提高控制水平;另外,还可以编写优化操作与管理软件,提高操作水平。

课件视频 64

9.2 DCS 工程师站的组态

工程师站的组态过程是先系统组态,后应用组态。组态主要针对直接控制层和操作监控层,组态顺序是自上而下的设备组态,先操作监控层,后直接控制层;自下而上的功能组态,先直接控制层,后操作监控层。本节介绍工程师站组态的主要内容,即系统设备的组态、控制功能的组态和操作画面的组态。

9.2.1 DCS 系统设备的组态

操作监控层和直接控制层的设备是通过监控网络(SNET)互连在一起,操作员站(OS)、工程师站(ES)、监控计算机站(SCS)、计算机网关(CG)和控制站(CS)都是网络上的节点,如图 6.4 和图 9.3 所示。既然这些设备是网络节点,那就要为其分配节点地址。系统设备组态的内容是为这些设备分配节点地址,登记设备的相关信息,也就是将物理的 DCS 系统构成一个逻辑的 DCS 系统,便于系统管理、查询、诊断和维护。下面介绍操作监控层设备组态和直接控制层设备组态。

1. 操作监控层设备组态

操作监控层的主要设备有操作员站(OS)、工程师站(ES)、监控计算机站(SCC)等,操作监控层设备组态方式因 DCS 而异,主要内容是登记网络设备和定义系统信息。

以图 9.3 为例,操作监控层的设备有操作员站(OS)、工程师站(ES)和监控计算机站(SCC),组态内容有系统取名和节点组态。

1) 系统取名

系统取名因 DCS 而异,例如某 DCS 将被控对象分成若干区域(area),每个区域又分成若干个单元(unit),每个单元有若干个 I/O 点和功能块。也就是说,I/O 点和功能块是 DCS 的实体,单元和区域是人为定义的形体,目的是便于管理和安全操作,其措施是对操作员站(OS)规定操作区域,一台 OS 只能操作指定区域,可以调出其他区域的画面,但是只能显示不能操作。系统取名有单元名和区域名。

(1) 单元名(unit name)。

某 DCS 可以有最多 100 个单元,单元序号(No.)为 1,2,3,…,99,00;单元标识符(unit ID)为 2 个字符,如 U1、U2、RT。

(2) 区域名(area name)。

某 DCS 可以有最多 10 个区域,区域名最多为 8 个字符,如 AREA01。

2) 节点组态

操作监控层节点组态的内容是分配节点号和节点名。例如,图 9.3 中操作员站的节点号分别为 01、02、03,节点名为 OS01、OS02、OS03;工程师站的节点号和节点名分别为 04 和 ES04;监控计算机站的节点号和节点名分别为 05 和 SCC05。

2. 直接控制层设备组态

直接控制层的主要设备是控制站(CS),组态内容有控制站节点组态和特性组态。其主要内容包括登记控制站节点号和节点名、定义控制站的处理周期和处理容量、给 I/O 插槽分配 I/O 模板或模块。直接控制层设备组态方式因 DCS 而异。

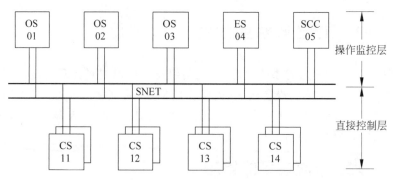

图 9.3　DCS 系统结构

直接控制层节点组态的内容是分配节点号和节点名。例如,在图 9.3 中,控制站的节点号分别为 11、12、13、14,节点名为 CS11、CS12、CS13、CS14。

9.2.2　DCS 控制功能的组态

控制功能组态的内容是为控制站建立输入功能块、输出功能块、运算功能块、连续控制功能块、逻辑控制功能块和顺序控制功能块,并用这些功能块组成控制回路。建立这些功能块的依据有两条:一条是根据控制站配置的 I/O 模板或模块建立输入功能块和输出功能块;另一条是根据生产过程控制要求建立运算和控制功能块,即用这些功能块构成连续控制、逻辑控制和顺序控制回路,从而满足生产工艺和安全生产的要求。控制功能的组态因 DCS 而异。

1. 输入功能块组态

输入功能块与输入模板或模块的信号点一一对应,输入功能块的类型也与输入模板或模块的类型对应,如图 4.7 中的(AI)、图 4.10 中的(DI)所示。输入功能块的组态因 DCS 而异,因输入模板或模块类型而异。

例如,某 DCS 控制站的高电平模拟量输入(HLAI)功能块 FT123,位于第 8 块 I/O 模板内的第 5 点,部分组态内容如下:

(1) 工位号(tag name)为 FT123。

(2) 工程单位(E.U.)为 m^3/s。

(3) I/O 模板号(module number)为 8。

(4) 模板内点号(slot number)为 5。

(5) HLAI 信号类型(sensor type)为 1~5V DC。

(6) 信号特性(PVCHAR)为 SQRROOT(开方)。

(7) 输入方向(input direction)为 DIRECT(正向)。

(8) 量程上限(range high)100.0。

(9) 量程下限(range low)0.0。

2. 输出功能块组态

输出功能块与输出模板或模块的信号点一一对应,输出功能块的类型也与输出模板或模块的类型对应,如图 4.12 中的(AO)、图 4.16 中的(DO)所示。输出功能块的组态因 DCS 而异,因输出模板或模块类型而异。

例如,某 DCS 控制站的模拟量输出(AO)功能块 FV123,位于第 2 块 I/O 模板内的第 6点,部分组态内容如下:

(1) 工位号(tag name)为 FV123。

(2) AO 模板号(module number)为 2。

(3) 模板内点号(slot number)为 6。

(4) 输出方向(output direction)为 DIRECT(正向)。

3. 运算功能块组态

控制站为用户提供了多种运算功能块,每个运算功能块对应一种算法。常用的运算功能块有代数运算、信号选择、数据选择、数值限制、报警检查、计算公式和传递函数功能块等。运算功能块和控制功能块组合构成复杂的控制回路。运算功能块的组态因 DCS 而异,因类型而异。

4. 控制功能块组态

控制站的控制功能块分为连续控制功能块、逻辑控制功能块、顺序控制功能块 3 类,每类都有相应的组态方式。如果说输入功能块和输出功能块是构成控制回路的基础,那么这 3 类控制功能块是构成控制回路的核心,另外还要有运算功能块的配合。控制功能块的组态因 DCS 而异,因类型而异。

连续控制功能块以常规 PID 控制块为核心,再与输入、输出、运算功能块相结合,可以构成单回路、串级、前馈、比值、选择性、分程、纯迟延补偿和解耦控制回路等。采用功能块图形组态方式,构成控制回路。

例如,图 9.4 所示的单回路 PID 控制的组态步骤如下:

(1) 组态建立模拟量输入(AI)功能块 FT123。

(2) 组态建立模拟量输出(AO)功能块 FV123。

(3) 单击输入功能块窗口,选择模拟量输入(AI)功能块 FT123,再将之拖放到 LCD 屏幕上。

(4) 单击 PID 控制功能块窗口,选择 PID 功能块并取名 FC123,再将之拖放到 LCD 屏幕上。

(5) 单击输出功能块窗口,选择模拟量输出(AO)功能块 FV123,再将之拖放到 LCD 屏幕上。

(6) 单击 FT123 输出端 OV,再单击 FC123 输入端 PV,两者之间自动形成连线。

(7) 单击 FC123 输出端 OV,再单击 FV123 输入端 IV,两者之间自动形成连线。

(8) 双击功能块(FT123、FC123、FV123),弹出参数窗口,填写或选择参数。

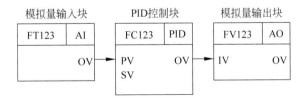

图 9.4 单回路 PID 控制功能块组态图

9.2.3 DCS 操作画面的组态

操作画面组态的内容包括定义通用画面和管理画面,绘制专用画面。这些组态内容,除专用画面外,其余画面的功能都是 DCS 系统固有的,只需简单定义即可使用。绘制专用画面工作量大,绘图人员必须熟悉生产工艺、控制回路和操作方式,并按工艺操作、监视和控制的需要绘制画面。

1. 通用画面组态

通用画面有总貌画面、组画面、点画面、趋势画面和报警画面等。这些画面的画面格式、动态数据、操作方式、静态图形和动态图形已由系统软件规定好,用户通过简单的组态定义即可使用。通用画面的组态因 DCS 而异,因类型而异。

2. 专用画面组态

专用画面分为主控系统(MCS)画面、数据采集系统(DAS)画面、操作指导画面和控制回路画面等。专用画面是控制工程师用 DCS 提供的绘图软件,根据工艺操作、监视和控制的需要,而自行绘制的画面。在 DCS 组态工作中,该项工作量最大,最为复杂,绘图人员必须熟悉生产工艺、控制回路和操作方式,才能绘出一幅实用、协调、美观及动静感搭配合理的画面。

尽管 DCS 绘图软件提供了各类绘图工具和标准图素,仍需用户精心设计和仔细绘制。其原因是该类画面千变万化,因生产过程而异,画面风格因人而异。一幅实用的立体动态画面,再配置声光音响效果,可使操作员有身临其境之感,既提高了操作水平,又确保了生产安全。DCS 提供专用绘图软件,画面绘制方法因 DCS 而异。

3. 管理画面组态

管理画面有操作员操作记录、过程点报警记录、系统设备状态记录、系统设备错误记录、事故追忆记录、系统设备工作状态和功能块汇总画面。除事故追忆记录画面外,其余画面都是 DCS 系统固有的而不必组态。事故追忆记录画面的组态内容是定义追忆参数工位号、追忆时间和采样周期。

★**总结 1**:DCS 在工程师站(ES)上,首先进行控制回路的组态,形成控制回路组态文件(CF);然后进行人机界面组态,形成人机界面组态文件(MF)。DCS 在工程师站(ES)上,首先将控制回路组态文件(CF)下装到控制站(CS),然后将人机界面组态文件(MF)下装到操作员站(OS)。启动 DCS 系统运行,控制站(CS)中的控制回路及功能块运行,并将实时数据(TD)上传到操作员站(OS);操作员站(OS)运行,人们通过动态立体画面监视生产过程,并将操作命令(OC)下传到控制站(CS)。这就是 DCS 工作流程的组态、下装、运行的 3 个步骤,如图 1.12 所示。操作员站(OS)画面中动态数据的更新周期为 1~2s,从一幅画面切换到另一幅画面的切换时间为 1~2s。

★**总结 2**:DCS 工程师站(ES)的组态,既可以离线组态,也可以在线组态。离线组态的含义是设计阶段,工程师站(ES)没有与 DCS 连接,工程师站(ES)放在某个办公室,设计人员进行组态。在线组态的含义是现场调试阶段,工程师站(ES)与 DCS 连接,DCS 系统运行,为了调试的需要设计人员修改某个参数或变量而组态。

★**总结 3**:DCS 工程师站(ES)的组态文件(CF 和 MF)的下装,既可以全量下装,也可以增量下装。全量下装的含义是把整个组态文件下装到控制站(CS)或操作员站(OS)。增量下装的含义是调试阶段修改了某个参数或变量,仅仅下装所修改的内容。

本章小结

工程师站(ES)的功能是组态、绘图和编程,并提供了各种组态和绘图的软件工具,以及各种编程语言。

工程师站(ES)的硬件有主机、外存储器、LCD、键盘、鼠标、通信板卡和打印机等,一般选用个人计算机(PC)或工作站,也可以用操作员站(OS)兼作工程师站,采用台式和落地式两种结构。

工程师站(ES)软件的用户表现形式是组态、绘图和编程。其中组态软件分为系统组态和应用组态两类,系统组态软件的功能是建立网络、登记设备、定义系统信息和分配系统功能;应用组态软件的功能是建立功能块,再用这些功能块构建控制回路。绘图软件供用户绘制通用画面、专用画面和管理画面。编程软件提供各种算法语言,并可以直接运用功能块或实时数据库中的变量名。

工程师站(ES)的组态过程是先系统组态,后应用组态。组态顺序是自上而下的设备组态,先操作监控层,后直接控制层;自下而上的功能组态,先直接控制层,后操作监控层。控制功能组态的内容是建立输入、输出和运算功能块,以及连续、逻辑和顺序控制功能块,并将这些功能块组成控制回路,形成组态文件,再下装到控制站(CS)运行。画面组态的内容包括定义通用画面和管理画面,绘制专用画面,形成组态文件,再下装到操作员站(OS)运行。

第 10 章

DCS 的应用设计

DCS 广泛应用于石油、化工、发电、冶金、轻工、制药和建材等过程工业,并已成为过程工业的主流控制系统。DCS 功能的发挥取决于应用设计的水平,首先根据生产过程对控制和管理的要求,进行应用的总体设计;再从众多 DCS 产品中选择一种性能价格比最优的产品,依据总体设计方案进行应用的工程设计;然后按照 DCS 的功能特性和使用说明,进行应用的组态调试和现场调试。

DCS 的应用设计可以参考 DDC 系统的应用设计的有关内容,详见 5.2.1 节。本章介绍 DCS 的应用设计目标、应用性能评估、应用工程设计和应用工程实例。

10.1 DCS 的应用设计概述

微课视频 44

微课讲解 44

DCS 的应用设计流程依次为可行性研究、初步设计、详细设计、工程实施和工程验收,其中可行性研究是立项的依据,初步设计是订货的依据,详细设计是施工的依据,工程实施是验收的依据,工程验收是结束的标志。本节介绍 DCS 的应用设计目标和应用性能评估。

10.1.1 DCS 的应用设计目标

课件视频 65

DCS 的应用设计者要依据生产过程对控制和管理的要求,切合实际地选择设计目标,还要考虑到用户人员素质、技术水平、管理能力和经济实力,切勿盲目追求"高、新、尖",应遵循"能简不用繁"的原则;另外还要预估投资和效益,保证投入产出比最优,回报率高。DCS 的应用设计目标主要体现在控制管理水平、操作方式、系统结构和仪表选型 4方面。

1. 控制管理水平

DCS 的控制管理水平或应用设计目标分为 3 档:

第一档是采用常规控制策略,达到基本控制要求,保证安全平稳地生产。一般以连续 PID 控制为主,构成单回路、串级、前馈、比值、选择、分程、纯迟延补偿和解耦控制系统等;以逻辑控制和顺序控制为辅,构成安全连锁保护系统。

第二档是采用先进控制策略,实现自适应控制、预测控制、推理控制和神经网络控制等,实现装置级的局部优化控制和协调控制。

第三档是采用控制和管理一体化策略,建立公司级的全局优化控制和管理协调系统。

2. 操作方式

DCS的操作方式分为3种：

第一种是设备级独立操作方式，操作员自主操作一台或几台设备，维持设备正常运行。

第二种是装置级协调操作方式，操作员接收车间级调度指令，进行装置级协调操作。

第三种是厂级综合操作方式，操作员接收厂级调度指令，进行厂级优化操作。

3. 系统结构

DCS采用通信网络式的层次结构，如图6.4所示，其系统结构可以分为3档：

第一档为直接控制层和操作监控层，用监控网络（SNET）连接各台控制和管理设备，构成车间级系统，该档是基本的系统结构。

第二档再增加生产管理层，用管理网络（MNET）连接各台生产管理设备，构成厂级系统。

第三档再增加决策管理层，用决策网络（DNET）连接各台决策管理设备，构成公司级系统。

4. 仪表选型

DCS的硬件、软件和层次结构的配置决定了控制水平、操作方式和系统结构。除此之外，还有与其配套的现场仪表（如变送器、执行器）的选型，可以分为3档：

第一档是常规模拟仪表，其传输信号为4～20mA DC。

第二档是现场总线数字仪表，采用数字信号传输方式，如FF-H1和HART仪表。

第三档是常规模拟仪表和现场总线数字仪表并存，构成混合系统。

10.1.2 DCS的应用性能评估

国内外有多种DCS产品，作为一个DCS的用户，首先要对各种DCS产品进行性能评估，然后从中选择一种性能价格比最优的产品，并且满足生产过程对控制和管理的要求。

DCS是多种硬件和软件的系统集成产品，既然是系统集成产品，那就要从系统的各个方面综合评估，这是一项复杂的工作，涉及的内容比较多，既有DCS产品的性能，也有DCS制造厂或销售商的信誉和技术服务。

一般可将DCS的应用性能评估分为可靠性、实用性、先进性、成熟性、适应性、开放性、继承性、维修性、可信性和经济性10方面。详细内容见参考文献[1]～[4]。

10.2 DCS的应用设计实例

DCS的应用领域十分广泛，如石油、化工、发电、冶金、轻工、制药和建材等领域，现已成为过程工业的主流控制系统，按需要可以构成小、中、大系统。DCS系统功能的发挥取决于应用设计的水平。本节以某火力发电厂的锅炉控制为例，介绍DCS的应用工程设计和应用工程实施。

10.2.1 DCS的应用工程设计

DCS的应用工程设计的主要内容有系统设备的配置、输入/输出信号的统计、控制回路的设计、操作画面的设计。某火力发电厂的控制系统主要有锅炉、汽轮机、发电机、输煤和供

课件视频66

水等,限于篇幅,本书仅以锅炉控制为例进行介绍。

1. 系统设备配置

根据生产过程对控制和管理的要求,分别对 DCS 的直接控制层、操作监控层、生产管理层和决策管理层进行功能设计,提出具体指标,并确定各层的设备配置。某火力发电厂的DCS 项目分两期实施:第一期实现单元机组控制,第二期实现全厂管理。为此,第一期只需配置直接控制层和操作监控层的设备。

1) 直接控制层设备配置

直接控制层的主要设备是控制站,其功能是输入、输出、运算和控制,应用设计者针对这4 项功能提出设计要求,以便确定控制站的配置。

(1) 输入/输出信号统计。

应用设计者分析生产工艺流程,按输入/输出信号类型、控制及监视类型以列表的形式统计 I/O 信号,其目的是用于配置控制站的输入/输出模板或模块。例如,表 10.2.1 列出了某火力发电厂的锅炉控制的输入/输出信号。

表 10.2.1　某火力发电厂的锅炉控制的输入/输出信号分类统计

信号类型		控　制		监　视			合　计
		10#	11#	12#	13#	14#	
AI	4~20mA DC(2线制)	48	24		30	144	246
	4~20mA DC(4线制)	16	8		10	32	66
	热电偶(TC)		16	48	32	32	128
	热电阻(RTD)		16		64	16	96
AO	4~20mA DC	32	16			16	64
DI	干接点	64	32	160	64		320
DO	继电器	32	32			32	96
SI	RS-485	2	2				4
I/O 点合计		194	146	208	200	272	1020

一般将输入/输出信号分为模拟量输入(AI)、模拟量输出(AO)、数字量输入(DI)、数字量输出(DO)、串行接口(SI)、特殊输入和输出信号。

模拟量输入(AI)又分为 2 线制 4~20mA DC(外供电,即由 DCS 控制站给仪表提供24V DC 电源)、4 线制 4~20mA DC(自供电,即仪表自带电源)、热电偶(TC)、热电阻(RTD)、脉冲输入(PI)、现场总线数字仪表(如 FF-H1、HART)。

模拟量输出(AO)一般采用 4~20mA DC 或 1~5V DC。

数字量输入(DI)分为无源干接点和有源电平。

数字量输出(DO)一般采用继电器,其接点负载可以分为 24V DC/1A 或 220V AC/3A。

串行接口(SI)种类比较多,常用的有 RS-232、RS-422、RS-485 等,另外还有各种控制设备的串行接口;特殊输入和输出信号要单独统计,并给出具体性能指标要求。

若在工程设计中按生产装置或设备来配置控制站,则要按照装置或设备统计输入/输出信号。例如,表 10.2.1 中按 5 台控制站 10#~14# 分别统计输入/输出信号。

（2）功能块统计。

控制站的功能块分为输入功能块、输出功能块、运算功能块、连续控制功能块、逻辑控制功能块和顺序控制功能块，其中输入和输出功能块的个数就是上述输入和输出信号的个数，所以只需统计后4类功能块的个数。后4类功能块的个数取决于控制回路或控制策略，所以首先必须根据生产工艺过程对控制的要求，设计控制回路或控制策略，然后才能统计所用功能块的个数。对于特殊的控制算法，可能无法用控制站所提供的功能块来实现，那就必须用DCS提供的控制语言（CL）编程。

（3）控制站的配置。

控制站主要由主控单元（MCU）、输入/输出单元（IOU）和电源系统（PWS）3部分组成，其中MCU和电源必须冗余配置，网络也必须冗余配置。IOU中的各种I/O模板可以冗余或非冗余，这取决于输入和输出信号分类统计表（见表10.2.1），其中监视信号采用非冗余配置，控制信号采用冗余配置，即2块I/O信号处理板互为备用。例如，8点非冗余AI信号只需配1块AI板，8点冗余AI信号必须配2块AI板。

为了便于将来扩充I/O信号，配置I/O模板时要注意两条：一是I/O信号统计数增加10%的备用量，二是I/O模板插槽预留20%的备用空间。

控制站是DCS的基础，其可靠性尤为重要。为确保控制站安全稳定地工作，配置控制站时要注意3条：一是处理容量或CPU负荷一般不超过70%；二是通信容量一般不超过60%；三是电源负载一般不超过50%。

工程设计中一般按生产装置或设备来配置控制站，这样控制站可以就地安装，便于安装调试、节省资金；另外还要考虑输入/输出信号点数，运算功能块、连续控制功能块、逻辑控制功能块和顺序控制功能块个数均衡分配。

2）操作监控层设备配置

操作监控层的主要设备是工程师站（ES）、操作员站（OS）和监控计算机站（SCS）。根据生产过程和操作监控的要求，一般配置一台工程师站、若干台操作员站，如果有先进控制和协调控制，那就要配置监控计算机站。

操作员站提供各类操作画面，每台操作员站处理画面的容量是有限的，设计者按画面种类和数量统计决定配置几台操作员站。另外还要考虑每个操作员负责操作多少个控制回路，每台操作员站操作的控制回路个数不宜过多，否则操作员过于频繁操作，既劳累又易出错。为了操作方便和操作安全，可以按生产装置或设备来配置操作员站。也就是说，根据画面数量、控制回路个数和生产装置或设备，决定配置几台操作员站。

工程师站用于组态和调试。在DCS现场投运调试阶段，可能经常要对组态内容做少量的修改，频繁使用工程师站。为了加快调试进度，通常会在操作员站上再装载工程师站组态软件，使其同时具有操作员站和工程师站两种功能。

对工程师站、操作员站、监控计算机站的硬件和软件提出具体配置要求，例如，CPU型号及主频、内存容量、硬盘容量、通信网络接口、操作系统及其配套软件。

打印机的配置取决于打印信息的类型，一般报表打印和事故打印分别用两台不同的打印机。事故打印为随时打印，一般选用针式打印机，因其采用折叠式打印纸，可以连续用纸，而且打印资料便于保存。报表打印为定时打印,可以选用针式打印机、喷墨打印机或激光打印机。

某火力发电厂锅炉控制系统的 DCS 设备配置如图 10.1 所示,这是作者用中国制造 DCS 应用实例。其中直接控制层配置了 5 台控制站,控制站 10♯ 和 11♯ 用于主控系统(MCS),控制站 12♯、13♯ 和 14♯ 用于数据采集系统(DAS);操作监控层配置了 4 台操作员站和 1 台工程师站,均选用个人计算机(PC),4 台操作员站共享 1 台针式打印机,工程师站配置了激光打印机和以太网卡,便于第二期扩展生产管理层。

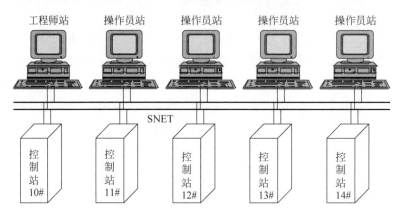

图 10.1   某火力发电厂锅炉控制系统的 DCS 体系结构

3)生产管理层和决策管理层设备配置

DCS 的基本构成是直接控制层和操作监控层,另外还可以扩展生产管理层和决策管理层。DCS 的直接控制层和操作监控层有定型产品供用户自由选择,而生产管理层和决策管理层的设备无定型产品。这是因为管理没有统一的模式,所以必须由用户自行设计这两个管理层的结构。

DCS 制造厂提供监控网络(SNET)与生产管理网络(MNET)之间的硬件、软件接口,再由用户根据管理需要配置生产管理层和决策管理层的设备。

某火力发电厂的 DCS 项目分两期实施:第一期实现单元机组控制,第二期实现全厂管理,此时才需配置生产管理层和决策管理层的设备。

2. 输入/输出点表设计

与现场传感器、变送器和执行器对应的输入/输出点表或输入/输出功能块设计的主要内容有定义工位号、量程、单位、参数、特性和描述等,其目的是用作相应的输入/输出功能块的组态,所以要按照组态要求逐项填写点表,并附加文字说明。输入点又分为模拟量输入(AI)和数字量输入(DI),输出点又分为模拟量输出(AO)和数字量输出(DO)。

1)模拟量输入(AI)点表

模拟量输入(AI)类型分为高电平模拟量输入(4～20mA DC)、热电偶(TC)或 mV DC、热电阻(RTD)、脉冲等,必须按点类型分别设计点表。AI 点表的主要内容有工位号、地址(板号和点号)、量程、单位、报警限值、描述符等,每类点还有特殊参数。例如,热电偶(TC)点要指明热电偶类型(如 B、S、R、K、E、J、T),热电阻(RTD)点要指明热电阻类型(如 Pt100、

Cu50）。详见 4.2.1 节和 7.2.2 节。

2）数字量输入（DI）点表

DI 点表的主要内容有工位号、正/反方向、信号类型、描述符等，其中信号类型分为状态、锁存和累加。详见 4.2.1 节和 7.2.2 节。

3）模拟量输出（AO）点表

AO 点表的主要内容有工位号、正/反方向、线性或非线性、描述符等，其中非线性要给出折线段点坐标。详见 4.2.2 节和 7.2.2 节。

4）数字量输出（DO）点表

DO 点表的主要内容有工位号、正/反方向、状态或脉宽调制输出、描述符等，其中脉宽调制输出要给出控制周期 T_c。详见 4.2.2 节和 7.2.2 节。

3. 控制回路的设计

控制回路由输入功能块、输出功能块、运算功能块和控制功能块组成，前两种已介绍过，所以控制回路设计的主要内容是定义运算功能块和控制功能块的工位号、输入/输出端、参数、特性和描述等，再按照图形方式组态要求画控制回路结构图，另外还要有参数表格和文档说明。

某火力发电厂锅炉控制系统 DCS 承担的主控系统（MCS）包括给水控制、过热器蒸汽温度控制、再热器蒸汽温度控制、燃烧控制、送风控制、引风控制和协调控制 7 个部分，另外还承担机组的数据采集系统（DAS）功能。

该机组的主控系统（MCS）采用连续控制和逻辑控制的综合方式。详细内容请见参考文献[1]～[4]。

4. 操作画面的设计

操作画面的设计过程是：首先按照工艺流程、操作和管理规程划分每幅画面所包含的设备、测量点、控制点、操作点和动画点等，以及画面之间的联系和调用；然后在方格纸上按比例画出草图，并附加文字说明描述画面的功能、背景颜色和图片颜色等；最后汇集工艺、设备、操作、管理和控制方面的技术人员进行讨论。

操作画面的功能划分取决于工艺流程、操作和管理规程。例如，某火力发电机组由锅炉、汽轮机和发电机三大主体设备组成，其中锅炉的操作显示画面可以划分为以下几类：给水系统、汽包水位系统、过热器系统、再热器系统、燃烧系统、送风系统、引风系统和辅助系统。每类系统又可以划分为多幅画面。详细内容见参考文献[1]～[4]。

每幅画面上有调用其他画面的操作键。例如，如图 10.2 所示画面的标题栏第 2 行有调用与锅炉相关画面的操作键"协调系统""给水系统""燃烧系统""汽温系统""过热器""再热器"；标题栏首行左侧和右侧两个按钮分别为"总画面"和"操作画面"调用钮，即从当前画面返回总画面及操作画面。总画面中有各类画面调用钮，每类画面又有子画面的调用画面。也就是说，系统中所有的画面调用联系在一起，操作员从一幅画面可以进入系统中的任意一幅画面。当然，画面的调用是分层的，逐层调用，层次分明，便于操作。图 10.2 是作者用中国制造 DCS 应用于某火力发电厂锅炉控制系统的 MCS 画面之一，为了展示清楚，作者为画面去除了背景色。

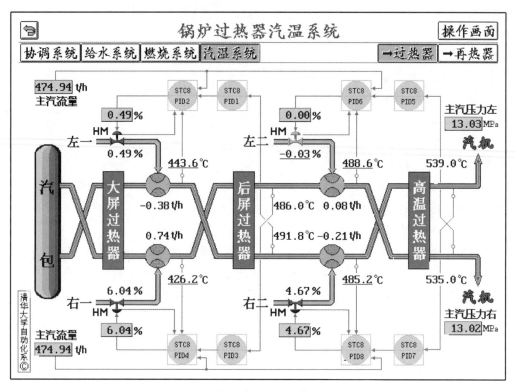

图 10.2　过热器蒸汽温度操作显示画面

10.2.2　DCS 的应用工程实施

课件视频 67

DCS 的应用工程实施主要有仪表安装、设备安装和应用调试,按调试类型可以分为硬件调试和软件调试,按调试方式可以分为离线调试和在线调试。硬件类调试包括系统设备、现场仪表和执行器的调试;软件类调试主要是指组态调试,可以分为输入/输出点的组态调试、控制回路的组态调试和操作画面的组态调试。

1. 仪表设备的安装

现场仪表和控制室内设备的安装分为机械安装及电气接线两部分。

现场仪表的安装分为变送器、执行器、辅助设备的机械安装及电气接线。其中机械安装是指现场仪表的固定,电气接线又分为信号和电源接线。

控制室内设备的安装分为控制站、操作员站、工程师站、监控计算机站和通信网络设备的机械安装及电气接线。其中机械安装是指设备机柜和操作台的定位,电气接线分为信号、通信和电源接线。

2. 输入/输出点的组态调试

输入点分为模拟量输入(AI)和数字量输入(DI),输出点分为模拟量输出(AO)和数字量输出(DO)。尽管输入/输出点的组态调试方式因 DCS 而异,但其工作顺序仍然是,首先依据输入输出点表的设计内容,再按照 DCS 输入/输出点的组态要求及操作步骤进行组态,并生成输入功能块和输出功能块;然后逐点进行调试,输入点在接线端加载输入信号,输出点在接线端测量输出信号。

一般情况下,人们总是按 I/O 模板或模块进行组态调试,因为 I/O 模板或模块上的每个输入或输出点对应 DCS 内的一个输入或输出功能块。

输入/输出点是 DCS 控制站与生产过程的信号接口,输入/输出点或输入/输出功能块也是构成控制回路和操作显示画面的基础,所以必须首先进行组态调试,保证输入/输出信号符合精度要求。

3. 控制回路的组态调试

控制回路由输入功能块、运算功能块、控制功能块和输出功能块组成,一般采用图形方式组态,并附有窗口及填表功能。尽管控制回路的组态调试方式因 DCS 而异,但其工作顺序仍然是首先依据控制回路的设计内容;再按照 DCS 的组态要求及操作步骤进行组态,生成控制回路组态文件,下装到控制站运行;然后对控制回路进行调试,其调试步骤因控制回路而异,有的简单,有的复杂。

控制回路的调试比较复杂,因回路而异,并无统一模式。如果 DCS 提供仿真调试软件,则可以离线调试;否则,只能在生产过程试运行时逐个回路调试,那时生产设备处于工作状态,调试者的责任重大,并带有一定的危险性,所以调试前必须认真分析并制定完备的调试方案,确保人身安全和设备安全。

4. 操作画面的组态调试

操作画面的组态调试主要是针对专用操作画面,这些画面是用户按照工艺流程、操作和管理规程自行绘制的动态画面。在 DCS 绘图软件的支持下,按照设计要求绘制动态画面。操作画面的组态工作量比较大,而且占用了 DCS 组态工作的大部分时间。

操作画面的组态过程是,首先绘制图片、子图和动态控件,以供绘图时调用;然后绘制静态背景、设备和管线,并附加文字说明;最后添加动态显示点、操作控制点、窗口、曲线、动画、仪表面板、操作面板、操作开关或按键、画面调用键等。

操作画面的调试比较复杂,必须逐个核实画面效果与设计要求是否相符。例如,动态显示点的数值或状态、操作控制点的操作、窗口调用、曲线显示、动画演示及操作键等与设计要求是否一致,能否满足操作和管理的需要。

本章小结

DCS 的应用设计目标分为低、中、高 3 档,低档是采用常规控制策略,达到基本控制要求,保证安全平稳地生产;中档是采用先进控制策略,实现装置级的局部优化控制;高档是实现控制和管理一体化,建立公司级的全局优化控制和管理系统。这 3 档体现在控制水平、操作方式、系统结构和仪表选型 4 方面。

DCS 的应用性能评估分为可靠性、实用性、先进性、成熟性、适应性、开放性、继承性、维修性、可信性和经济性 10 方面,其目的是从众多 DCS 产品中选择一种性能价格比最优的产品。

DCS 的应用工程设计内容主要有系统设备的配置、输入/输出点表的设计、控制回路的设计和操作画面的设计。DCS 的应用工程实施主要有仪表安装、设备安装、输入/输出点的组态调试、控制回路的组态调试和操作画面的组态调试。

第 2 篇小结

第 2 篇介绍的集散控制系统(DCS)是计算机控制领域的主流系统。本篇主要内容有 DCS 的概述、控制站、操作员站、工程师站和应用设计。

DCS 的概述讨论了 DCS 的产生过程、发展历程、特点和优点,并分析了 DCS 的分散控制和集中管理的设计思想、分而自治和综合协调的设计原则。讨论了 DCS 的层次结构和网络结构,基本构成为直接控制层和操作监控层,可以扩展生产管理层和决策管理层;相应的基本网络为监控网络(SNET),可以扩展生产管理网络(MNET)和决策管理网络(DNET),从而构成控制和管理的一体化系统。

DCS 的控制站是 DCS 的基础,其功能是输入、输出、运算、控制和通信,本篇叙述了控制站的硬件和软件。控制站的硬件由输入/输出单元(IOU)、主控单元(MCU)和电源系统(PWS)3 部分组成。其中输入/输出单元(IOU)是控制站的基础,由各种类型的输入/输出处理(IOP)模板或模块组成;主控单元(MCU)是控制站的核心,由控制处理器、输入/输出接口处理器、通信处理器和冗余处理器模板或模块组成。控制站的软件由系统软件和应用软件组成。其中系统软件包括实时操作系统和通信网络软件,应用软件包括输入、输出、控制和运算软件。应用软件的用户表现形式是各类功能块,本篇介绍了输入功能块、输出功能块、运算功能块、连续控制功能块、逻辑控制功能块和顺序控制功能块。这些功能块的实体在控制站,功能块的组态在工程师站上完成,形成组态文件再下装到控制站,然后在控制站运行功能块。

DCS 的操作员站是工艺操作员的人机界面,其功能是操作、监视和管理,本篇介绍了操作员站的硬件和画面。操作员站的硬件由主机设备和外部设备组成。操作员站的画面分为通用画面、专用画面和管理画面 3 类。其中通用画面有总貌画面、组画面、点画面、趋势画面和报警画面等,专用画面有主控系统画面、数据采集系统画面、操作指导画面和控制回路画面等,管理画面有操作员操作记录、过程点报警记录、系统设备状态记录、系统设备错误记录、事故追忆记录、系统设备状态和功能块汇总画面等。这些画面的组态在工程师站上完成,再装载到操作员站运行画面。

DCS 的工程师站是控制工程师的人机界面,其功能是组态、绘图和编程。本篇首先介绍了工程师站的硬件和软件组成,然后叙述了系统设备组态、控制功能组态和操作画面组态。尽管控制功能组态或控制回路的构成在工程师站上实现,但构成控制回路的功能块仍然在控制站上运行,也就是说,功能块的实体在控制站。与此类似,操作画面组态在工程师站上实现,但操作画面仍然在操作员站上运行。

DCS 的应用设计介绍了 DCS 的应用设计目标、应用性能评估、应用工程设计和应用工程实施,并列举了应用实例。

第 2 篇 习题与思考题

习题答案 2

第 6 章

6.1 概述 DCS 的产生、设计思想和设计原则。

6.2 概述 DCS 的分散控制和集中管理。

6.3 概述 DCS 的基本构成或结构原型。

6.4 概述 DCS 的发展历程。

6.5 DCS 随着哪"4C"技术的发展而不断更新?

6.6 DCS 的特点和优点主要体现在哪几方面?

6.7 概述 DCS 的层次结构及每层的功能。

6.8 概述 DCS 的网络结构及每层网络的性能。

第 7 章

7.1 控制站硬件主要由哪 3 部分组成? 说明相应的功能。

7.2 控制站主控单元(MCU)主要由哪 4 部分组成? 说明相应的功能。

7.3 概述控制站主控单元(MCU)的冗余、I/O 容量、控制周期。

7.4 控制站 I/O 模板或模块主要由哪 3 部分组成? 说明相应的功能。

7.5 概述控制站 I/O 模块的 3 种安装接线方式。

7.6 概述控制站主控单元(MCU)和输入/输出单元(IOU)之间的两种连接方式。

7.7 概述控制站常用的 I/O 模板或模块的类型。

7.8 控制回路的组态在哪儿完成? 控制回路的运行在哪儿完成?

7.9 概述工程师站和控制站之间的关系及工作流程。

第 8 章

8.1 概述操作员站的硬件组成。

8.2 概述操作员站的功能。

8.3 操作员站常用的通用画面有哪几种?

8.4 操作员站常用的专用画面有哪几种?

8.5 操作员站常用的管理画面有哪几种?

8.6 概述工程师站和操作员站之间的关系及工作流程。

第 9 章

9.1 概述工程师站的硬件组成。

9.2 概述工程师站的功能。

9.3 工程师站的应用软件分为哪 3 类?

9.4 工程师站的组态软件分为哪两类? 简要说明。

9.5 工程师站的应用组态方式分为哪两种? 简要说明。

9.6 概述工程师站的组态过程和组态顺序。

9.7 概述系统设备组态的内容。

9.8 概述控制功能组态的内容。

9.9 概述操作画面组态的内容。

9.10 概述工程师站、操作员、控制站之间的关系及工作流程。

第 10 章

10.1 概述 DCS 的应用设计流程。

10.2 DCS 应用设计的控制管理水平分为哪 3 档？

10.3 DCS 应用设计的操作方式分为哪 3 种？

10.4 DCS 应用设计的系统结构分为哪 3 档？

10.5 DCS 应用设计的仪表选型分为哪 3 档？

10.6 DCS 应用设计的直接控制层设备配置的主要内容有哪些？

10.7 DCS 应用设计的输入/输出信号统计的主要内容有哪些？

10.8 DCS 的应用工程实施的主要内容有哪些？

现场总线控制系统

现场总线控制系统(Field bus Control System,FCS)是一种以现场总线为基础的分布式网络自动化系统,既是现场通信网络系统,也是现场自动化系统。FCS 作为一种现场通信网络系统,具有开放式数字通信功能,可与各种通信网络互连。FCS 作为一种现场自动化系统,把安装于生产现场的具有输入、输出、运算、控制和通信功能的现场数字仪表或现场设备作为现场总线的节点,并直接在现场总线上构成分散的控制回路,实现了彻底的分散控制和全数字化信号传输。

现场总线(Field Bus,FB)和现场总线控制系统(FCS)的产生,不仅变革了传统的单一功能的模拟仪表,将其改为综合功能的数字仪表;而且变革了传统的计算机控制系统(DDC、DCS),将其输入、输出、运算和控制功能分散到现场总线数字仪表中,形成了全数字的彻底的分散控制系统。FCS 是从 DCS 发展过来的,仅仅变革了 DCS 的直接控制层,形成 FCS 的现场控制层,其他各层(操作监控层、生产管理层和决策管理层)仍然同 DCS。

FCS 的基础是现场总线,目前世界上有多种现场总线标准,既有通信速率是几十至几百 kbps 的低速现场总线,也有通信速率是几百至几千 kbps 的中速现场总线,还有通信速率是几十至几百 Mbps 的高速现场总线,每种现场总线都有各自的特点及优势。每种现场总线都有其特定的总线协议或标准规范,一般只规定了通信标准。为了用于控制并具有互操作性,还要规定应用标准或应用功能块标准。

FCS 是伴随着现场总线和现场总线仪表的出现而产生的,现场总线仪表具有输入、输出、运算、控制和通信功能，并以输入、输出、运算、控制功能块的形式呈现在用户面前。在工程师站监控组态软件的支持下，用这些功能块进行控制回路组态，形成组态文件，再下装到现场总线仪表中运行，并在现场总线上构成分散的控制回路，自成体系、独立工作。

FCS 将多段现场总线组成现场总线网络，并构成现场网络自动化系统，即在生产现场形成 FCS 的现场控制层。也就是说，FCS 变革了 DCS 直接控制层的控制站和生产现场层的模拟仪表，形成 FCS 的现场控制层，另外保留了 DCS 的操作监控层、生产管理层和决策管理层。FCS 基本网络是现场总线网络(FNET)和监控网络(SNET)，还可以扩展生产管理网络(MNET)和决策管理网络(DNET)，从而构成控制和管理的一体化系统。

FCS 将 DCS 控制站的功能化整为零分散到现场总线仪表中，实现了全数字化信号传输和全分散式系统结构。FCS 的特点和优点是系统的分散性、系统的开放性、产品的互操作性、环境的适应性、使用的经济性、维护的简易性和系统的可靠性。

本篇的主要内容包括现场总线的产生、FCS 的产生、FCS 的特点和优点、FCS 的体系结构、FCS 的现场总线、FCS 的现场控制层和 FCS 的应用设计。

第 11 章

FCS 的概述

计算机、控制、集成电路、通信网络和信息集成等技术的发展,带来了自动化领域的深刻变革,产生了现场总线(FB)和现场总线仪表,在此基础上又产生了现场总线控制系统(FCS)。FCS 用现场总线把具有输入、输出、运算、控制和通信功能的各类现场总线仪表(如变送器、执行器)集成在一起,构成现场网络自动化系统,实现生产过程的信息集成。

本章概述现场总线的产生、FCS 的产生、FCS 的特点和优点、FCS 的体系结构。

课件视频 68

11.1 现场总线和 FCS 的产生

传统模拟仪表的输入输出信号(如 4~20mA DC)传输方式制约了 DDC 和 DCS 的发展,人们一方面希望变革模拟信号传输,改为数字信号传输;另一方面希望变革 DCS 控制站,将其输入、输出、运算和控制功能分散到位于生产现场的变送器和执行器之中。前者变革产生了现场总线,后者变革产生了现场总线控制系统(FCS),如图 11.1 所示。

常用的现场总线仪表有温度、压力、流量、物位和成分变送器,以及气动、电动调节阀,这些仪表通过现场总线(FB)连接起来,再通过现场总线接口(Field Bus Interface,FBI)与监控网络(SNET)连接,如图 11.1 所示。本节概述现场总线的产生、FCS 的产生、变革、特点和优点。

微课视频 45

微课讲解 45

课件视频 69

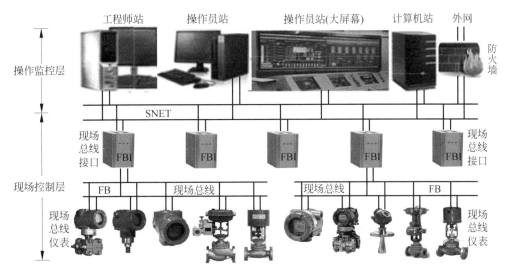

图 11.1 FCS 结构原型

11.1.1　现场总线的产生

现场总线是用于过程自动化和制造自动化底层的现场仪表或现场设备互连的通信线，这些仪表或设备具有输入、输出、运算、控制和通信功能，并直接在现场总线上构成分散的控制回路。

早在 20 世纪 80 年代中期，人们就开始研究制定现场总线标准，其目的是将现场模拟仪表改为现场数字仪表，将模拟信号传输改为数字信号传输，将单一功能的模拟仪表改为综合功能的数字仪表。

1. 现场总线的产生因素

现场总线的产生因素可以归纳为以下 3 条：

传统模拟仪表的缺点：一台仪表，一对传输线，单向传输一个信号。这种一对一结构造成接线庞杂，工程周期长，安装费用高，维护困难。只有信号检测和变换功能。模拟信号(如 4~20mA DC)传输不仅精度低，而且易受干扰。

现场总线仪表的优点：一对传输线，多台仪表，双向传输多个信号。这种一对多结构使得接线简单，工程周期短，安装费用低，维护容易。既有信号检测和变换功能，又有控制和运算功能。数字信号传输不仅精度高，而且抗干扰性强。

计算机、集成电路和通信网络的发展：每台现场总线仪表就是一台微处理器，工作环境恶劣，对于易燃易爆场所，必须提供总线供电的本质安全，这就要求集成电路元件体积小、功能全、性能好、可靠性高和耗电少。现场总线分布于生产现场，网络节点具有互换性和互操作性，这就要求采用先进的通信网络技术和分布式数据库技术。

2. 现场总线的类型

目前世界上有多种现场总线标准，每种现场总线都有各自的特点，在某些应用领域显示了自己的优势。例如，IEC 61158 标准中有 FF-H1、FF-HSE、PROFIBUS、Control Net、P-NET、Swift Net、World FIP 和 Inter bus 等现场总线；另外还有 HART、LON、CAN、ASI 和 Device Net 等现场总线。

现场总线的传输介质通常采用双绞线，也可以选用同轴电缆、光缆或无线方式，甚至可以借用动力电缆(如楼宇中的照明电缆)。

现场总线的传输速率，低速为几十至几百 kbps，中速为几百至几千 kbps，高速为几十至几百 Mbps，因总线类型而异。现场总线的拓扑结构一般采用总线型和树状。

现场总线区别于一般的通信总线，不仅是一种通信技术，而且是一种控制技术。现场总线标准不仅规定了通信协议，而且规定了控制协议或应用功能块。通过现场总线，既可以共享现场总线节点内部的数据，也可以共享现场总线节点内部的功能块，以便在现场总线上组成控制回路。

11.1.2　FCS 的产生

FCS 是伴随着现场总线和现场总线仪表的出现而产生的，现场总线的节点是安装于生产现场或生产设备的现场总线仪表(如变送器、执行器、控制器)，这些仪表具有输入、输出、运算、控制和通信功能，并直接在现场总线上构成控制回路，即在现场总线上形成 FCS。常用的现场总线仪表有温度、压力、流量、物位、成分等变送器，执行器(电动、气动调节阀)，如

图 11.2 所示。如果采用基金会现场总线(Foundation Field bus,FF)标准,并且通过 FF 测试认证,那就可以在现场总线仪表上钉上 FF 标记,如图 11.2(f)所示。

 (a)温度变送器 (b)压力变送器 (c)物位变送器 (d)气动调节阀 (e)电动调节阀 (f)FF标记

图 11.2 现场总线仪表示例

  在 PC 或 IPC 主机板上插一块现场总线板卡,其接口引出两根现场总线,再连接现场总线仪表、电源及电源阻抗调整器,如图 11.3 所示。该图中压力变送器内有模拟量输入功能块 PT123,调节阀内有 PID 控制功能块 PC123 和模拟量输出功能块 PV123,在操作站的组态软件支持下,对这 3 个功能块进行组态,形成组态文件,再下装到现场总线仪表(压力变送器、调节阀)中运行,在现场总线上构成压力控制回路。操作站既有工程师站的组态功能,又兼有操作员站的工艺操作功能。

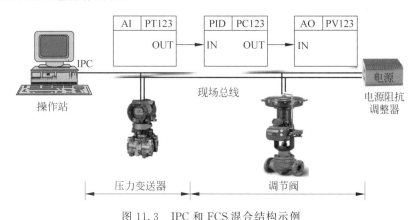

图 11.3 IPC 和 FCS 混合结构示例

  多段现场总线组成现场总线网络,并构成现场网络自动化系统,即在生产现场形成 FCS 的现场控制层,具有类似 DCS 直接控制层的功能,如图 11.1 所示。也可以说,将 DCS 控制站的功能化整为零,分散到现场总线仪表中,在现场总线上形成现场总线控制系统(FCS)。

  为了兼容 DCS 控制站,通常在控制站内插入现场总线模块,再从此模块引出现场总线并连接现场总线仪表,直接在现场总线上构成 FCS,而且 DCS 和 FCS 之间可以互相共享数据,从而形成 DCS 和 FCS 混合结构,如图 11.4 所示。

  在图 11.4 中,槽位 1 和槽位 2 为 DCS 的主控单元(MCU),槽位 5～槽位 10 为输入/输出单元(IOU),槽位 5～槽位 10 连接常规的现场模拟仪表。通过 MCU 和 IOU 构成控制回路或控制策略。

  在图 11.4 中,槽位 3 和槽位 4 插现场总线 FF-H1 模块,其接口引出现场总线 FF-H1

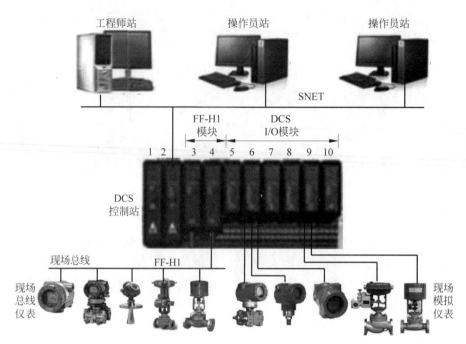

图 11.4　DCS 和 FCS 混合结构示例

连接现场总线仪表,在 FF-H1 上构成控制回路或控制策略,而与 DCS 控制站的 MCU 和 IOU 无关。但是 MCU 和 FF-H1 之间可以互相共享数据。

　　这种混合系统是从 DCS 向 FCS 过渡的一种存在形式,有利于两种系统的兼容并存,逐步过渡到纯 FCS,如图 11.1 所示。

　　DCS 控制站的输入输出单元仍然沿用模拟信号(4~20mA DC)与现场变送器和执行器连接,DCS 属于模拟和数字的混合系统。

　　FCS 变革了 DCS 的直接控制层和生产现场层,统一为现场控制层,此层采用数字信号传输,FCS 属于全数字系统。

11.1.3　FCS 的特点和优点

　　FCS 变革了传统的模拟仪表控制系统、传统的计算机控制系统(DDC、DCS)的结构形式,具有其独有的特点和优点。FCS 的特点和优点主要表现在系统的分散性、系统的开放性、产品的互操作性、环境的适应性、使用的经济性、维护的简易性和系统的可靠性 7 个方面。

1. 系统的分散性

　　新一代 FCS 已将传统 DCS 的控制站功能化整为零,分散到各台现场总线仪表之中,在现场总线上构成分散的控制回路,实现了彻底的分散控制。传统的 DDC 或 DCS 和新一代 FCS 的结构对比,如图 11.5 所示。

　　传统的 DDC 或 DCS 必须有控制站,生产现场的传统模拟仪表与控制站的信号输入/输出模板或模块连接,控制站具有输入、输出、运算和控制功能,并有相应的功能块,这些功能块在控制站内构成控制回路。也就是说,传统的 DDC 或 DCS 只有分散的控制站,没有分散的控制回路。

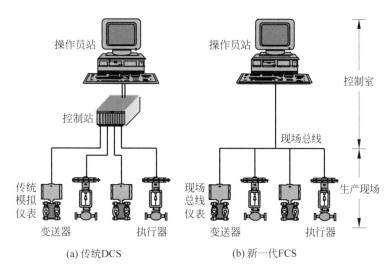

图 11.5　DCS 和 FCS 的结构对比

FCS 没有控制站,只有分散的控制回路,也可以类比为 FCS 在生产现场用多台现场总线仪表通过现场总线构成虚拟控制站。

2. 系统的开放性

现场总线已形成国际标准。系统的开放性是指它可以与世界上任何一个遵守相同标准的其他设备或系统连接,开放是指通信协议的公开。为了保证系统的开放性,一方面,现场总线的开发商应严格遵守通信协议标准,保证产品的一致性;另一方面,现场总线的国际组织应对开发商的产品进行一致性和互操作性测试,严格认证注册程序,最终发布产品合格证。

3. 产品的互操作性

现场总线的开发商严格遵守通信协议标准,现场总线的国际组织对开发商的产品进行严格认证注册,这样就保证了产品的一致性、互换性和互操作性。产品的一致性满足了用户对不同制造商产品的互换要求。产品的互操作性满足了用户在现场总线上可以自由集成不同制造商产品的要求。只有实现互操作性,用户才能用不同厂商的现场总线仪表的功能块组态,在现场总线上构成所需的控制回路。

4. 环境的适应性

现场总线控制系统(FCS)的基础是现场总线及其仪表。它们直接安装在生产现场,工作环境十分恶劣,对于易燃易爆场所,还必须保证总线供电的本质安全。现场总线仪表是专为这样的恶劣环境和苛刻要求而设计的,采用高性能的集成电路芯片和专用的微处理器,具有较强的抗干扰能力,并能够满足本质安全防爆要求。

5. 使用的经济性

现场总线仪表的接线十分简单,双绞线上可以连接多台仪表。这样一方面减少了接线工作量,另一方面可以节省电缆、端子、线盒和桥架等。一般采用总线型和树状拓扑结构,电缆的敷设采用主干和分支相结合的方式,并有专用的集线器或接线器。因而安装现场总线仪表十分方便,即使中途需要增加仪表,也无须增加主干电缆,只需就近连接。这样既减少了安装工作量,缩短了工程周期,也提高了现场施工和维护的灵活性。

6. 维护的简易性

现场总线仪表具有自校验功能,可自动校正零点和量程。现场总线仪表安装接线简单,并采用专用的集线器,因而减少了维护工作量。现场总线仪表也具有自诊断功能,并将相关诊断信息送往操作站,供操作人员分析故障并快速排除,缩短了维护时间。

7. 系统的可靠性

由于现场总线和现场总线控制系统(FCS)具有上述一系列的特点和优点,因而提高了系统的整体可靠性。例如,在现场总线上直接构成控制回路,减少了一系列的中间环节,如接线端子、输入输出单元和控制站等,因而大大减少了设备故障率。

课件视频70

11.2 FCS 的体系结构

FCS 变革了 DCS 直接控制层的控制站和生产现场层的模拟仪表,形成现场控制层,保留了 DCS 的操作监控层、生产管理层和决策管理层。本节从 FCS 的层次结构和网络结构来描述其体系结构。

11.2.1 FCS 的层次结构

FCS 的层次结构的基本构成是现场控制层和操作监控层,另外可以扩展生产管理层和决策管理层,构成控制和管理的一体化系统,如图 11.6 所示。其中现场控制层是 FCS 所特有的,另外 3 层和 DCS 相同。

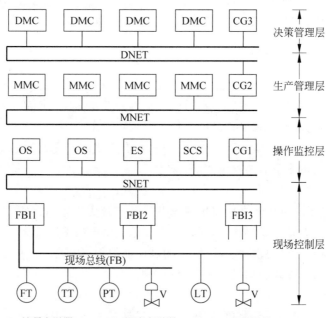

FT: 流量变送器   TT: 温度变送器   SNET: 监控网络
PT: 压力变送器   V: 调节阀   MNET: 生产管理网络
FBI: 现场总线接口 LT: 液位变送器   MMC: 生产管理计算机
OS: 操作员站   ES: 工程师站   DNET: 决策管理网络
SCS: 监控计算机站 CG: 计算机网关   DMC: 决策管理计算机

图 11.6 FCS 的控制和管理一体化系统

1. 现场控制层

现场控制层是 FCS 的基础,其主要设备是现场总线仪表(如变送器、执行器、控制器)和现场总线接口(FBI),另外还有现场总线仪表电源、电源阻抗调整器和本质安全栅等。

现场总线仪表的功能是输入、输出、运算、控制和通信,并提供功能块,以便在现场总线上构成控制回路。

现场总线接口(FBI)的功能是下接现场总线、上接监控网络(SNET)。

2. 操作监控层

操作监控层是 FCS 的中心,其主要设备是操作员站(OS)、工程师站(ES)、监控计算机站(SCS)和计算机网关(CG1)。

操作员站供工艺操作员对生产过程进行监视、操作和管理,具备图文并茂、形象逼真、动态效应的人机界面(MMI)。

工程师站供计算机工程师对 FCS 进行系统生成和诊断维护,供控制工程师进行控制回路组态、人机界面绘制、报表制作和特殊应用软件编制。

监控计算机站实施高等过程控制策略,实现装置级的优化控制和协调控制,并可以对生产过程进行故障诊断、预报和分析,保证安全生产。

计算机网关(CG1)用作监控网络和生产管理网络(MNET)之间相互通信。

3. 生产管理层

生产管理层是 FCS 的扩展层,主要设备是生产管理计算机(MMC),一般由一台中型机和若干台微型机组成。

该层处于工厂级,根据订货量、库存量、生产能力、生产原料和能源供应情况及时制定全厂的生产计划,并分解落实到生产车间或装置;另外还要根据生产状况及时协调全厂的生产,进行生产调度和科学管理,使全厂的生产始终处于最佳状态,并能应付不可预测的事件。

计算机网关(CG2)用作生产管理网络和决策管理网络(DNET)之间相互通信。

4. 决策管理层

决策管理层是 FCS 的扩展层,主要设备是决策管理计算机(DMC),一般由一台大型机、几台中型机、若干台微型机组成。

该层处于公司级,管理公司的生产、供应、销售、技术、计划、市场、财务、人事、后勤等部门。通过收集各部门的信息,进行综合分析,实时做出决策,协助各级管理人员指挥调度,使公司各部门的工作处于最佳运行状态。另外还协助公司管理人员制定中长期生产计划和远景规划。

计算机网关(CG3)用作决策管理网络和其他网络之间相互通信,即企业网络和公共网络之间的信息通道。

11.2.2　FCS 的网络结构

FCS 采用层次化网络结构,基本构成为现场总线网络(FNET)和监控网络(SNET),根据控制和管理一体化的需要,可以扩展生产管理网络(MNET)和决策管理网络(DNET),如图 11.6 所示。

1. 现场总线网络(FNET)

现场总线网络是 FCS 的基础,由多条现场总线段构成,支持总线型和树状等网络拓扑结构,传输速率为几十至几百 kbps,常用的传输介质为双绞线。

2. 监控网络(SNET)

监控网络是 FCS 的中枢,具有良好的实时性、快速的响应性、极高的安全性、恶劣环境的适应性、网络的互联性和网络的开放性等特点。SNET 选用工业以太网,传输介质为同轴电缆或光缆,传输速率为 10~100Mbps,传输距离为 1~5km。

3. 生产管理网络(MNET)

生产管理网络处于工厂级,连接全厂的网络节点。一般选用工业以太网,传输介质为同轴电缆或光缆,传输速率为 100~1000Mbps,传输距离为 5~10km。

4. 决策管理网络(DNET)

决策管理网络处于公司级,连接全公司的网络节点。一般选用工业以太网,传输介质为同轴电缆或光缆,传输速率为 100~1000Mbps,传输距离为 10~50km。

本章小结

本章概述现场总线的产生、FCS 的产生、FCS 的特点和优点、FCS 的体系结构。

现场总线是用于过程自动化和制造自动化底层的现场总线仪表或现场设备互连的通信网络,这些仪表或设备具有输入、输出、运算、控制和通信功能,并直接在现场总线上构成分散的控制回路。

现场总线的产生因素可以归纳为传统模拟仪表的缺点、现场总线仪表的优点、计算机及其通信网络技术的发展。

FCS 是伴随着现场总线和现场总线仪表的出现而产生的,现场总线仪表有类似于 DCS 控制站的输入、输出、运算和控制功能块,用这些功能块可以直接在现场总线上组成分散的控制回路。多段现场总线组成现场总线网络,并构成现场网络自动化系统,即在生产现场形成 FCS 的现场控制层,具有与 DCS 直接控制层类似的功能。FCS 变革了 DCS 的生产现场层及直接控制层,主要表现在全数字化信号传输、全分散式系统结构、现场总线仪表的互操作性 3 方面。

FCS 的特点和优点主要表现在系统的分散性、系统的开放性、产品的互操作性、环境的适应性、使用的经济性、维护的简易性和系统的可靠性 7 方面。

FCS 的层次结构的基本构成是现场控制层和操作监控层,还可以扩展生产管理层和决策管理层;网络结构的基本构成是现场总线网络(FNET)和监控网络(SNET),还可以扩展生产管理网络(MNET)和决策管理网络(DNET)。

第 12 章

CHAPTER 12

FCS 的现场总线

FCS 的基础是现场总线,目前是多种现场总线并存,各有其特定的总线协议或标准规范。本章将现场总线分为低速、中速和高速 3 类,分别介绍 3 类常用的现场总线。其中低速现场总线仅介绍 FF-H1 和 HART(Highway Addressable Remote Transducer);中速现场总线仅介绍 PROFIBUS(Process Field Bus)和 LON(Local Operating Network);高速现场总线仅介绍 FF-HSE(High Speed Ethernet)和 PROFInet。

12.1 低速现场总线

低速现场总线的通信速率一般是几十至几百 kbps,用于现场变送器、执行器等。本节介绍 FF-H1 和 HART 低速现场总线。

微课视频 46

12.1.1 FF-H1

现场总线基金会(Field bus Foundation,FF)发布了基金会现场总线(Foundation Field bus,FF),FF 规定了低速现场总线 FF-H1 标准。

微课讲解 46

FF-H1 的传输速率为 31.25kbps,它是为适应生产自动化,尤其是过程自动化而设计的,它综合了通信技术和控制技术。FF-H1 不仅规定了通信标准,而且规定了功能块标准,在组态软件支持下,用户直接以图形方式选用功能块来组建所需的控制回路。

微课视频 47

1. FF-H1 的通信模型

国际标准化组织 ISO(International Standardization Organization)制定了开放系统互连 OSI(Open System Interconnection)参考模型,该模型从下到上分为 7 层,依次为物理层 1、数据链路层 2、网络层 3、传输层 4、会话层 5、表示层 6 和应用层 7,如图 12.1 所示。

微课讲解 47

为了实现现场网络的实时性,现场总线采用的通信模型一般是在 OSI 参考模型的基础上进行不同程度的优化或改进。FF-H1 参照了 OSI 参考模型的物理层 1、数据链路层 2 和应用层 7,省略了中间的第 3~6 层,另外在应用层 7 之上增加了用户层,如图 12.1 所示。用专用集成电路(ASIC)及其相关硬件和软件实现 FF-H1 通信模型。

课件视频 71

用户层的引入,使得现场总线仪表或现场设备的功能以功能块的形式呈现在用户面前,在组态软件的支持下,用户直接以图形方式选用功能块来组建所需的控制回路。因此,FF 不仅有通信标准,而且有控制标准。

2. FF-H1 的物理层

FF-H1 物理层(Physical Layer,PHY)的基本任务有两个:一是从传输介质(双绞线)上

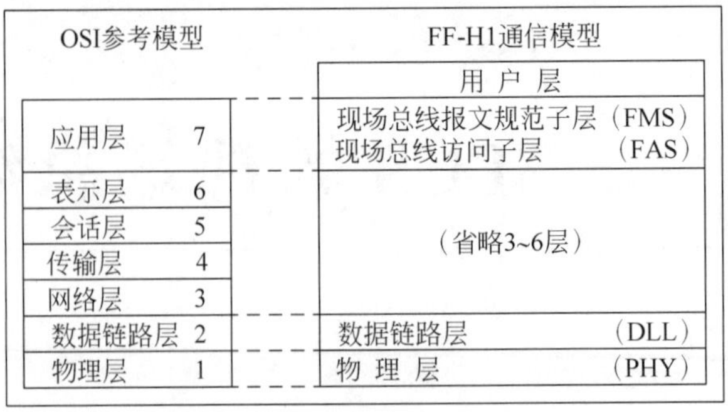

OSI参考模型		FF-H1通信模型
		用 户 层
应用层	7	现场总线报文规范子层（FMS） 现场总线访问子层　　（FAS）
表示层	6	（省略3~6层）
会话层	5	
传输层	4	
网络层	3	
数据链路层	2	数据链路层　　　　　（DLL）
物理层	1	物 理 层　　　　　　（PHY）

图 12.1　FF-H1 通信模型和 OSI 参考模型

接收信号,经过处理后送给数据链路层(DLL),称之为接收功能;二是将来自数据链路层(DLL)的数据,经过加工变为标准物理信号发送到传输介质上,传输速率为 31.25kbps,称之为发送功能。

　　FF-H1 的现场总线仪表或现场设备有两种供电方式:总线供电和非总线供电。总线供电是指现场总线仪表或现场设备直接从现场总线上获取工作能源,即每段现场总线有一台总线电源;非总线供电是指现场总线仪表或现场设备的工作能源不是取自现场总线,而是取自设备本身自带的工作电源。

　　按照 FF-H1 的技术规范,电压模式的现场总线信号波形如图 12.2 所示。

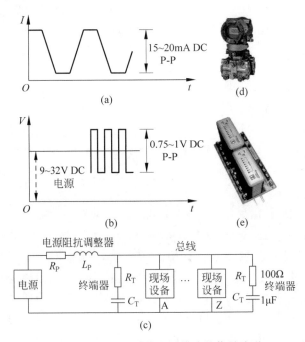

图 12.2　FF-H1 总线电压模式的信号波形

　　在图 12.2 中,物理层(PHY)的信号编码加载到直流电压上形成物理信号波形在传输介质上传输。对于总线供电的情况,总线(双绞线)上既要传送数字通信信号,又要由总线为现场设备或现场总线仪表供电。携带协议信息的数字信号以频率 31.25kHz、峰-峰(P-P)电压为 0.75~1V DC 的幅值加载到 9~32V DC 的直流供电电压上,形成现场总线的电压信号波形。

　　直流电源不能直接与总线相连,因为其输出阻抗几乎为零,数字脉冲信号会被短路。为此,应在电源与总线之间接入"电源阻抗调整器",其等效电路是电感线圈 L_P 和电阻 R_P,如图 12.2(c)所示。其功能是对数字脉冲信号呈现高阻抗,防止数字脉冲信号被总线电源短路;而对直流信号呈现低阻抗。现场设备或现场总线仪表(压力变送器),如图 12.2(d)所示。一般将直流电源和电源阻抗调整器合并,如图 12.2(e)所示。

　　图 12.2(c)展示了现场总线的网络配置,总线两端分别接一个终端器,每个终端器由一个 100Ω 电阻 R_T 和一个 $1\mu F$ 电容 C_T 串联组成,这样网络配置的等效阻抗为 50Ω(即 2 个 100Ω 电阻并联)。因此,现场设备或现场总线仪表内 15~20mA DC 的峰-峰电流变化就可以在等效阻抗 50Ω 的现场总线上形成 0.75~1V DC 的峰-峰电压信号。终端器(R_T 和 C_T)放在总线的首端和末端,可以防止传输信号失真和总线两端产生信号波反射。

3. FF-H1 的传输介质

　　FF-H1 支持多种传输介质,如双绞线、电缆、光缆、无线。常用的是屏蔽双绞线、屏蔽多对双绞线、无屏蔽多对双绞线、屏蔽多芯电缆。传输信号的幅度和波形与传输导线的类型、屏蔽、长度等密切相关。

4. FF-H1 的用户层

　　用户层是在应用层(FAS、FMS)之上增加的一层,用于实现 FF-H1 的自动化功能,并将现场总线仪表或现场设备的输入、输出、控制和运算功能以功能块的形式呈现在用户面前。在组态软件的支持下,用户直接以图形方式选用功能块来组建所需的控制回路,如图 11.3 所示。用户层有功能块(Function Block,FB)、资源块(Resource Block,RB)、变换块(Transducer Block,TB),其中功能块(FB)包含输入、输出、控制、运算功能块。

5. FF-H1 的网络拓扑结构

　　FF-H1 网络拓扑结构如图 12.3 所示,总线型、菊花链状、树状和单点型。其中总线型采用一根主干电缆,再分出多根分支电缆,每个分支上接一台现场总线仪表或现场设备;菊花链状有主干电缆,无分支电缆,即现场总线仪表或现场设备都接在主干电缆上;树状是主干电缆上的一个端点分出多个分支,每个分支上接几台现场总线仪表或现场设备;单点型是主干电缆上只接一台现场总线仪表或现场设备。当然,总线型、菊花链状和树状可以混合使用,构成所谓的混合型拓扑结构。

　　★以上简单介绍了 FF-H1,更多的详细内容请见参考文献[1]~[4]。

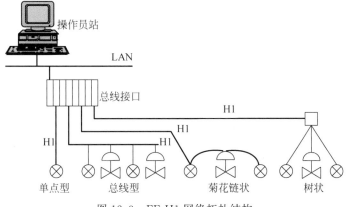

图 12.3　FF-H1 网络拓扑结构

12.1.2　HART

HART(Highway Addressable Remote Transducer,可寻址远程变送器数据通路)总线
使用 FSK(Frequency Shift Keying,频率调制键控)技术,即在 4～20mA DC 模拟信号上叠
加 FSK 数字信号,使得模拟信号和数字信号同时在双绞线上传输。

1. HART 总线概述

HART 总线采用 4～20mA DC 模拟信号上叠加 FSK 数字信号的混合传输方式,用此
总线开发的现场总线仪表,既可以当作模拟仪表来传输 4～20mA DC 信号,也可以当作数
字仪表来传输数字信号。HART 采用总线供电,可以满足本质安全防爆要求。

HART 总线的通信模型参照 OSI 参考模型的物理层 1、数据链路层 2 和应用层 7,并针
对自身的特点进行了优化改进。

HART 总线采用总线型网络拓扑结构,如图 12.4 所示。总线上至少要有一台主设备
(主站)、一台现场总线仪表(从站)和一台总线供电电源。副主设备(主站)为手持式编程器,
是总线的临时设备。HART 总线采用主从式或问答式通信。安全栅为可选设备,根据生产
现场是否要求防爆来选用。

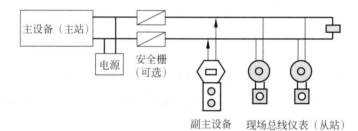

图 12.4　HART 总线的结构

现场总线仪表(从站)是基本的从设备,例如温度、压力、流量、料位和成分分析变送器,
执行器(电动调节阀、气动调节阀),它对主站发出的命令做出响应。

主设备(主站)为 DCS、PLC、计算机监控站等,与现场总线仪表(从站)进行通信。在主
从式或问答式通信中,首先由主站向从站发出请求命令,再由从站做出响应或回答。

2. HART 物理层

物理层的信号传输采用 FSK 技术,即在 4～20mA DC 模拟信号上叠加幅值+0.5～
−0.5mA 正弦波调频信号,逻辑 1 为 1200Hz,逻辑 0 为 2200Hz,如图 12.5 所示。

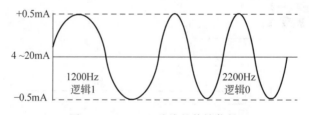

图 12.5　HART 总线的传输信号

为了保证现场总线仪表检测出 HART 信号,要求峰-峰(P-P)电压为 0.25V DC 以上,
因此 2 线制现场总线仪表与电源之间至少要有 250Ω 的电阻。

传输介质为双绞线,传输速率为1200bps,传输距离取决于节点连接方式、双绞线特性和总线供电等因素。可以有以下两种连接方式:

(1) 点对点连接方式。最大传输距离为3000m,既可选用模拟信号,也可选用数字信号。当选用模拟信号时,节点地址为0。

(2) 多节点连接方式。最多允许15个节点,节点地址为1~15,最大传输距离为1500m。另外,为了保证2线制现场总线仪表与电源之间至少要有250Ω的电阻,这就限制了传输距离及节点数。

★以上简单介绍了HART,详细内容请见参考文献[1]~[4]。

12.2　中速现场总线

课件视频72

中速现场总线的通信速率一般是几百至几千kbps,主要用于控制器,也可以用于现场变送器和执行器等。本节介绍PROFIBUS和LON中速现场总线。

12.2.1　PROFIBUS

PROFIBUS(Process Field Bus,过程现场总线)是为适应工厂自动化、过程自动化系统的技术需求而设计,其协议分为PROFIBUS-FMS(Field bus Message Specification,现场总线报文规范)、PROFIBUS-DP(Decentralized Periphery,分散外围设备)、PROFIBUS-PA(Process Automation,过程自动化)、PROFIdrive、PROFIsafe、PROFInet子集。

PROFIBUS-FMS用于车间级的自动化,构成主站-主站通信,主站为监控站,进行监控操作和管理。通信速率为9.6kbps~12Mbps,属于中速现场总线。

PROFIBUS-DP用于装置级和现场级的自动化,构成主站-从站通信,主站为控制站,从站为现场设备或现场总线仪表。通信速率为9.6kbps~12Mbps,属于中速现场总线。

PROFIBUS-PA用于现场级的过程自动化,通信速率为31.25kbps,属于低速现场总线。

PROFIdrive主要应用于运动控制系统,诸如各类变频器、伺服控制器之间的数据传输。

PROFIsafe主要应用于安全性、可靠性要求特别高的控制系统,诸如核电站、紧急停车设备(Emergency Shutdown Device,ESD)、安全仪表系统(Safety Instrumented System,SIS)。

PROFInet是高速以太网,不仅可以集成PROFIBUS,而且可以集成其他现场总线,将企业信息管理层与现场控制层有机地融合为一体,构成控制与管理网络架构。

1. PROFIBUS-FMS/DP/PA通信模型

PROFIBUS-FMS/DP/PA参照了OSI参考模型的物理层1、数据链路层2和应用层7,另外增加了用户层。

PROFIBUS-FMS的用户层有用户接口,并规定了FMS行规。

PROFIBUS-DP的用户层又分为直接数据链路映像(Direct Data Link Map,DDLM)和用户接口/用户(User Interface/User,UI/U),另外还规定了DP行规。

PROFIBUS-PA的用户层有用户接口,并规定了PA行规。

2. PROFIBUS-FMS/DP/PA 物理层

PROFIBUS-FMS 和 PROFIBUS-DP 有相同的物理层,采用 EIA-485(RS-485)标准,传输速率为 9.6kbps～12Mbps,称之为物理层类型 1。传输介质为双绞线或光缆,传输介质和收发器可以冗余。屏蔽双绞线每段最长 1200m,传输距离取决于传输介质、传输速率及中继器。总线型拓扑结构,每段最多 32 个站,带 3 个中继器可扩展到 122 个站。

PROFIBUS-PA 物理层采用 IEC 61158.2 标准,传输速率为 31.25kbps,总线供电,称之为物理层类型 2。传输介质为屏蔽双绞线,传输距离最长为 1900m,总线型拓扑结构,每段最多 32 个站,总线供电或非总线供电,本质安全或非本质安全。

3. PROFIBUS-FMS/DP/PA 网络拓扑结构

PROFIBUS-FMS/DP/PA 采用总线型网络拓扑结构,构成 FMS/DP/PA 混合系统,如图 12.6 所示。其中 DP 主站和 FMS 主站之间采用令牌环传输方式,如图 12.6 中环状虚线箭头所示。DP 一类主站和相应的从站之间的通信采用主从方式,FMS 主站和从站之间的通信也采用主从方式。例如,DP 一类主站 M1-2 与 DP 从站 S5 和 S6 之间,DP 一类主站 M1-3 与 DP 从站 S7 和 S8 之间,FMS 一类主站 M1-4 与 FMS 从站 S9 和 S10 之间,都采用主从通信方式,如图 12.6 中放射状虚线箭头所示。DP 二类主站(如 M2-1)和从站之间无通信关系。

PROFIBUS-DP 和 PA 之间通过 DP/PA 耦合器(Coupler)互连,如图 12.6 所示。

★以上简单介绍了 PROFIBUS,详细内容请见参考文献[1]～[4]。

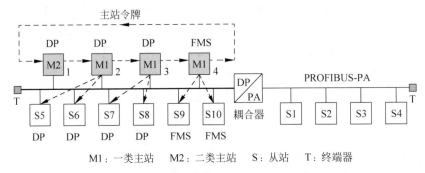

图 12.6 PROFIBUS-FMS/DP/PA 混合系统

12.2.2 LON

LON(Local Operating Network,局部操作网络)总线可用于工业、交通、楼宇等领域的自动化。LON 总线参照了 OSI 参考模型的全部 7 层,并用具有 3 个 CPU 的神经元芯片(Neuron Chip)固化了协议的全部内容。

1. LON 通信协议

LON 通信协议参照了 OSI 参考模型的全部 7 层,并用 Neuron 芯片固化了 7 层协议,如表 12.2.1 所示。该芯片内集成了 3 个 8 位 CPU,其中 CPU1 为 MAC(Medium Access Control,介质访问控制)处理器,执行协议中的第 1 层和第 2 层;CPU2 为网络(network)处理器,执行协议中的第 3～6 层;CPU3 为应用(application)处理器,执行协议中的第 7 层(应用层);用户只需用 Neuron C 语言编写第 7 层(应用层)的应用程序。

表 12.2.1　LON 总线协议的有关内容

协议层		目 的	提供的服务	处 理 器
7	应用层	网络应用	标准网络变量类型(SNVT)	应用处理器 CPU3
6	表示层	数据解释	网络变量(NV),外来帧传送	
5	会话层	远程操作	请求/响应,证实,网络管理	网络处理器 CPU2
4	传送层	端对端传输	应答,非应答,单点,多点,证实,重复检测,排队	
3	网络层	路由选择	目标寻址,路由选择	
2	链路层	帧构成,介质访问控制	帧构成,数据编码,CRC 校验,P-P-CSMA,冲突检测和避免,优先级	MAC 处理器 CPU1
1	物理层	电气连接	传输介质接口,调制方案	

2. LON 物理层

LON 物理层支持多种传输介质,例如,双绞线(twisted pair)、电力线(power line)、同轴电缆(coaxial cable)、光缆(optical fiber)、无线电(radio frequency)、红外线(infrared)等。

常用的双绞线传输速率为 78kbps～1.25Mbps,传输距离为 130m～2700m;电力线传输速率为 0.6～5.4kbps,传输距离取决于电力线噪声及发射接收衰减等因素。

LON 支持多种网络拓扑结构,例如总线型、星状、环状和混合型。

★以上简单介绍了 LON,详细内容请见参考文献[1]～[4]。

12.3 高速现场总线

课件视频 73

高速现场总线的通信速率一般是 10～100Mbps,主要用于操作员站、工程师站和计算机站,也可以用于控制器、传感器、变送器和执行器。本节介绍 FF-HSE 和 PROFInet 高速现场总线。

12.3.1 FF-HSE

FF-HSE(High Speed Ethernet,高速以太网)传输速率为 10Mbps/100Mbps,传输介质为多芯电缆或光纤,传输距离最长 100m,可以冗余配置。

FF-HSE 基于以太网,不仅有以太网的优点,而且支持 FF 协议的相关规范,FF-HSE 和 FF-H1 共同构成现场总线控制系统(FCS)。

FF-HSE 通信模型的层次结构,如表 12.3.1 所示,省略了 OSI 层参考模型中的层 5 和层 6,另外增加了用户层。

表 12.3.1　FF-HSE 和 FF-H1 通信模型

OSI 参考模型	FF-HSE	FF-H1
	用户层	用户层
层 7:应用层	FDA,FMS 和 SM	FMS
	FDA 会话	FAS
层 6:表示层		
层 5:会话层		
层 4:传送层	TCP 或 UDP	

续表

OSI 参考模型	FF-HSE	FF-H1
层 3: 网络层	IP	
层 2: 数据链路层	以太网/IEEE 802.2	H1 DLL 面向连接及无连接
层 1: 物理层	以太网/IEEE 802.3	H1 PHY 31.25kbps

FF-HSE 物理层和数据链路层采用 IEEE 802 局域网(LAN)协议标准,网络层采用 IP (Internet Protocol,互联网协议),传输层采用 TCP(Transmission Control Protocol,传输控制协议)或 UDP(User Datagram Protocol,用户数据报文协议),这 4 层使用了现有的通信协议,体现了 FF-HSE 的共性;另外,应用层和用户层专为 FF-HSE 设计的,体现了 FF-HSE 的个性。

★以上简单介绍了 FF-HSE,详细内容请见参考文献[1]~[4]。

12.3.2 PROFInet

PROFInet 基于传统的以太网底层协议 IEEE 802.3,并兼容了 PROFIBUS 现有应用。PROFInet 是 PROFIBUS 的一个子集。

1. PROFInet 通信模型

PROFInet 通信模型如图 12.7 所示,其中物理层、数据链路层、网络层、传输层使用了现有的通信协议,并没有定义任何新的通信协议。诸如,物理层采用 IEEE 802.3,数据链路层采用 IEEE 802.2,网络层采用 IP,传输层采用 TCP 或 UDP,这 4 层体现了 PROFInet 的共性。应用层使用部分软件新技术,如 Microsoft 公司的 COM、OPC、XML 和 Active X 等技术,体现了 PROFInet 的个性。

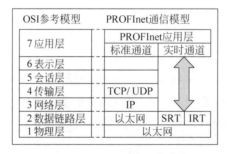

图 12.7 PROFInet 通信模型

2. PROFInet 物理层

PROFInet 物理层的传输介质为电缆和光纤,每段电缆的最大长度为 100m,每段多模光缆的最大长度为 2km,每段单模光缆的最大长度为 14km。电缆的连接器为 RJ-45,具有 IP20 防护等级的 RJ-45 用于办公室,具有 IP65/IP67 防护等级的 RJ-45 用于条件恶劣的场所。

PROFInet 设计了 3 种不同时间性能等级的通信:

(1)用于非苛求时间数据的 TCP/UDP 和 IP 标准通信,如对参数赋值和组态,实时性要求小于 100ms。

（2）用于时间要求严格的软实时（Soft Real Time，SRT），如生产过程自动化的数据，实时性要求小于10ms。

（3）用于时间要求特别严格的等时同步实时（Isochronous Real Time，IRT），如运动控制应用的数据，实时性要求小于1ms。

在同一根总线上可以实现上述TCP/IP、SRT、IRT三种时间性能等级的通信，如图12.7所示，从而确保了自动化过程的快速响应时间和企业管理的一致性。

3. PROFInet网络拓扑结构

PROFInet是高速以太网，传输速率100Mbps，拓扑结构为总线型、树状、星状和环状，作为企业主干网，不仅可以集成PROFIBUS现场总线，而且可以集成其他现场总线，在整个企业内实现统一的控制与管理网络架构，将企业信息管理层与现场控制层有机地融合为一体。

★以上简单介绍了PROFInet，详细内容请见参考文献[1]～[4]。

本章小结

FCS的基础是现场总线和现场总线仪表，本章介绍了低速现场总线FF-H1、HART，中速现场总线PROFIBUS、LON，高速现场总线FF-HSE、PROFInet。

FF-H1总线的传输速率为31.25kbps，不仅规定了通信标准，而且规定了功能块标准，适用于过程自动化的现场总线仪表，支持总线供电和本质安全。在组态软件支持下，用功能块可以在现场总线上组成控制回路。

HART总线采用4～20mA DC模拟信号上叠加FSK数字信号（1为1200Hz，0为2200Hz）的混合传输方式，既可以当作模拟仪表来传输4～20mA DC信号（此时节点地址为0），也可以当作数字仪表来传输数字信号（此时节点地址为1～15）。

PROFIBUS含有PROFIBUS-FMS、PROFIBUS-DP、PROFIBUS-PA、PROFIdrive、PROFIsafe、PROFInet子集。PROFIBUS-FMS用于车间级的自动化，构成主站-主站通信系统；PROFIBUS-DP用于装置级和现场级的自动化，构成主站-从站通信系统；PROFIBUS-PA用于现场级的过程自动化，支持总线供电；PROFIdrive用于运动控制系统，诸如各类变频器、伺服控制器之间的数据传输；PROFIsafe定义了安全通信行规，应用于安全性、可靠性要求特别高的控制系统，诸如核电站、紧急停车设备（ESD）、安全仪表系统（SIS）；PROFInet是高速以太网，作为企业主干网不仅可以集成PROFIBUS现场总线，而且可以集成其他现场总线，从而在整个企业内实现统一的控制与管理网络架构，将企业信息管理层与现场控制层有机地融合为一体。

LON总线协议参照了OSI参考模型的全部7层，并用神经元芯片（Neuron Chip）固化了协议的全部内容，只需用Neuron C语言编写第7层（应用层）的应用程序。LON总线可以用于工业、交通、楼宇等领域的自动化。

FF-HSE总线的传输速率为10Mbps/100Mbps，主要用于上层的操作员站、工程师站和计算机站，也可以用于控制器，FF-HSE和FF-H1共同构成完善的现场总线控制系统（FCS）。

PROFInet传输速率100Mbps，作为企业主干网，不仅可以集成PROFIBUS现场总线，而且可以集成其他现场总线，从而在整个企业内实现统一的控制与管理网络架构。

第 13 章

FCS 的现场控制层

现场控制层是 FCS 的基础,该层主要由现场总线、现场总线仪表、现场总线辅助设备和现场总线接口组成。现场控制层的功能是输入、输出、运算、控制和通信,在现场总线上组成控制回路,构造分布式网络自动化系统。本章叙述现场总线的设备、现场总线仪表的应用块和现场总线控制回路的构成。

微课视频 48

微课讲解 48

课件视频 74

13.1 现场总线的设备

现场总线的设备可以分为现场总线仪表、现场总线辅助设备和现场总线接口 3 部分,其中现场总线仪表有变送器、执行器和信号转换器,现场总线辅助设备有本质安全栅、终端器、中继器、总线电源和电源阻抗调整器,现场总线接口有 PC 总线网卡、DCS 总线网卡和总线交换器。

13.1.1 现场总线仪表

常用的现场总线仪表有变送器和执行器,其外观和基本构成与常规模拟仪表一样,只是在常规模拟仪表的基础上增加了与现场总线有关的硬件和软件,如图 11.2 所示。现场总线仪表的功能是输入、输出、运算、控制和通信,并提供相应的输入、输出、运算和控制功能块,可以在现场总线上组成控制回路,如图 11.3 所示。

1. 变送器

常用的变送器有温度、压力、流量、料位和成分分析 5 类,每类又有多个品种。现场总线数字变送器是在传统的模拟变送器基础上改进而成,就其硬件来说,除了保留原有仪表圆卡的功能外,增加了总线圆卡,如图 13.1 所示。

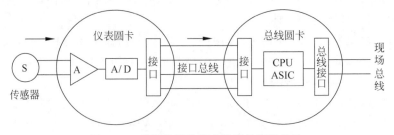

图 13.1　现场总线数字变送器的硬件结构

仪表圆卡的功能是传感器信号放大和转换,并通过接口总线与总线圆卡交换信息。其硬件结构类似于原仪表圆卡,另外增加了 A/D 转换以及接口电路。

总线圆卡的功能是实现总线协议(如 FF-H1),与仪表圆卡交换信息,通过总线接口与现场总线通信,提供变换块、资源块和功能块。其硬件结构采用专用集成电路芯片(ASIC)、CPU、总线接口电路、与仪表圆卡交换信息的接口电路,如图 13.2 所示。

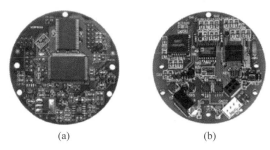

(a)　　　　　　　(b)

图 13.2　现场总线圆卡

2. 执行器

常用的执行器有电动调节阀和气动调节阀,每类又有多个品种。现场总线数字调节阀是在传统模拟调节阀的基础上改进而成的,就其硬件来说,除了保留原有的仪表圆卡的功能外,增加了总线圆卡,如图 13.3 所示。

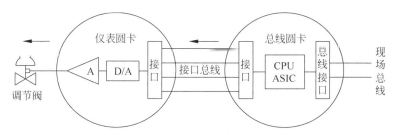

图 13.3　现场总线数字调节阀的硬件结构

仪表圆卡的功能是信号转换和驱动,并通过接口总线与总线圆卡交换信息。其硬件结构类似于原仪表圆卡,另外增加了 D/A 转换以及接口电路。

总线圆卡的功能是实现总线协议(如 FF-H1),与仪表圆卡交换信息,通过总线接口与现场总线通信,提供变换块、资源块和功能块。其硬件结构采用专用集成电路芯片(ASIC)、CPU、总线接口电路、与仪表圆卡交换信息的接口电路,如图 13.2 所示。

3. 信号转换器

信号转换器用于传统模拟仪表和现场总线数字仪表之间信号的转换,主要有两种:第一种是接收 4～20mA DC 电流信号,再将其转换成现场总线(如 FF-H1)适用的信号;第二种是接收现场总线(如 FF-H1)的数字信号,再将其转换成 4～20mA DC 电流信号。这两种转换器,适用于从传统模拟仪表逐步向现场总线数字仪表过渡。

13.1.2　现场总线辅助设备

现场总线辅助设备有总线电源、电源阻抗调整器、安全栅、终端器和中继器。

1. 总线电源

总线电源用来为总线或现场仪表供电(如24V DC)。

2. 电源阻抗调整器

电源阻抗调整器对数字脉冲信号呈现高阻抗,防止数字脉冲信号被总线电源短路,如图12.2(c)所示。冗余电源和电源阻抗调整器如图13.4所示,该实物可以接8条FF-H1总线段。

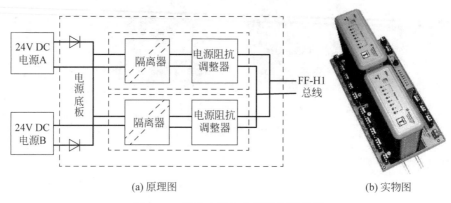

(a) 原理图   (b) 实物图

图13.4 冗余电源和电源阻抗调整器

3. 安全栅

安全栅是安全场所与危险场所的隔离器,通常由信号处理单元、隔离单元、限能单元组成,主要功能是限流限压,保证现场总线仪表得到的能量在安全范围内,使生产现场符合安全防爆标准,如图13.5所示,该实物可以接8台现场总线仪表。

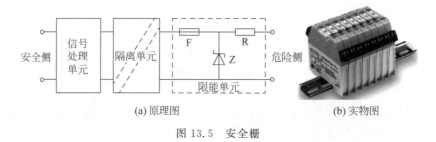

(a) 原理图   (b) 实物图

图13.5 安全栅

4. 终端器

终端器用在总线的首端和末端的阻抗匹配器,每段总线必须有2个终端器。终端器可以防止传输信号失真和总线两端产生信号波反射。终端器有外置式或内置式(即预置于现场总线仪表内部)。例如,图12.2(c)展示了FF-H1终端器,其中$R_T=100\Omega$,$C_T=1\mu F$。

5. 中继器

中继器用来延长现场总线段。例如,FF-H1总线段上的任意2台现场总线仪表之间最多可以使用4台中继器。也就是说,FF-H1总线段上2台现场总线仪表之间的最大距离是$1900\times 5=9500(m)$(屏蔽双绞线)。中继器是一台有源的总线供电设备或非总线供电设备。

13.1.3 现场总线接口

现场总线接口有3种结构形式:第一种是PC总线网卡,第二种是DCS总线网卡,第三种是总线交换器。

1. PC总线网卡

PC总线网卡插入操作站,例如IPC,该网卡内部与PC的CPU总线连接,外部与现场总线连接,如图11.3所示,此时IPC兼作操作员站或工程师站。

2. DCS总线网卡

DCS总线网卡(或模块)插入DCS控制站的输入输出单元机箱内,这是FCS和DCS集成方式之一,如图11.4所示。某DCS控制站的FF-H1总线模块,如图13.6所示,该模块可以连接4条FF-H1总线段。

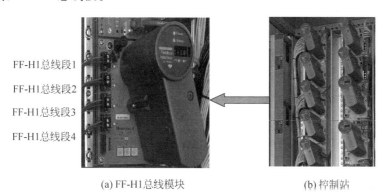

FF-H1总线段1
FF-H1总线段2
FF-H1总线段3
FF-H1总线段4

(a) FF-H1总线模块   (b) 控制站

图13.6 某DCS控制站的FF-H1总线模块

3. 总线交换器

总线交换器是一台独立的设备,对下提供多个现场总线接口,对上提供监控网络(SNET)接口,如图11.1中的FBI。

13.2 现场总线仪表的应用块

人们把DCS控制站的硬件和软件功能抽象成功能块,便于进行控制回路的组态。与此类似,人们也把现场总线仪表的硬件和软件功能抽象成应用块呈现在用户面前,应用块分为资源块、变换块和功能块3类。

资源块和变换块只有内部参数,而无外部输入、输出参数或端子,因而不能用于控制回路的组态,只能引用其内部参数。

功能块分为输入、输出、控制、运算功能块,这4类功能块既有内部参数,也有外部输入、输出参数或端子,可以用于控制回路的组态。

本节以FF-H1现场总线仪表为例,介绍它的资源块、变换块和功能块。

微课视频49

微课讲解49

13.2.1 现场总线仪表的资源块

资源块(Resource Block,RB)描述了现场总线仪表的硬件特性及其相关运行参数,如仪

课件视频75

表类型、版本、制造商、存储器大小等。为此,定义了资源块参数表。

资源块只有内含参数,而无输入和输出参数,因而资源块不能用于块的连接及控制回路的组态。详细内容请见参考文献[1]～[4]。

13.2.2 现场总线仪表的变换块

变换块(Transducer Block,TB)描述了现场总线仪表的 I/O 特性,如传感器类型、参数量程、单位等。为此,定义了变换块参数表。变换块将功能块与传感器、执行器隔离开来,变换块是为功能块的应用所定义的接口。图 13.7 展示了传感器、执行器、输入/输出变换块、输入/输出功能块之间的关系。

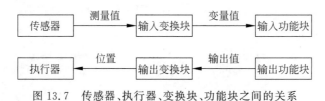

图 13.7 传感器、执行器、变换块、功能块之间的关系

变换块只有内含参数,而无输入和输出参数,因而变换块不能用于块的连接及控制回路的组态。详细内容请见参考文献[1]～[4]。

13.2.3 现场总线仪表的功能块

功能块的概念对用户来说并不陌生,类似于 DCS 控制站中的各种输入、输出、控制和运算功能块。人们也将现场总线仪表的输入、输出、控制和运算功能模型化为功能块,并规定了它们各自的输入、输出、算法、参数、事件和块图。功能块既有内含参数,也有输入和输出参数,因而功能块可以用于块的连接及控制回路的组态。

1. 功能块的构成

功能块的构成要素有输入参数、输出参数、算法、内含参数、输入事件和输出事件。功能块的构成要素的多少因类型而异,如输入块只有输出参数,控制块既有输入参数也有输出参数。功能块的输入和输出参数可以用于块与块之间的连接,内含参数只能被访问,而不能用于连接。详细内容请见参考文献[1]～[4]。

现场总线仪表中常用的 PID 控制算法就是一个标准的功能块。把被控参数的模拟量输入(AI)块的输出连接到 PID 控制块,就成为 PID 控制块的输入参数;再把 PID 控制块的控制量输出连接到模拟量输出(AO)块,就成为 AO 块的输入参数;PID 控制块的比例增益、积分时间、微分时间等所有不参与连接的参数则为内含参数。

2. 功能块的类型

根据功能块的参数和行为,可以分成以下 4 类功能块。

1)输入功能块

通过内部通道对输入变换块的引用,访问物理测量值,再对该值进行处理,其结果作为一个连接到其他功能块的输出。另外,包含仿真参数,其值和状态可以超越输入变换块,用于诊断和检验。常用的输入功能块有 AI、DI 功能块。

★关于输入功能块的详细内容,请见第 4 章及参考文献[1]～[4]。

2）输出功能块

根据从其他功能块来的输入而动作，并通过内部通道引用，将其结果传输到输出变换块。另外，包含仿真参数，其值和状态可以超越输出变换块，用于诊断和检验。同时，支持反向计算输出参数，通过反向计算输入参数，可以知道较低层块的状态，如图13.8所示。常用的输出功能块有 AO、DO 功能块。

★关于输出功能块的详细内容，请见第 4 章及参考文献[1]～[4]。

3）控制功能块

根据从其他功能块来的输入及算法执行，并产生一些计算结果，作为输出参数传输到其他功能块。例如，PID 控制块采用从其他块来的信息，产生计算结果，即控制量。同时，支持反向计算或反向连接输出参数，通过反向计算输入参数，可以知道较高层块的状态，如图 13.11 所示。常用的控制功能块有 PI、PID 功能块。

★关于控制功能块的详细内容，请见第 4 章及参考文献[1]～[4]。

4）计算功能块

根据从其他功能块来的输入及算法执行，并产生一些计算结果，作为输出参数传输到其他功能块。常用的计算功能块有加（减）法、乘法、除法功能块等。FF-H1 定义了基本功能块、先进功能块、计算功能块和辅助功能块等。

★关于计算功能块的详细内容，请见第 4 章及参考文献[1]～[4]。

13.3　现场总线控制回路的构成

课件视频 76

人们将现场总线仪表的输入、输出、控制和运算功能模型化为功能块，即输入、输出、控制、运算功能块。控制回路的构成就是功能块之间的连接，其原则是一个功能块的输出端连接到另一个功能块的输入端，而且数据类型必须相同。

功能块分布在各台现场总线仪表内，一般要用几台现场总线仪表的功能块才能构成一个控制回路。为此，首先用组态软件进行功能块之间的连接组态，形成组态文件；然后将组态文件下载到各台现场总线仪表中，建立功能块之间的连接关系；最后在现场总线上调度构成控制回路的各个功能块运行，进行功能块之间的参数传递。本节介绍简单控制回路和复杂控制回路的构成。

13.3.1　简单控制回路的构成

最简单的控制回路是单回路 PID 控制。例如，如图 13.9 所示为构成液位单回路控制的现场总线仪表及其功能块，其中液位变送器有液位输入（AI）功能块 LT123，调节阀中有液位控制 PID 功能块 LC123 和输出（AO）功能块 LV123。这 2 台现场总线仪表中的 3 个功能块通过现场总线构成液位控制回路，在生产现场实现了彻底的分散控制。该液位控制回路的功能块连接方式，如图 13.8 所示。

在图 13.8 中，被控量（液位）的 AI 功能块 LT123 的输出端 OUT 连接到液位控制 PID 功能块 LC123 的输入端 IN，PID 功能块 LC123 的输出端 OUT 连接到 AO 功能块 LV123 的输入端 CAS_IN，这些连接方式称为正向连接，即前一个功能块的输出端连接到后一个功能块的输入端；反之，后一个功能块的输出端连接到前一个功能块的输入端，称为反向连

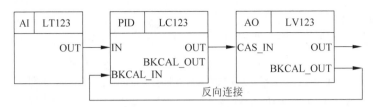

图 13.8　现场总线单回路 PID 控制的功能块连接

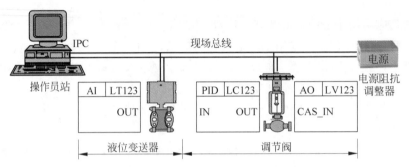

图 13.9　现场总线单回路 PID 控制的功能块构成

接,如 AO 功能块 LV123 的输出端 BKCAL_OUT 连接到 PID 功能块 LC123 的输入端 BKCAL_IN。该反向连接用于 PID 控制回路工作方式改变的无扰动切换。

　　由图 13.8 和图 13.9 可知,液位变送器中 AI 功能块 LT123 的输出 OUT 通过现场总线与调节阀中 PID 功能块 LC123 的输入 IN 通信;在调节阀内,PID 功能块 LC123 与 AO 功能块 LV123 之间的通信不占用现场总线。也就是说,在该单回路控制中,占用现场总线通信的变量只有 AI 功能块 LT123 的输出 OUT。

13.3.2　复杂控制回路的构成

　　复杂控制回路有串级、前馈、比值、选择等,一般由 2 台或多台现场总线仪表的功能块构成。例如,图 13.10 为构成温度流量串级 PID 控制回路的现场总线仪表及其功能块,其中温度变送器有温度输入 AI 功能块 TT123 和 PID 控制功能块 TC123,流量变送器有流量输入 AI 功能块 FT123,调节阀中有 PID 控制功能块 FC123 和阀位输出 AO 功能块 FV123。这 3 台现场总线仪表中的 5 个功能块通过现场总线构成温度流量串级 PID 控制回路,在生产现场实现了彻底的分散控制。

　　该温度流量串级 PID 控制回路的功能块连接方式,如图 13.11 所示。主被控量(温度)的 AI 功能块 TT123 的输出端 OUT 连接到温度控制 PID 功能块 TC123(主控制器)的输入端 IN,副被控量(流量)的 AI 功能块 FT123 的输出端 OUT 连接到流量控制 PID 功能块 FC123(副控制器)的输入端 IN,温度控制 PID 功能块 TC123 的输出端 OUT 连接到流量控制 PID 功能块 FC123 的设定量输入端 CAS_IN,流量控制 PID 功能块 FC123 的输出端 OUT 连接到 AO 功能块 FV123 的输入端 CAS_IN,这些连接方式称为正向连接,即前一个功能块的输出端连接到后一个功能块的输入端;反之,后一个功能块的输出端连接到前一个功能块的输入端,称为反向连接,如 AO 功能块 FV123 的输出端 BKCAL_OUT 连接到 PID 功能块 FC123 的输入端 BKCAL_IN,PID 功能块 FC123 的输出端 BKCAL_OUT 连接

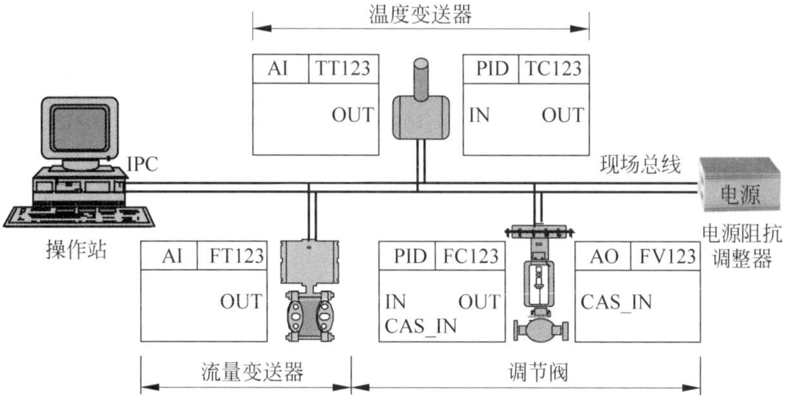

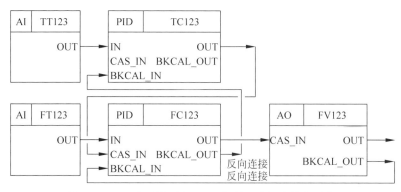

图 13.10 现场总线串级 PID 控制回路的功能块构成

到 PID 功能块 TC123 的输入端 BKCAL_IN。这些反向连接用于 PID 控制回路工作方式改变的无扰动切换。

图 13.11 现场总线串级 PID 控制回路的功能块连接

由图 13.10 和图 13.11 可知,在该串级控制回路中,占用现场总线通信的变量有 3 个: TC123 的输出 OUT、FT123 的输出 OUT 和 FC123 的反向输出 BACK_OUT。

本章小结

本章介绍了现场总线的设备、现场总线仪表的应用块和现场总线控制回路的构成。

FCS 的现场控制层由现场总线、现场总线仪表、现场总线辅助设备和现场总线接口组成,其中现场总线仪表有变送器、执行器和信号转换器,现场总线辅助设备有本质安全栅、终端器、中继器、总线电源和电源阻抗调整器,现场总线接口有 PC 总线网卡、DCS 总线网卡(模块)和总线交换器。现场控制层的功能是输入、输出、运算、控制和通信,在现场总线上组成控制回路,构造一个分布式网络自动化系统。

现场总线仪表的硬件和软件的用户表现形式是资源块、变换块和功能块。资源块描述了仪表的硬件特性,如仪表类型、版本、制造商、存储器大小等。变换块描述了仪表的 I/O 特性,从传感器硬件读数据或向执行器硬件发命令,为功能块的应用提供接口。资源块和变换块的参数表中全是内含参数,无输入和输出参数,所以无法用于控制回路的组态。功能块分为输入、输出、控制和运算功能块,构成要素是输入参数、输出参数、算法、内含参数、输入事件和输出事件,可以用于控制回路的组态。

现场总线控制回路的构成就是现场总线仪表内功能块之间的连接,一般要用几台现场总线仪表的功能块才能构成一个控制回路,既可以构成简单控制回路,也可以构成复杂控制回路。为此,首先用组态软件进行功能块之间的连接组态,形成组态文件;然后将组态文件下载到各台现场总线仪表中,建立功能块之间的连接关系;最后在现场总线上调度构成控制回路的各个功能块运行,进行功能块之间的参数传递。

<table>
<tr><td>

第 14 章

CHAPTER 14

</td><td>

FCS 的应用设计

</td></tr>
</table>

FCS 应用于石油、化工、发电、冶金、轻工、制药和建材等过程工业的自动化,FCS 功能的发挥取决于应用设计的水平。FCS 的应用设计是讨论怎样配置 FCS 并将其应用于生产过程,充分发挥 FCS 的作用,以满足控制和管理的要求。

FCS 是在 DCS 的基础上发展过来的,也就是说,FCS 和 DCS 的应用设计类似,可以参考 DCS 的应用设计,区别在于现场控制层的应用设计。

本章主要介绍 FCS 应用的总体设计、工程设计、组态调试和应用实例。

14.1 FCS 的应用设计概述

FCS 的应用设计内容有总体设计、工程设计、组态调试、安装调试、现场投运、整理文档和工程验收。FCS 的应用设计流程依次为可行性研究、初步设计、详细设计、工程实施和工程验收。本节介绍 FCS 应用的总体设计、工程设计和组态调试。

微课视频 50

微课讲解 50

14.1.1 FCS 应用的总体设计

FCS 应用的总体设计起着导向的作用,指导今后的详细设计和工程实施的各项工作。其内容是制定 FCS 总体设计原则、确定控制管理方案、统计测控信号、规划系统设备配置。本节介绍 FCS 应用的设计目标和设备配置。

课件视频 77

1. FCS 应用的设计目标

FCS 应用的设计目标分为低、中、高 3 档,分别对应常规控制策略、先进控制策略、控制管理一体化 3 档。针对 FCS 不同的应用水平,分别制定总体设计原则,主要体现在控制水平、操作方式和系统结构 3 方面。

1) 控制水平

控制水平分为常规和先进控制算法两类:第一类是常规控制算法,一般现场总线仪表只提供常规控制算法,用其输入、输出、控制和运算功能块,只能组成常规 PID 控制回路,如单回路、串级、前馈、比值和选择性 PID 控制等;第二类是先进控制算法,只能在操作监控层的监控计算机站(SCS)上实现。

2) 操作方式

FCS 操作方式可以分为 3 种:第一种是设备级独立操作方式,操作员自主操作一台或几台设备,维持设备正常运行;第二种是装置级协调操作方式,操作员接收车间级调度指令,进行装置级协调操作;第三种是厂级综合操作方式,操作员接收厂级调度指令,进行厂级优化操作。

3) 系统结构

FCS采用通信网络式的层次结构,如图11.6所示,其系统结构可以分为3档。第一档为现场控制层和操作监控层,用监控网络(SNET)连接各台控制和管理设备,构成车间级系统,该档是基本的系统结构;第二档增加生产管理层,用管理网络(MNET)连接各台生产管理设备,构成厂级系统;第三档再增加决策管理层,用决策网络(DNET)连接各台决策管理设备,构成公司级系统。

2. FCS 应用的设备配置

根据总体设计原则和系统结构的要求,分别对 FCS 的现场控制层、操作监控层、生产管理层和决策管理层进行功能设计,提出具体指标,并确定各层的设备配置。

1) 现场控制层的设备配置

FCS 现场控制层的主要设备是现场总线仪表,另外还有现场总线辅助设备。其中现场总线仪表有变送器和执行器,现场总线辅助设备有总线电源及电源阻抗调整器、安全栅、终端器和中继器。

首先认真分析生产工艺流程,统计测控信号,设计控制回路,并细化到功能块;然后配置相应的现场总线仪表,如变送器和执行器,不仅要满足测控信号的要求,而且要满足构成控制回路所需的功能块的要求。

根据测控点信号的分布和控制回路的构成,为每个现场总线段配置变送器和执行器。遵循两条配置原则:一是构成控制回路的功能块在同一现场总线段上,即不跨越现场总线段组建控制回路,这样可以减少总线通信量并提高控制回路运行速度;二是满足现场总线段的物理层协议及网络拓扑结构规范。

2) 操作监控层的设备配置

FCS 操作监控层的主要设备有工程师站(ES)、操作员站(OS)、监控计算机站(SCS)和现场总线接口(FBI)设备。

根据生产装置和系统规模的大小,配置一台工程师站、若干台操作员站,一般用操作员站兼作工程师站。如果有先进控制和协调控制,那就要配置监控计算机站。

现场总线接口有总线网卡、总线模块和总线交换器 3 种结构形式。如果只有一个或两个现场总线段,也只有一台操作员站兼作工程师站,则选用总线网卡,如图11.3所示。如果有多个现场总线段,并有多台操作员站或工程师站,则选用总线模块或总线交换器,如图11.4或图11.1所示。

3) 生产管理层和决策管理层的设备配置

一般 FCS 的现场控制层和操作监控层都有定型产品供用户自由选择,而生产管理层和决策管理层的设备无定型产品。这是因为管理没有统一的模式,所以必须由用户自行设计这两个管理层的结构。FCS 制造厂提供监控网络与生产管理网络之间的硬件、软件接口,再由用户根据管理需要配置生产管理层和决策管理层的设备。

14.1.2　FCS 应用的工程设计

FCS的基本构成是现场控制层和操作监控层,因此FCS应用的工程设计内容也集中在这两层。其中现场控制层的工程设计内容包括现场总线的控制回路设计、现场总线的网络设计、现场总线的网络接线和现场总线的设备安装,操作监控层的工程设计内容包括操作监控设备的安装和操作监控画面的设计。本节以FF-H1低速现场总线为例,讨论它的工程设计。

微课视频51

微课讲解51

1. 现场总线的控制回路设计

现场总线仪表具有输入、输出、控制和运算功能,并以功能块的形式呈现在用户面前,用这些功能块可以在现场总线上组成常规控制回路,如单回路、串级、前馈、比值和选择性PID控制等。

首先根据测控信号的分布和控制回路的构成,并遵循组成控制回路的功能块在同一现场总线段上的原则,对每个现场总线段配置现场总线仪表(如变送器和执行器);然后为现场总线仪表取名,再为现场总线仪表内的功能块取名;最后进行控制回路的组态设计。

微课视频52

例如,如图13.10所示的现场总线段上有3台现场总线仪表,构成温度流量串级控制回路。首先为温度变送器、流量变送器、调节阀取名,分别为T123_TEMP、F123_FLOW、V123_VALVE。然后再为这3台现场总线仪表内的功能块取名,如温度变送器内温度输入功能块名为TT123、PID控制功能块名为TC123,流量变送器内流量输入功能块名为FT123,调节阀内PID控制功能块名为FC123、输出功能块名为FV123。这些功能块所构成的温度流量串级控制回路的功能块连接方式如图13.11所示。

微课讲解52

2. 现场总线的网络设计

现场总线网络主要由现场总线仪表、电缆、总线接口卡、电源、电源阻抗调整器、安全栅、终端器、中继器及附件组成。下面以FF-H1低速现场总线为例,讨论它的总线网络构成、网络配置和网络扩展。

微课视频53

1) FF-H1总线网络构成

FF-H1总线网络的典型结构如图14.1所示,主要设备有作为操作员站(兼工程师站)的总线网络主机(PC)、符合PC标准和FF-H1规范的PC-H1接口卡、现场总线仪表(FD)、总线供电电源及电源阻抗调整器(P)、连接在总线段首端和末端的终端器(T)、安全栅(safety barrier)、双绞线以及接线端子等。其中安全栅为可选项,只有将现场总线仪表安装于防爆危险区,为了将安全区和危险区隔离开,选用安全栅。

微课讲解53

课件视频78

课件视频79

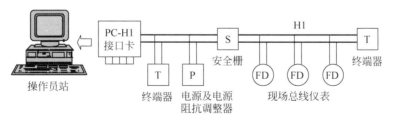

图14.1　FF-H1总线段的结构

常用的现场总线仪表有变送器和执行器,这些仪表又分为两类:一类是2线制总线供电式仪表,它需要从总线上获取工作电源,总线供电电源就是为这类仪表而准备的;另一类是 4 线制自供电式仪表,它不需要从总线上获取工作电源。FF-H1 规定现场总线仪表从总线上得到的电源电压不得低于 9V DC,以保证仪表的正常工作。

2) FF-H1 总线网络配置

FF-H1 总线网络配置应遵循的原则:一是组成控制回路的功能块在同一现场总线段上;二是采用总线供电式现场总线仪表的供电电压不小于额定值(如 9V DC)。

为了确保现场总线仪表的供电电压,在配置 FF-H1 总线段时,根据电缆长度、电缆电阻、电流和总线电源电压,即可计算出每台现场总线仪表的供电电压。例如图 14.2,其中电源电压为 12V DC,每台总线供电式现场总线仪表耗电流为 10mA DC,每段双绞线长度标在图上,双绞线电阻为 0.1Ω/m,根据这些已知条件计算出每台现场总线仪表的供电电压标在图上,都大于 9V DC,符合要求。详细内容见参考文献[1]~[4]。

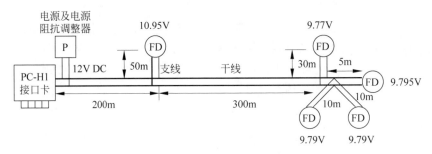

图 14.2　FF-H1 总线段的设备分布

3. 现场总线的网络接线

根据现场总线网络的拓扑结构和规范进行网络接线或布线,另外还要注意接地、屏蔽和极性。下面以 FF-H1 低速现场总线为例,讨论其网络接线。FF-H1 网络拓扑结构分为总线型、菊花链状、树状、单点型,以及前 3 种的混合型,其中单点型很少采用。

1) 总线型拓扑结构的接线

总线型拓扑结构是一条干线电缆上分出若干条支线电缆,每条支线上接一台或几台现场总线仪表(FD),如图 14.3 所示。其中接线盒用作从干线上分出支线,既可以用一般的螺钉接线端子,也可以用"T 形接线器",如图 14.4 所示。"T 形接线器"不仅接线简便,而且有电源指示灯和短路保护指示灯,如图 14.4(a)所示。在图 14.4(b)"T 形接线器"箱体内,最下面的"T"字块是终端器。总线型适用于现场总线仪表或现场设备(FD)分散布置、干线较长、支线较短的情况。

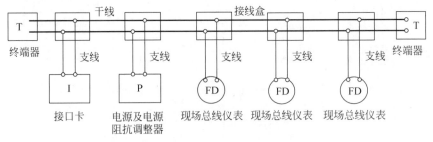

图 14.3　总线型拓扑结构的 T 形接线原理图

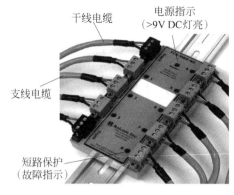

(a) T形接线器   (b) "T形接线器"箱体

图 14.4　总线型拓扑结构的 T 形接线实物图

2）现场总线的极性、屏蔽和接地

为了确保正常通信,现场总线的网络接线过程中必须保证极性、屏蔽和接地正确,否则将会引发通信错误。

（1）极性。

在非总线供电网络中,现场总线仪表自备电源,现场总线信号是有极性的。现场总线仪表必须接线正确,才能按正确的极性得到正确的信号;否则,极性接反,就不能正确通信。

在总线供电网络中,现场总线仪表可以自动检测直流电压正/负极,并能自动修正总线信号极性,因此它可以正确地接收任何极性的信号。

如果建立现场总线网络需要考虑信号的极性,那就标出"＋"端和"－"端。所有"＋"端相互连接,同样,所有"－"端相互连接。此时,有极性的设备和接线器都标出"＋"端和"－"端。

（2）屏蔽。

为了确保正常通信,必须选用屏蔽电缆。首先将各支线的屏蔽层与干线的屏蔽层连接起来,然后集中于一点接地。

（3）接地。

现场总线电缆的屏蔽层集中于一点接地。对于本质安全系统,接地点必须符合防爆要求。现场总线的两根传输线中,不允许任何一根接地。尽管采用总线供电,一根线为电源"＋"极,另一根线为电源"－"极,也不允许将"－"极接地。

4. 现场总线设备的安装

现场总线设备可分为变送器、执行器和辅助设备 3 类,每类又有多个品种。为了正确地安装设备,首先必须详细阅读产品说明书,然后按照设计要求实地安装设备。

现场总线仪表（变送器、执行器）的安装可分为设备固定、管道连接和电气接线 3 部分,并且类似于常规模拟仪表的安装。

常用的辅助设备有总线电源、电源阻抗调整器、安全栅、终端器、中继器和信号转换器,这类设备的安装要比变送器和执行器的安装简单。

5. 操作监控层设备的安装

操作监控设备安装在控制室内,主要有操作员站、工程师站和监控计算机站。控制室内必须采用防静电活动地板,所有电缆、管线均敷设在活动地板下面,并尽可能采用地板汇线槽。通信电缆和动力线要分开敷设,避免交叉干扰。控制室照明要柔和,操作台、LCD和键盘要符合人机工程学原理,给操作人员创造一个适宜的工作环境。另外,控制室要有安全消防设备。

　　操作员站、工程师站和监控计算机站一般为个人计算机(PC)或工作站。首先按照要求安装主机、LCD、键盘、打印机、电源等,然后安装通信网络。硬件安装完毕,接着安装软件。首先安装系统软件,如 Windows 操作系统以及相关软件;然后安装与现场总线有关的软件,如组态软件、操作监控软件和应用软件等。

14.1.3　FCS 应用的组态调试

课件视频80

　　FCS 应用调试包括硬件调试、软件调试和运行调试。其中硬件调试主要是指现场总线仪表和操作监控设备的调试;软件调试主要是指应用块、控制回路和操作监控画面的调试;运行调试主要是指工艺装置投入运行时边生产边调试,最终达到设计要求。

1. 应用块的组态调试

　　FCS 的设备安装完毕,就可以对现场总线仪表中的资源块、变换块和功能块进行组态调试。其中功能块又分为输入、输出、控制、运算功能块,既有内部参数,也有外部输入、输出端子,可以用于控制回路的组态。

　　例如,图14.5是某个现场总线组态软件的组态画面,该画面由作者亲自组态调试。图14.5左边是现场总线仪表窗口,列出了仪表内的资源块(RB)、变换块(TB)、输入功能块(AI)、控制功能块(PD、PID)、运算功能块(ISB、SCB、AB)、输出功能块(AO)等;右边是组态窗口,用功能块组成控制回路。详细内容请见参考文献[1]~[4]。

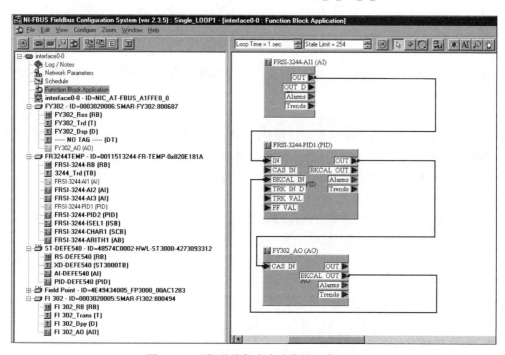

图 14.5　现场总线仪表中功能块组态画面

2. 控制回路的组态调试

控制回路由现场总线仪表中的输入功能块、控制功能块、运算功能块、输出功能块组成，一般采用功能块图形方式组态，并附有窗口及填表功能，如图 14.5 所示。图 14.5 中右边是 PID 单回路控制的功能块组态图，其中 AI 块的输出端 OUT(被控量)连接到 PID 块的输入端 IN，PID 块的输出端 OUT(控制量)连接到 AO 块的输入端 CAS_IN，这两条连线属于正向连线；另外还有一条反向连线，即 AO 块的反向输出端 BKCAL_OUT 连接到 PID 块的反向输入端 BKCAL_IN。

尽管控制回路的组态调试方式因 FCS 而异，但其工作顺序基本相同，遵循组态、下装、运行的工作流程。首先依据控制回路的设计内容和 FCS 的组态要求，在工程师站(ES)上进行组态，并生成控制回路组态文件；再将组态文件下装到现场总线仪表中；最后在现场总线仪表中运行控制回路，并进行相关调试。

3. 操作画面的组态调试

FCS 操作画面的组态调试类似于 DCS 操作画面，仍然遵循组态、下装、运行的工作流程，主要内容包括定义通用操作画面(总貌、组、趋势和报警画面等)，绘制专用操作画面(工艺流程图、操作指导、操作面板、控制回路画面等)，定义功能键，编制报表和趋势打印。这些组态内容，除专用操作画面外，其余画面和功能都是 FCS 系统固有的，只需简单定义即可使用。

14.2　FCS 的应用设计实例

课件视频 91

FCS 应用于石油、化工、发电、冶金、轻工、制药和建材等过程工业的自动化，FCS 的应用实例很多，本节列举锅炉汽包水位三冲量控制和液氨蒸发器选择性控制这两个 FCS 应用实例，并做简要介绍。

14.2.1　FCS 的应用实例之一

现以某锅炉汽包水位三冲量 PID 控制系统为例，主被控量为汽包水位(LT1)、副被控量为给水流量(FT2)，由于汽包水位有假水位现象，而引入蒸汽流量(FT3)作为前馈量。其控制原理如图 14.6 所示，现场总线仪表及功能块的构成如图 14.7 所示，控制回路的功能块组态连线如图 14.8 所示。

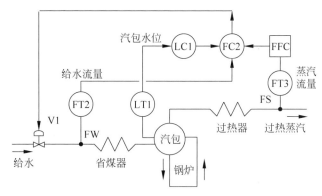

图 14.6　现场总线汽包水位 PID 控制原理图

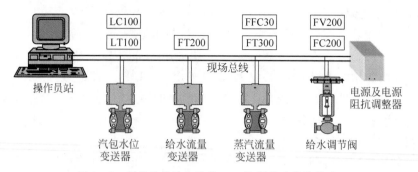

图 14.7 现场总线汽包水位 PID 控制的功能块构成

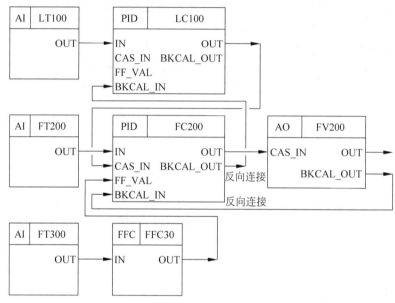

图 14.8 现场总线汽包水位 PID 控制的功能块组态连线

该汽包水位三冲量 PID 控制系统由汽包水位变送器、给水流量变送器、蒸汽流量变送器和给水调节阀 4 台现场总线仪表组成。汽包水位变送器中有 AI 块 LT1 和 PID 控制块 LC1,其功能块名分别为 LT100 和 LC100。给水流量变送器中有 AI 块 FT2,其功能块名为 FT200。蒸汽流量变送器中有 AI 块 FT3 和前馈补偿运算块 FFC,其功能块名分别为 FT300 和 FFC30。给水调节阀中有 PID 控制块 FC2 和 AO 块,其功能块名分别为 FC200 和 FV200。用这 4 台现场总线仪表中的功能块组态形成汽包水位三冲量 PID 控制回路,如图 14.8 所示。详细内容请见参考文献[1]~[4]。

14.2.2 FCS 的应用实例之二

现以液氨蒸发器的温度控制和液位控制为例,介绍其现场总线仪表的应用实例。该选择性控制系统的原理如图 14.9 所示,现场总线仪表及功能块如图 14.10 所示,控制回路的功能块组态连线如图 14.11 所示。

液氨蒸发器是一种换热设备,利用液氨的气化需要吸收大量的汽化热,来冷却流经管内的被冷却物料。该设备的出口物料的温度为被控量,进入设备的液氨量为控制量。这一控

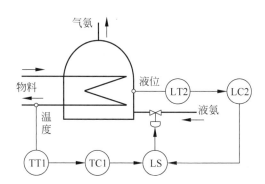

图 14.9　现场总线液氨蒸发器选择性 PID 控制原理图

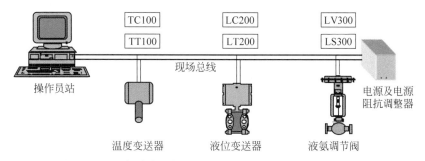

图 14.10　现场总线液氨蒸发器选择性 PID 控制的功能块构成

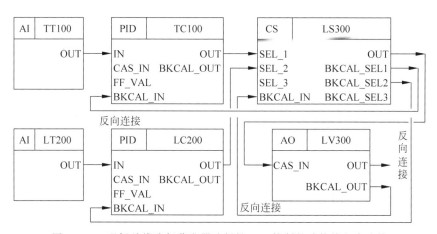

图 14.11　现场总线液氨蒸发器选择性 PID 控制的功能块组态连线

制方案是利用改变传热面积来调节换热量,即改变设备内液氨的高度来影响热交换器的浸润传热面积。因此,设备内液氨的高度间接反映了传热面积。设备上部留有足够的气化空间,以保证良好的气化条件。气氨进入压缩机再压缩成液氨循环使用,为了压缩机的安全,气氨中不允许携带氨滴,这也要求设备上部留有足够的气化空间。

正常情况下,用出口物料的温度作为被控量(TT1),PID 控制器(TC1)的输出作为控制量,去调节液氨阀的开度,以改变设备内液氨的高度。

非正常情况下,当液氨淹没了换热器的所有列管时,此时换热面积已达极限。如果继续增加设备内液氨的高度,非但不能提高换热量,液面的继续升高有可能使气氨中携带氨滴而带来事故。另外,为了保证良好的气化条件,设备上部也应留有足够的气化空间。为此,需要在原有的温度调节系统的基础上,增加一个液位越限的调节系统。设备内液氨的高度作为被控量(LT2),PID 控制器(LC2)的输出作为控制量,去调节液氨阀的开度,以改变设备内液氨的高度。

根据以上分析,正常情况下用温度调节器(TC1),当出口物料的温度升高时应该增加进氨量,因此温度调节器(TC1)应选为正作用;非正常情况下用液位调节器(LC2),当设备内液氨的液位过高时应该减少进氨量,因此液位调节器(LC2)应选为反作用。为此,这两个调节器的输出应经过低选器(LS)选其中之一去控制液氨调节阀。

该选择性控制系统由温度变送器、液位变送器和液氨调节阀 3 台现场总线仪表组成,如图 14.10 所示。温度变送器中有 AI 块 TT1 和 PID 控制块 TC1,其功能块名分别为 TT100 和 TC100。液位变送器中有 AI 块 LT2 和 PID 控制块 LC2,其功能块名分别为 LT200 和 LC200。液氨调节阀中有控制选择器(CS)用作低选器 LS 和 AO 块,其功能块名分别为 LS300 和 LV300。控制选择器(CS)的两个输入(SEL_1,SEL_2)分别来自 TC100 和 LC200 的输出 OUT,CS 的参数 SEL_TYPE(选择类型)置成低选,即从两个输入中选最小者输出。用这 3 台现场总线仪表中的功能块组态形成选择性控制回路,如图 14.11 所示。详细内容请见参考文献[1]~[4]。

本章小结

本章主要介绍 FCS 应用的总体设计、工程设计、组态调试和应用实例。FCS 和 DCS 的应用设计类似,区别在于 FCS 的现场控制层的应用设计。

FCS 应用的总体设计起着导向的作用,其内容是制定 FCS 总体设计原则、确定控制管理方案、统计测控信号、规划系统设备配置。FCS 应用的设计目标主要体现在控制水平、操作方式和系统结构 3 方面。FCS 系统的设备配置分为现场控制层、操作监控层、生产管理层和决策管理层设备的配置。

FCS 应用的工程设计内容集中在现场控制层和操作监控层。其中现场控制层的工程设计内容有现场总线的控制回路设计、现场总线的网络设计、现场总线的网络接线和现场总线的设备安装。

现场控制层设备的配置应满足输入、输出、控制和运算的要求,主要设备是现场总线仪表和现场总线辅助设备。其中现场总线仪表有变送器和执行器,现场总线辅助设备有总线电源及电源阻抗调整器、安全栅、终端器和中继器。每条总线段的设计应遵循的原则,一是构成控制回路的功能块在同一现场总线段的各台现场总线仪表内,二是满足现场总线段的物理层协议及拓扑结构规范,三是保证每台现场总线仪表有足够的供电电压。操作监控层的工程设计内容有操作监控设备的安装和操作监控画面的设计。

FCS 应用调试包括硬件调试、软件调试和运行调试。其中硬件调试主要是指现场总线仪表和操作监控设备的调试;软件调试主要是指应用块、控制回路和操作监控画面的调试;运行调试主要是指工艺装置投入运行时边生产边调试,最终达到设计要求。

列举了锅炉汽包水位三冲量控制和液氨蒸发器选择性控制两个 FCS 应用实例,并简要介绍控制原理及其控制回路组态连线。

第 3 篇小结

第 3 篇介绍的现场总线控制系统(FCS)是一种以现场总线为基础的分布式网络自动化系统,采用具有输入、输出、运算、控制和通信功能的现场总线数字仪表作为现场总线的节点,并直接在现场总线上构成控制回路,实现了彻底的分散控制。本篇叙述了 FCS 的概述、FCS 的现场总线、FCS 的现场控制层和 FCS 的应用设计。

FCS 的概述主要讨论了现场总线的含义和产生、FCS 的含义和产生、FCS 的特点和优点,并分析了 FCS 对 DCS 的变革,主要变革了控制站,将控制站的输入、输出、控制和运算功能化整为零,分散到现场总线数字仪表中,并直接在生产现场的现场总线上构成控制回路。

FCS 的体系结构类似于 DCS,FCS 仅变革了 DCS 直接控制层的控制站和生产现场层的模拟仪表,从而形成了现场控制层;另外保留了 DCS 的操作监控层、生产管理层和决策管理层;并从层次结构、网络结构描述了 FCS 的体系结构。

FCS 的基础是现场总线,将现场总线分为低速、中速和高速 3 类分别介绍。其中低速现场总线介绍了 FF-H1 和 HART;中速现场总线介绍了 PROFIBUS 和 LON;高速现场总线介绍了 FF-HSE 和 PROFInet。其中 FF-H1 不仅叙述了通信协议,还讨论了功能块协议,介绍了构成控制回路所需的功能块。

FCS 的现场控制层由现场总线、现场总线数字仪表、现场总线辅助设备和现场总线接口组成。本篇介绍了现场总线数字仪表中的资源块、变换块和功能块,其中功能块分为输入、输出、控制、运算 4 类,这 4 类功能块既有内部参数,也有外部输入、输出端子,可以用于控制回路的应用组态,另外还叙述了现场总线控制回路的构成。

FCS 可应用于石油、化工、发电、冶金、轻工、制药和建材等过程工业的自动化,本篇介绍了 FCS 应用的总体设计、工程设计和组态调试,并介绍了两个典型应用实例。

第 3 篇习题与思考题

第 11 章

11.1 概述现场总线的含义。

11.2 概述现场总线的产生因素。

11.3 概述现场总线与一般通信总线的区别。

11.4 概述 FCS 的产生和含义。

11.5 概述 DCS 和 FCS 混合结构。

11.6 概述 FCS 的特点和优点。

11.7 概述 FCS 对 DCS 所做的变革。

11.8 概述 FCS 的层次结构。

11.9 概述 FCS 的网络结构。

第 12 章

12.1 概述 FF-H1 通信模型。

12.2 FF-H1 传输速率是多少? 传输介质有哪几种?

12.3 FF-H1 物理层的主要功能有哪两条?

12.4 FF-H1 现场总线仪表有哪两种供电方式?

12.5 FF-H1 总线的网络配置如图 12.2(c)所示,其中电源阻抗调整器(L_P 和 R_P)有何作用?

12.6 FF-H1 总线的网络配置如图 12.2(c)所示,其中终端器(C_T 和 R_T)有何作用?

12.7 概述 FF-H1 用户层的基本功能。

12.8 FF-H1 用户层的功能块(FB)包含哪几种功能块?

12.9 FF-H1 支持哪几种网络拓扑结构?

12.10 HART 物理层采用何种信号传输方式?

12.11 HART 采用哪种网络拓扑结构?

12.12 概述 HART 总线上的设备。

12.13 PROFIBUS 协议分为哪几个子集?

12.14 PROFIBUS-FMS/DP 的主站之间、主从站之间采用何种数据传输方式?

12.15 概述 PROFIBUS-FMS/DP/PA 的通信速率和传输介质。

12.16 概述 LON 通信协议的实现。

12.17 概述 LON 传输介质和传输速率。

12.18 LON 支持几种网络拓扑结构?

12.19 概述 FF-HSE 通信模型。

12.20 概述 PROFInet 通信模型。

第 13 章

13.1 FCS 的层次结构中哪一层是基础? 概述该层的组成和功能。

13.2　FCS 的现场总线设备可以分为哪 3 部分? 概述每部分的内容。

13.3　概述现场总线仪表的功能。

13.4　概述现场总线变送器的硬件结构。

13.5　概述现场总线执行器的硬件结构。

13.6　概述现场总线辅助设备的功能。

13.7　现场总线接口有哪 3 种? 并简要说明。

13.8　现场总线仪表的硬件和软件功能的用户表现形式是什么?

13.9　概述现场总线仪表的资源块的含义。

13.10　概述现场总线仪表的变换块的含义。

13.11　概述现场总线仪表的功能块的含义。

13.12　概述功能块的构成要素。

13.13　概述功能块的类型。

13.14　概述现场总线控制回路的形成及运行步骤。

13.15　以图 13.8 和图 13.9 为例,叙述单回路 PID 控制的构成。

13.16　以图 13.8 和图 13.9 为例,叙述占用现场总线通信的变量。

13.17　以图 13.10 和图 13.11 为例,叙述串级 PID 控制回路的构成。

13.18　以图 13.10 和图 13.11 为例,叙述占用现场总线通信的变量。

第 14 章

14.1　概述 FCS 应用的总体设计。

14.2　概述 FCS 应用的设计目标。

14.3　概述 FCS 应用的现场控制层和操作监控层的设备配置。

14.4　概述 FCS 应用的工程设计。

14.5　概述现场总线控制回路的设计及功能块的配置原则。

14.6　概述 FF-H1 总线网络配置应遵循的原则。

14.7　概述总线型拓扑结构的接线。

14.8　概述现场总线的极性、屏蔽和接地。

14.9　概述 FCS 应用调试的内容。

14.10　以图 14.6、图 14.7、图 14.8 为例,叙述控制回路的构成。

14.11　以图 14.9、图 14.10、图 14.11 为例,叙述控制回路的构成。

可编程控制器系统

　　计算机控制系统按被控量的时间特性可以分为两类:一类是连续量的控制系统,控制参数以模拟信号为主、开关信号为辅,控制方式以连续控制为主、逻辑控制为辅,如本书前 3 篇叙述的 DDC、DCS 和 FCS;另一类是离散量的控制系统,控制参数以开关信号为主、模拟信号为辅,控制方式以逻辑控制为主、连续控制为辅,本篇将要介绍的可编程控制器系统或可编程逻辑控制器(Programmable Logic Controller,PLC)属于该类控制系统。

　　PLC 的硬件采用模块式结构,基本构成是电源模块(PW)、主机控制器模块(MC)、输入输出模块(DI、DO、AI、AO)和串行通信接口模块(SI);另外针对特殊应用,还有专用功能模块(SF)。PLC 硬件模块的安装有整体式结构、机架式结构。PLC 的人机接口设备(MMI 或 HMI)有编程器、工程师站、操作员站、操作监视器。

　　PLC 采用层次化体系结构,基本构成是直接控制层和操作监控层,另外可以扩展生产管理层。PLC 采用层次化网络结构,底层为输入输出总线(IOBUS)、中层为监控网络(SNET),上层为管理网络(MNET),构成控制和管理一体化系统。

　　PLC 采用周期扫描工作方式,每个周期的基本工作顺序为读输入、执行程序和写输出,这 3 步的工作结果分别对应输入映像寄存器、元件映像寄存器、输出映像寄存器。

　　PLC 支持指令表(Instruction List,IL)、梯形图(Ladder Diagram,LD)、功能块图(Function Block Diagram,FBD)、顺序功能图(Sequential Function Chart,SFC)、结构化文本(Structure Text,ST)5 种组态编程语言,其中 IL 和 ST 属于文本化语言,LD,FBD

和 SFC 属于图形化语言。既可以用手持式或便携式编程器用指令表(IL)组态编程,也可以在个人计算机(PC)的监控组态软件环境下用图形化语言(LD、FBD、SFC)或文本化语言(IL、ST)组态编程。PLC 采用面向对象的指令系统,直观形象,简单易用。PLC 指令主要由操作符和操作数组成。

PLC 的输入信号来自外部的传感器、变送器等输入电气器件,例如,DI 信号来自外部的开关、按钮和触点等,AI 信号来自外部的温度、压力、流量和物位变送器等。

PLC 的输出信号送给外部的执行器、驱动器等输出电气器件,例如,DO 信号送给继电器、电磁阀和电机等,AO 信号送给电动调节阀和气动调节阀等。

本篇的主要内容有 PLC 的硬件、软件和层次结构,PLC 的控制功能、工作原理、编程基础和编程语言,PLC 指令的结构、操作符和操作数,S7 系列 PLC(西门子公司的产品)的指令系统,LK 系列 PLC(和利时公司的产品)的指令系统,PLC 的应用设计。

第 15 章

CHAPTER 15

PLC 的概述

从 20 世纪 70 年代 PLC 诞生至今,随着计算机技术、控制技术、通信技术和屏幕显示技术的发展与应用,使 PLC 也不断发展和更新。当今 PLC 采用 32 位或 64 位微处理器,不仅有复杂的逻辑控制和顺序控制功能,而且有连续控制功能,从下至上可以构成低速、中速、高速三层通信网络。

PLC 的应用必须通过组态编程来实现,PLC 的编程基础是编程指令、编程语言和编程软件。程序的基本元素是指令、功能块和函数,易学易用。程序的编写工具是语言,形象直观,简便易学。程序的编写环境是软件,操作简单,界面友好,形成程序文件。用户将程序文件下载到 PLC 中运行,以达到控制目的,满足应用需求。

PLC 的组态编程设备有两种:一种是用手持式或便携式编程器与其连接;另一种是用个人计算机(PC)与其连接。

PLC 的操作监视设备有两种,一种是便携式操作监视器,可以就地安装;另一种是用个人计算机,可以对通信网络上的多台 PLC 进行操作监视。

PLC 既可以单台独立工作,也可以用通信线把多台连接起来构成网络控制系统。

时过境迁,今非昔比,现代 PLC 与传统 PLC 不可同日而语。现代 PLC 不仅有逻辑控制功能,还有连续控制功能,切不可望文生义片面认为 PLC 只有逻辑控制功能。

15.1 PLC 的体系结构

尽管不同 PLC 产品在硬件的互换性、软件的兼容性、操作的一致性上很难达到统一,但从其基本构成方式和构成要素来分析,仍然具有相同或相似的体系结构。本节从 PLC 的硬件结构、软件结构和层次结构来描述其体系结构。

课件视频 82

15.1.1 PLC 的硬件结构

PLC 的硬件采用模块式结构,基本构成是电源模块(PW)、主机控制器模块(MC)、输入输出模块(DI、DO、AI、AO)和串行通信接口模块(SI);另外针对特殊应用,还有专用功能模块(SF)。

模块式结构的优点之一是用户根据要求,不仅可以灵活地配置成小、中、大系统,而且可以供用户逐步扩展和增加功能;优点之二是模块有密封外壳,既安全又防尘;优点之三是模块采用独立接线方式,安装和维护方便。

课件视频 83

微课视频 54

微课讲解 54

微课视频 55

微课讲解 55

PLC 的硬件除了上述各类模块外,还有人机接口设备(MMI 或 HMI),例如编程器、操作监视器、操作员站或工程师站,用于组态编程和操作监视。

PLC 的硬件模块的安装方式有整体式结构和机架式结构两种。

1. 整体式结构

整体式结构的 PLC 可以直接安装在被控设备上独立工作,也可以用 DIN 导轨,模块卡在 DIN 导轨上,模块之间用总线连接器,亦称导轨式安装,如图 15.1 所示,详细内容见参考文献[5]。

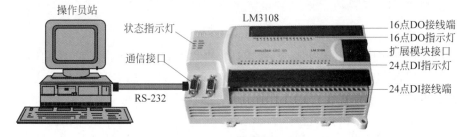

图 15.1 PLC 的整体式结构之一

在图 15.1 中,LM 系列 PLC(和利时公司的产品)分为整体主模块和扩展模块,其中整体主模块 LM3108 具有 24 点 DI、16 点 DO、RS-232 通信接口、RS-485 通信接口、扩展模块接口、状态指示灯,再用通信接口与操作站连接,此模块可以独立工作。

如果需要扩展模块,则通过扩展模块接口连接,如图 15.2 所示。在主模块 LM3108 右侧连接扩展模块,例如 LM3403 以太网模块、LM3310(4 点 AI)模拟量输入模块、LM3312(4 点 RTD)热电阻输入模块,还可以再扩展连接 LM3220(8 点 DO)数字量输出模块等,详细内容见参考文献[5]。

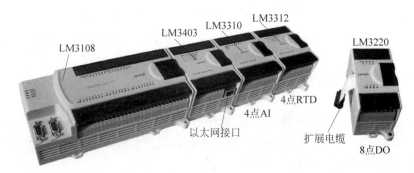

图 15.2 PLC 的整体式结构之二

2. 机架式结构

机架式结构的 PLC 采用总线母板,模块插在总线母板的插座内,机架由总线母板和模块组成,多个机架互连,如图 15.3 所示,详细内容见参考文献[5]。

在图 15.3 中,LK210 系列 PLC(和利时公司的产品)本地机架槽位 1 插通信模块(LK231),该模块提供冗余 PROFIBUS-DP1 和 PROFIBUS-DP2 通信接口,通信速率 1.5Mb/s,用于本地机架和扩展机架之间的冗余通信。本地机架槽位 2 和槽位 3 插冗余控制器模块(LK210),控制器模块 A 和 B 分别提供冗余以太网接口、通信速率 100Mb/s、RJ45

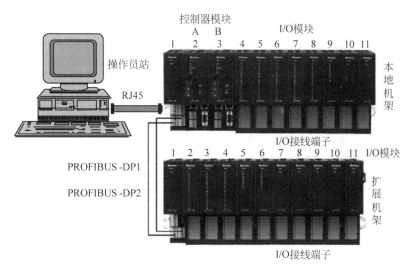

图 15.3 PLC 的机架式结构之一

插座,另外还有 RS232 通信接口、RS485 通信接口、MODEM 通信接口,再用以太网接口连接监控网络(SNET)、操作员站或工程师站,就可以构成完整的 PLC 网络系统。本地机架槽位 4～槽位 11 插 I/O 模块(AI、AO、DI、DO)和专用功能模块(SF)。

在图 15.3 中,LK 系列 PLC 扩展机架槽位 1 插通信模块(LK231),槽位 2～槽位 11 插I/O 模块(AI、AO、DI、DO)和专用功能模块(SF)。

单机架冗余结构如图 15.3 所示,本地机架槽位 2 和槽位 3 插冗余控制器模块(LK210),机架内 I/O 模块 A 和 B 互为冗余。还有一种是双机架冗余结构,本地机架 A 和本地机架 B 互为冗余,详细内容见参考文献[1]、[2]和[5]。

3. 控制器模块

PLC 的核心是控制器模块,例如图 15.3 本地机架槽位 2 和槽位 3 的控制器模块(LK210)。控制器模块面板上通常有状态指示灯、状态切换开关、以太网站地址拨码开关、SD 卡和电池盒等,提供以太网接口、RS232、RS485、MODEM 等通用的串行通信接口,如图15.4 所示。该图是 LK 系列 PLC 的控制器模块 LK210,实物见图 15.3 本地机架槽位 2 和槽位 3,通信接口在模块下部,详细内容见参考文献[5]。

控制器模块一般由 CPU、存储器、输入输出接口、外部设备接口和通信接口等组成,具有控制、运算和通信功能。CPU 一般采用 8 位和 16 位,高档的采用 32 位或 64 位。

控制器模块的外部设备接口可以接编程器、操作监视器、操作员站或工程师站,前两种是专用设备,后两种可以用个人计算机,在 Windows 操作系统的平台上再配置 PLC 的专用软件。

4. 输入/输出模块

PLC 的基础是输入/输出模块,常用的开关量输入(DI)、开关量输出(DO)、模拟量输入(AI)和模拟量输出(AO),如图 15.5 所示。该图是 LK210 系列 PLC 的输入/输出模块,实物见图 15.3 本地机架槽位 4～槽位 11 和扩展机架槽位 2～槽位 11,I/O 接线端子在模块下部。另外还有针对特殊应用的专用功能模块(SF),诸如步进电机驱动模块、变频调速模块、多轴控制模块等,详细内容见参考文献[5]。

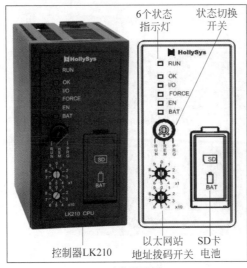
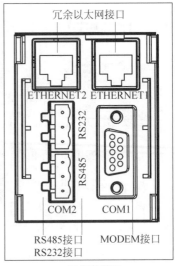

(a) 实物及面板   (b) 通信接口

图 15.4　PLC 控制器模块示例

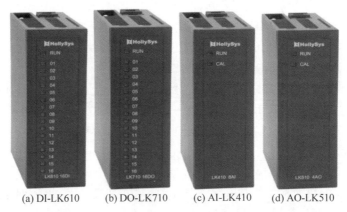

(a) DI-LK610　(b) DO-LK710　(c) AI-LK410　(d) AO-LK510

图 15.5　PLC 输入/输出模块示例

5. 通信模块

PLC 的通信模块可分为外部通信和内部通信两类。

PLC 的外部通信模块对外提供通信接口,例如以太网、RS232、RS485、MODBUS、PROFIBUS-DP 等接口,为 PLC 提供了对外开放的接口。

PLC 的内部通信模块供机架之间通信,如图 15.6 所示,该图是 LK 系列 PLC 的通信模块 LK231,提供 2 个冗余 PROFIBUS-DP 接口,通信速率 1.5Mb/s,实物见图 15.3 中的本地机架槽位 1 和扩展机架槽位 1,通信接线端子在模块下部。该通信模块提供本地机架与扩展机架之间、扩展机架与扩展机架之间的通信,为 PLC 扩展输入输出模块提供了方便。本地机架有控制器模块和输入输出模块,扩展机架只有输入输出模块,这两个机架之间必须用通信模块 LK231 连接,详细内容见参考文献[5]。

6. PLC 的人机接口设备

PLC 的人机接口设备(MMI 或 HMI)有编程器、工程师站、操作员站、操作监视器(见

图 15.7)。

　　PLC 的编程器用于编程和调试,一般采用手持式或便携式编程器,仅仅支持指令表编程,也只有简单的操作显示功能,并且必须与 PLC 连接才能离线编程。

　　PLC 的工程师站选用个人计算机,支持指令表(IL)、梯形图(LD)、功能块图(FBD)、顺序功能图(SFC)和结构化文本(ST)5 种组态编程语言,另外还支持画面组态软件,绘制运行于操作员站的操作监视画面。

　　PLC 的操作员站选用个人计算机,具有各类人机界面友好的操作监视画面,供操作员对生产过程或控制装置进行集中操作监视,构成了形象直观、图文并茂的动态操作监视环境。通常用操作员站兼作工程师站。

　　PLC 的操作监视器安装在现场,如图 15.7 所示,采用触摸屏,屏幕上设置了虚拟专用功能键及相应的图形画面,仅仅用于现场的操作显示。

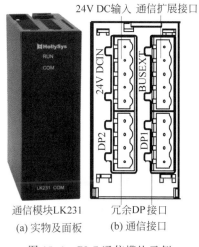

通信模块LK231
(a) 实物及面板　(b) 通信接口

图 15.6　PLC 通信模块示例

图 15.7　PLC 的操作监视器示例

15.1.2　PLC 的软件结构

　　PLC 除了硬件外,还需要有配套的软件,两者相辅相成,缺一不可,共同构成可编程控制器系统。PLC 的软件分为系统软件、编程软件和应用软件 3 部分。

1. PLC 的系统软件

　　PLC 的系统软件分为两部分:一部分是固化于控制器模块的存储器(ROM、PROM 或 EPROM)中的内核软件,执行输入、输出、运算、控制、通信和诊断等功能,并对 PLC 的运行进行管理;另一部分是安装在编程器、操作监视器、工程师站和操作员站的组态编程软件及人机界面软件,供工程师对 PLC 进行组态编程,供操作员对被控设备进行操作监控。

2. PLC 的组态编程软件

　　根据 IEC 61131-3 标准,PLC 支持 5 种组态编程语言:指令表(IL)、梯形图(LD)、功能块图(FBD)、顺序功能图(SFC)和结构化文本(ST)。

　　手持式或便携式编程器只支持指令表(IL)组态编程,是一种基本的编程语言,将用户编写的应用程序,首先编译成控制器模块中 CPU 可执行的机器指令,再下载到控制器模块的存储器中,然后启动 PLC 运行。

工程师站和操作员站选用个人计算机,PLC 的组态编程软件运行于 Windows 操作系统,除了支持指令表(IL)组态编程语言外,还支持梯形图(LD)、功能块图(FBD)、顺序功能图(SFC)和结构化文本(ST)组态编程语言,后 4 种语言便于组态编写应用程序。

3. PLC 的应用软件

用户根据生产过程的控制要求,首先设计控制方案或控制策略;再用组态编程语言将其编写成应用程序或应用软件,并编译成可执行文件;然后下载到 PLC 中运行,实现控制策略,达到设计目的。

为了对生产过程进行操作监视,用户还需要在组态软件的支持下绘制操作监视画面,这些画面在操作员站上运行,为操作员提供了图文并茂、形象逼真的动态操作环境。这些操作监视画面也属于应用软件,但它们不在 PLC 中运行,而是在操作员站上运行。

15.1.3　PLC 的层次结构

PLC 采用层次化体系结构,基本构成是直接控制层和操作监控层,另外可以扩展生产管理层,构成控制和管理一体化系统,如图 15.8 所示。

PLC 采用层次化网络结构,基本构成是输入/输出总线(IOBUS)和监控网络(SNET),另外可以扩展生产管理网络(MNET),如图 15.8 所示。

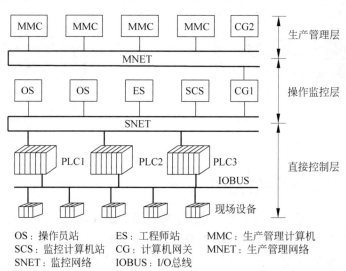

OS:操作员站　　　　ES:工程师站　　　MMC:生产管理计算机
SCS:监控计算机站　　CG:计算机网关　　MNET:生产管理网络
SNET:监控网络　　　IOBUS:I/O总线

图 15.8　PLC 的层次结构示例

PLC 的底层为输入/输出总线(IOBUS),负责与现场设备通信,传送 I/O 信号和命令,对实时性要求较高,传输速率为几十至几百 kb/s。

PLC 的中间层为监控网络(SNET),负责与控制器通信,传送监控信息,对实时性要求比较高,传输速率为 10~100Mb/s。

PLC 的高层为生产管理网络(MNET),传送操作监视和生产管理信息,对实时性要求一般,传输速率为 100~1000Mb/s。

15.2　PLC 的功能和编程

课件视频 84

　　PLC 的主要功能是逻辑控制和顺序控制,另外还有连续控制功能。PLC 采用周期扫描工作方式,每个周期的基本工作顺序为读输入、执行程序和写输出,这 3 步的工作结果分别对应输入映像寄存器、元件映像寄存器、输出映像寄存器,详细内容见参考文献[1]和[5]。

课件视频 85

　　PLC 采用指令表(IL)、梯形图(LD)、功能块图(FBD)、顺序功能图(SFC)和结构化文本(ST)5 种组态编程语言。本节介绍 PLC 的控制功能、编程基础和编程语言。

15.2.1　PLC 的控制功能

微课视频 56

　　PLC 的输入和输出以开关或逻辑信号为主、模拟信号为辅,所以其主要功能是以逻辑控制和顺序控制为主、连续控制为辅,另外还有计时器、计数器、比较器和运算器等辅助功能。

1. PLC 的逻辑控制功能

微课讲解 56

　　逻辑控制由继电器、按钮、按键、电灯、电机等开/关器件或通/断器件组成,一般采用硬连线的方式构成控制电路,如图 15.9 所示的启动或停止设备的逻辑控制电路。其中启动按钮 S1 为常开触点,停止按钮 S2 为常闭触点,另外再用一只启停继电器 R1 及其常开触点 R1 构成启停控制回路。S1 触点和继电器触点 R1 相或(OR),再和 S2 触点相与(AND),运算结果输出是继电器 1 的线圈 R1。

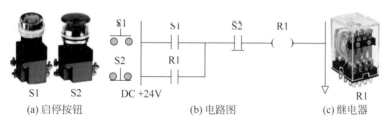

(a)启停按钮　　　　　(b)电路图　　　　　(c)继电器

图 15.9　逻辑控制电路及实物图

　　常开(NO)触点的含义是:正常情况下触点打开,其状态为 OFF 或 0;反之,在外力作用下触点闭合,其状态为 ON 或 1。

　　常闭(NC)触点的含义是:正常情况下触点闭合,其状态为 ON 或 1;反之,在外力作用下触点打开,其状态为 OFF 或 0。

　　PLC 采用软连线的方式。图 15.10 所示的梯形图(LD)表示逻辑运算关系。其物理含义是将触点(S1、S2)和线圈(R1)分别与 PLC 的输入和输出信号端子连接,首先将 S1 和 S2 触点转换为 DI 内部输入信号(I2.1、I2.2)进行逻辑运算,然后将运算结果转换为 DO 内部输出信号(Q2.1)并驱动相应的继电器线圈。

图 15.10　逻辑控制梯形图(LD)

　　PLC 在组态软件的支持下,用户只需在显示器(LCD)屏幕上画出如图 15.10 所示的梯形图(LD),就可以实现相应的逻辑控制功能。

2. PLC 的顺序控制功能

顺序控制是按照预定的顺序步进行运算控制,用"步框"(STEP)、"步前进条件"和"步命令框"3 项来描述顺序控制过程。顺序控制的用户表现形式或组态形式是顺序功能块图,并用相应的顺序控制软件来实现,参见图 4.4 及相关叙述。

3. PLC 的扩展控制功能

PLC 随着计算机技术、控制技术、通信技术和屏幕显示技术的发展而不断更新和扩展功能,除了基本的开关量输入(DI)和开关量输出(DO),还增加了模拟量输入(AI)和模拟量输出(AO);除了基本的逻辑控制和顺序控制功能,还增加了连续控制功能,如 PID 控制;除了基本的与(AND)、或(OR)、非(NOT)等逻辑运算外,还增加了连续运算功能,如加、减、乘、除四则运算,计时器、计数器、比较器等特殊运算。

15.2.2 PLC 的编程基础

微课视频 57

微课讲解 57

PLC 的编程基础是编程指令、编程语言和编程软件。PLC 程序多层化结构,如图 15.11 所示。PLC 指令系统组合化,不仅有指令,而且有函数(function)和功能块(function block),即指令系统由基本指令、函数和功能块组合而成。程序可以调用程序、功能块和函数,功能块还可以调用功能块和函数,函数也可以调用函数,如图 15.11 所示,详细内容见参考文献[5]。

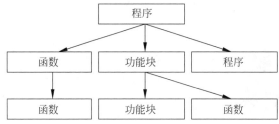

图 15.11 PLC 程序多层化结构

1. 指令

启动或停止设备的逻辑控制电路,如图 15.9 和图 15.10 所示。其中启动按钮 S1 和停止按钮 S2 为 DI 信号,在 PLC 程序中对应的变量名分别为 I2.1 和 I2.2;继电器 R1 为 DO 信号,在 PLC 程序中对应的变量名为 Q2.1。在 PLC 程序中,为了实现图 15.9 所示的启动或停止设备的逻辑控制功能,可以用以下 4 条指令实现,括号内注释可有可无,详细内容见参考文献[5]。

```
LD     I2.1    (* 装载 I2.1,启动按钮 S1 *)
OR     Q2.1    (* 或 Q2.1,继电器 R1 的常开触点 *)
AND    I2.2    (* 与 I2.2,停止按钮 S2 *)
ST     Q2.1    (* 输出 Q2.1,继电器 R1 *)
```

2. 函数

函数是若干条指令的有序组合,对若干个输入变量按某个特定算法运算,其结果只有一个输出变量。函数的编程表现形式是函数块图,如图 15.12 所示,详细内容见参考文献[5]。

该字符串合并函数(CONCAT)块图左侧有 2 个输入、右侧有 1 个输出,其功能是将 2 个输入字符串按顺序排列成 1 个输出字符串,且 STR1 在前、STR2 在后。例如 2 个输入字符串分别为"Programmable"和"Controller",合并成 1 个输出字符串"ProgrammableController"。

3. 功能块

功能块是若干条指令的有序组合,对若干输入变量按某个特定算法运算,其结果有一个或若干输出变量。功能块的编程表现形式是功能块图,如图 15.13 所示。

图 15.12　字符串合并函数(CONCAT)块图　　　图 15.13　通电延时定时器(TON)功能块图

该通电延时定时器(TON)功能块图左侧有 2 个输入、右侧有 2 个输出。其功能是:当输入 IN(BOOL)状态为逻辑 1(TRUE,真)时,定时器(TON)开始计时,一旦计时计到由输入 PT(TIME)预置的定时时间值,则输出 Q(BOOL)状态为逻辑 1(TRUE,真),计时过程中输出 ET(TIME)为当前所计的时间值,详细内容见参考文献[5]。

15.2.3　PLC 的编程语言

根据 IEC 61131-3 标准,PLC 可以采用 5 种组态编程语言:指令表(IL)、梯形图(LD)、功能块图(FBD)、顺序功能图(SFC)、结构化文本(ST)。其中 IL 和 ST 属于文本化语言,LD、FBD 和 SFC 属于图形化语言。PLC 组态编程软件界面如图 15.14 所示。

微课视频 58

微课讲解 58

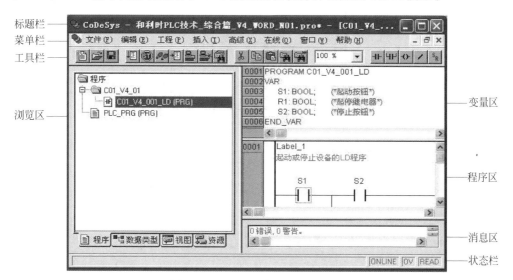

图 15.14　PLC 组态编程软件界面

图 15.14 所示的 PLC 组态编程软件界面,支持 IL、LD、FBD、SFC 和 ST 这 5 种组态编程语言。该组态编程软件界面分为标题栏、菜单栏、工具栏、浏览区、变量区、程序区、消息区、状态栏,详细内容请见参考文献[1]、[2]和[5]。

1. PLC 的指令表编程

指令表(IL)是一种类似于汇编的编程语言,也是 PLC 的基本编程语言,一般 PLC 都支持。

指令表是一种面向行的语言,IL 行由标号符、操作符、操作数和注释 4 部分组成,如图 15.15(b)所示。其中操作符、操作数是基本构成,操作符用于说明要 CPU 执行什么操作命令,即 CPU 应完成的功能;操作数用于说明操作的对象或目标,即 CPU 操作的信息从哪里得到,要对哪个执行机构、继电器或目标进行操作;标号符作为跳转标识,只用于程序跳转;注释是对该指令的描述;标号符和注释可有可无。

图 15.15(a)逻辑电路所对应的指令表如图 15.15(b)所示。图 15.15(b)所对应的 PLC 指令表组态页面如图 15.16 所示,仅列出变量区和程序区,其他内容省略,完整页面可以参见图 15.14,详细内容请见参考文献[1]、[2]和[5]。

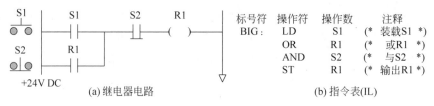

图 15.15 启动或停止设备的原理图和指令表(IL)

(a)继电器电路   (b)指令表(IL)

```
0001 PROGRAM C01_V4_001_IL
0002 VAR
0003     S1:BOOL; (*起动按钮*)        变
0004     S2:BOOL; (*停止按钮*)        量
0005     R1:BOOL; (*继电器*)          区
0006 END_VAR
0001 (*起动或停止设备的IL程序*)
0002 LD    S1    (*装载S1*)           程
0003 OR    R1    (*或R1*)             序
0004 AND      S2 (*与S2*)             区
0005 ST    R1    (*输出R1*)
```

图 15.16 启动或停止设备的 IL 组态页面

2. PLC 的梯形图编程

PLC 的梯形图(LD)编程如图 15.17 所示,再参照图 15.9 和图 15.15 可知,继电器电路、梯形图(LD)和指令表(IL)三者之间的对应关系一目了然。

梯形图(LD)采用从上到下、从左到右的梯形网络结构,左右侧两条竖线类似于电源线,每个阶梯的水平线和垂直线类似于信号线,用于连接信号。梯形图(LD)中的接点信号有对应的信号名或变量名,如图 15.17(b)中的 S1、S2 和 R1;每个阶梯的运算结果位于右端,被称为线圈或输出,类似于继电器的线圈,线圈有对应的变量名,如图 15.17(b)中的 R1。

图 15.17(b)所对应的 PLC 梯形图(LD)组态页面如图 15.18 所示,仅列出变量区和程序区,其他内容省略,完整页面可以参见图 15.14,详细内容请见参考文献[1]、[2]和[5]。

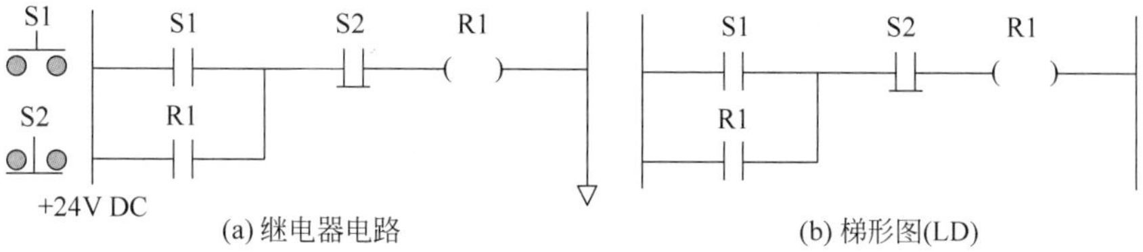

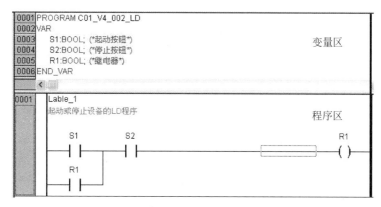

图 15.17　启动或停止设备的原理图和梯形图(LD)

图 15.18　启动或停止设备的 LD 组态页面

3. PLC 的功能块图编程

功能块图(FBD)编程语言源自传统的逻辑运算图,如图 15.19 所示,再参照图 15.9、图 15.15 和图 15.17 可知,继电器电路、指令表、梯形图和功能块图四者之间的对应关系一目了然。

功能块图采用从上到下、从左到右的图形网络结构,用框图表示运算元件,框左、右侧分别为输入、输出信号端,用水平线和垂直线表示信号线,并用来连接运算元件的输出和输入信号端。功能块图中的接点信号有对应的信号名或变量名,如图 15.19(b)中的 S1、S2 和 R1,其中 S1 或(OR)R1 后再参加与(AND)S2 运算,结果为 R1。

图 15.19(b)所对应的 PLC 功能块图组态页面如图 15.20 所示,仅列出变量区和程序区,其他内容省略,完整页面可以参见图 15.14,详细内容请见参考文献[1]、[2]和[5]。

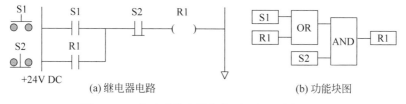

图 15.19　启动或停止设备的原理图和功能块图

4. PLC 的顺序功能图编程

顺序功能图(SFC)编程语言用步框、步连线、步转换条件、步动作或步命令等组成顺序控制方案,直观形象,容易掌握。顺序功能图(SFC)编程语言类似于程序框图,采用从上到下、从左到右的图形网络结构,类似于图 4.4(b),详细内容请见参考文献[1]、[2]和[5]。

0001 PROGRAM C01_V4_001_FBD
0002 VAR
0003 S1:BOOL; (*起动按钮*)
0004 S2:BOOL; (*停止按钮*)
0005 R1:BOOL; (*继电器*)
0006 END_VAR
变量区
0001 Lable_1
起动或停止设备的FBD程序
程序区
OR
AND
S1
R1
S2
R1

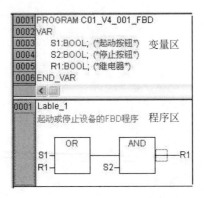

图 15.20 启动或停止设备的 FBD 组态页面

5. PLC 的结构化文本编程

结构化文本(ST)语言是一种类似于算法语言的文字语言,一种面向语句的文字语言,一个语句是一个表达式或一条指令,为此提供了各类使用简便的运算符、指令或命令。ST 语句是表达式或命令,表达式由运算符、操作数或变量组成,另外还有注释,注释是对该语句的描述,可有可无。

启动或停止设备的继电器电路逻辑及其对应的结构化文本(ST)如图 15.21 所示,再参照图 15.9、图 15.15、图 15.17 和图 15.19 可知,继电器电路、指令表(IL)、梯形图(LD)、功能块图(FBD)、结构化文本(ST)四者之间的对应关系一目了然;再对比 IL、LD、FBD、ST 可知,ST 程序结构紧凑,占用版面少,便于阅读,这些对编写复杂程序尤为重要。正因为有此优点,ST 得到广泛应用。

图 15.21(b)所对应的 PLC 结构化文本(ST)组态页面如图 15.22 所示,仅列出变量区和程序区,其他内容省略,完整页面可以参见图 15.14,详细内容请见参考文献[1]、[2]和[5]。

S1
S2
+24V DC
S1
S2
R1
R1
M1:=S1 OR R1;
R1:=M1 AND S2;

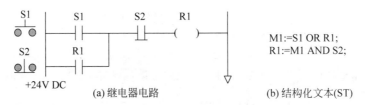

(a) 继电器电路　　(b) 结构化文本(ST)

图 15.21 启动或停止设备的原理图和结构化文本(ST)

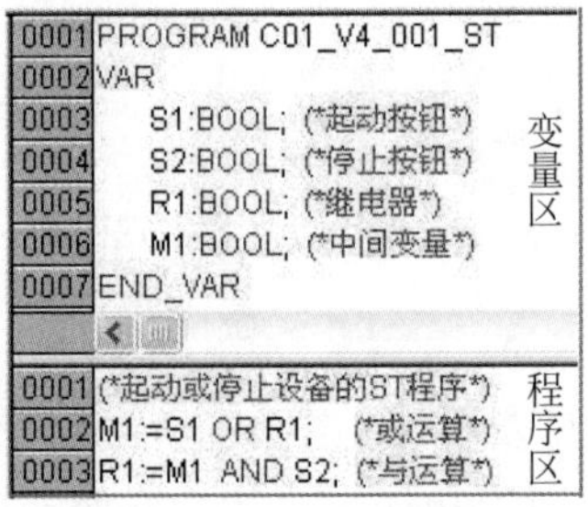

0001 PROGRAM C01_V4_001_ST
0002 VAR
0003 S1:BOOL; (*起动按钮*)
0004 S2:BOOL; (*停止按钮*)
0005 R1:BOOL; (*继电器*)
0006 M1:BOOL; (*中间变量*)
0007 END_VAR
变量区
0001 (*起动或停止设备的ST程序*)
0002 M1:=S1 OR R1; (*或运算*)
0003 R1:=M1 AND S2; (*与运算*)
程序区

图 15.22 起动或停止设备的 ST 组态页面

本章小结

PLC 的输入输出以开关信号为主,控制以逻辑和顺序控制为主,也可以扩展模拟量输入输出和连续控制运算功能。

PLC 的硬件采用模块式结构,基本构成是电源模块(PW)、主机控制器模块(MC)、输入输出模块(DI、DO、AI、AO)和串行通信接口模块(SI);另外针对特殊应用,还有专用功能模块(SF)。PLC 模块的安装有整体式结构、机架式结构。PLC 的人机接口设备(MMI 或HMI)有编程器、工程师站、操作员站、操作监视器。

PLC 采用层次化体系结构,基本构成是直接控制层和操作监控层,另外可以扩展生产管理层。对应的层次化网络结构为基本的输入输出总线(IOBUS)和监控网络(SNET),另外可以扩展生产管理网络(MNET),构成控制和管理一体化系统。

PLC 支持指令表(IL)、梯形图(LD)、功能块图(FBD)、顺序功能图(SFC)、结构化文本(ST)5 种组态编程语言。既可以用手持式或便携式编程器用指令表(IL)组态编程,也可以在个人计算机(PC)的监控组态软件环境下用图形化语言(LD、FBD、SFC)或文本化语言(IL、ST)组态编程。PLC 采用面向对象的指令系统,直观形象,简单易用。PLC 指令主要由操作符和操作数组成。

PLC 的应用必须通过组态编程来实现,PLC 的编程基础是编程指令、编程语言和编程软件。程序的基本元素是指令、功能块和函数,易学易用。程序的编写工具是语言,形象直观,简便易学。程序的编写环境是软件,操作简单,界面友好,形成程序文件。用户将程序文件下载到 PLC 中运行,以达到控制目的,满足应用需求。

第 16 章

CHAPTER 16

PLC 的指令系统

PLC 的指令系统由指令和编程语言两部分组成,指令由操作符和操作数构成,编程语言采用 IEC 61131-3 标准制定的 5 种语言:指令表(IL)、梯形图(LD)、功能块图(FBD)、顺序功能图(SFC)和结构文本(ST)。本章概述 PLC 的指令系统,并列举 S7 系列 PLC 指令和 LK 系列 PLC 指令。

16.1 PLC 的指令系统概述

微课视频 59

微课讲解 59

课件视频 86

PLC 采用面向对象的指令系统,直观形象,简单易用。PLC 的指令由操作符和操作数构成。本节概述 PLC 指令的结构、操作符和操作数。

16.1.1 PLC 指令的结构

尽管每种 PLC 的指令各异,但是指令的结构相同,均由操作符和操作数构成,如表 16.1.1 所示。

表 16.1.1　PLC 指令的结构

LK 系列 PLC		LK 系列 PLC		S7 系列 PLC		S7 系列 PLC	
操作符	操作数	操作符	操作数	操作符	操作数	操作符	操作数
LD	S1	LD	%IX2.1	A	S1	A	I2.1
OR	R1	OR	%QX2.1	O	R1	O	Q2.1
AND	S2	AND	%IX2.2	AN	S2	AN	I2.2
ST	R1	ST	%QX2.1	=	R1	=	Q2.1

指令前可以有标号符,作为程序跳转标识;指令后可以有注释,作为指令的描述;如图 15.15(b)所示,标号符和注释可有可无。

例如启动和停止设备的逻辑如图 15.15(a)所示,相对应的 IL 程序如表 16.1.1 所示。该表中,列出 LK 系列 PLC 和 S7 系列 PLC 的指令。这两种 PLC 产品的指令结构相似,但操作符和操作数的表示方式不同,表 16.1.1 中的 4 条指令分别为装载(LD)、或(OR)、与(AND)、输出(ST)。

16.1.2 PLC 指令的操作符

PLC 指令的操作符用于说明要 CPU 执行的命令,即 CPU 应完成的功能,用助记符来表示。一般用 LD、AND、OR、XOR、NOT 表示装载、与、或、异或、取反,用 ADD、SUB、MUL、DIV 表示加、减、乘、除。

例如表 16.1.1,在 LK 系列 PLC 指令中,用 LD 表示装载(Load)命令,用 OR、AND 分别表示或、与逻辑运算命令,用 ST 表示输出或赋值命令等;在 S7 系列 PLC 指令中,用 O、A 分别表示或、与逻辑运算命令,用"="表示输出或赋值命令等。

16.1.3　PLC 指令的操作数

PLC 指令的操作数用于说明操作的对象或目标,即 CPU 操作的信息从哪里得到,要对哪个执行器、继电器或目标进行操作,用助记符来表示。

操作数有两个来源:一是来自生产过程或设备的物理参数,例如开关、按键、温度、压力、流量、长度和速度等,通过输入模块获取;二是来自程序运算结果和人为设置的参数。

操作数有两种形式:一种是可变的,称为变量,并有相应的变量名;另一种是不变的,称为常量,并有相应的常量名。

操作数有两种表示:一种是用声明或定义的"变量名",用助记符来表示;另一种是实际存在的输入点(DI、AI)或输出点(DO、AO)数据在内存储器中的相对物理地址。

例如,LK 系列 PLC 中 DI 和 DO 数据的物理含义,如图 16.1 所示。其中两个 DI 点(启动开关 S1 和停止开关 S2),既可以用声明或定义的"变量名"S1 和 S2 来表示,也可以用内存储器中数据区的相对"物理地址"％IX2.1 和％IX2.2 来表示,其物理含义是 S1 和 S2 状态存于输入区 I 第 2 字节的位 1 和位 2;DO 点(继电器 R1)既可以用声明或定义的"变量名"R1 来表示,也可以用内存储器中数据区的相对"物理地址"％QX2.1 来表示,其物理含义是 R1 状态存于输出区 Q 第 2 字节的位 1。

图 16.1　PLC 中的 DI 和 DO 数据

表 16.1.1 中的 LK 系列 PLC 装载指令 LD S1 和 LD ％IX2.1 对应启动开关 S1,与指令 AND S2 和 AND ％IX2.2 对应停止开关 S2,S1 和 S2 为 DI 点;或指令 OR R1 和 OR ％QX2.1、输出指令 ST R1 和 ST ％QX2.1 对应继电器 R1,R1 为 DO 点。

表 16.1.1 中指令表(IL)程序和图 16.1 中梯形图(LD)程序,既可以用符号变量名 S1、S2 和 R2,也可以用内存储器中数据输入区 I 的相对物理地址％IX2.1、％IX2.2 和数据输出区 Q 的相对物理地址％QX2.1。

★关于 DI 和 AI 数据输入区 I、DO 和 AO 数据输出区 Q 以及数据表示方式的详细内容,请见参考文献[1]、[2]和[5]。

16.2 S7 系列 PLC 的指令系统

S7 系列(S7-300、S7-400)PLC 是西门子公司的产品,该 PLC 的指令系统分为位逻辑指令、装载指令、传送指令、比较指令、转换指令、移位指令、循环移位指令、计数器指令、定时器指令、整数算术运算指令、实数算术运算指令、字逻辑运算指令、跳转指令、程序控制指令、数据块指令、累加寄存器操作指令、状态位指令 17 类,每类又有多条指令,详细内容见参考文献[1]和[2]。

S7 系列 PLC 支持指令表(IL)、梯形图(LD)、功能块图(FBD)、顺序功能图(SFC)、结构化文本(ST)等编程语言。

16.2.1 S7 系列 PLC 指令的基础

微课视频60

微课讲解60

课件视频87

S7 系列 PLC 指令的数据是操作数,也就是内存储器的数据区中的数据。操作数的标识符由主标识符和辅助标识符组成。"主标识符"表示操作数所在的存储区;"辅助标识符"说明操作数的位数长度,若无辅助标识符,则指操作数的位数是 1。

S7 系列 PLC 指令的基础是数据、数据类型、数据标记、执行状态,分别介绍如下。

1. S7 系列 PLC 指令的数据

S7 系列 PLC 指令的操作数的"主标识符"有 I(输入过程映像存储区)、Q(输出过程映像存储区)、M(位存储区)、T(定时器)、C(计数器)、PI(外部输入)、PQ(外部输出)、DB(数据块)、L(局域数据区)、累加寄存器(ACCU1~ACCU4)、地址寄存器(AR1~AR2)、逻辑块(OB、FB、FC、SFB、SFC),这些数据分别占用内存储器的某个区域。详细内容请见参考文献[1]和[2]。

S7 系列 PLC 指令的操作数的"辅助标识符"有 X(位)、B(字节)、W(字,2B)、D(双字,4B)。

1) 输入过程映像存储区(I)

在每次扫描周期的开始,CPU 对外部的物理输入点(DI、AI)进行采样,并将采样值存入内存储器的"输入过程映像存储区(I)"。在程序执行阶段,CPU 从"输入过程映像存储区(I)"中取值,并不涉及外部的物理输入点。可以按位、字节(B)、字(W)、双字(D)来存取该存储区。

例如,位(BIT)寻址格式为 I1.0、I1.1,表示字节 1 的位 0、1;字节(BYTE)寻址格式为 IB0、IB1,表示字节 0、1;字(WORD)寻址格式为 IW0、IW2,表示字 0、2,分别占用字节 0 和 1、2 和 3;双字(DWORD)寻址格式为 ID0、ID4,表示双字 0、4,分别占用字节 0、1、2、3 和字节 4、5、6、7。

2) 输出过程映像存储区(Q)

在程序执行阶段,CPU 将输出值存入内部的"输出过程映像存储区(Q)",并不涉及外部的物理输出点(DO、AO)。每次扫描周期的结束,CPU 再将内部的"输出过程映像存储区(Q)"的数值写到外部的物理输出点(DO、AO)。可以按位、字节(B)、字(W)、双字(D)来存取该存储区。

例如,位(BIT)寻址格式为 Q1.0、Q1.1,表示字节 1 的位 0、1;字节(BYTE)寻址格式为 QB0、QB1,表示字节 0、1;字(WORD)寻址格式为 QW0、QW2,表示字 0、2,分别占用字节 0 和 1、2 和 3；双字(DWORD)寻址格式为 QD0、QD4，表示双字 0、4，分别占用字节 0、1、2、3 和字节 4、5、6、7。

3) 位存储区(M)

位存储区(M)用于存储程序执行过程中的中间结果。尽管名为"位存储区"，但也可以按位、字节(B)、字(W)、双字(D)来存取"位存储区(M)"。例如，寻址格式为 M1.0、M1.1、MB0、MB1、MW0、MW2、MD0、MD4。

4) 定时器(T)

用指令访问定时器可以得到定时剩余时间，标识符为"T 编号"，如 T12。

5) 计数器(C)

用指令访问计数器可以得到当前计数值，标识符为"C 编号"，如 C12。

★以上介绍了部分操作数(主标识符)，更多操作数及其详细内容，请见参考文献[1]和[2]。

2. S7 系列 PLC 指令的数据类型

S7 系列 PLC 指令的操作数的数据类型因指令而异，例如位逻辑指令采用布尔数(BOOL)，位状态为 1 或 0；算术运算指令采用整型数(INT)、双整型数(DINT)、实型数(REAL)。数据类型分为基本数据类型、复合数据类型、参数类型 3 类，每类又有多种数据类型。详细内容请见参考文献[1]和[2]。

1) 基本数据类型

基本数据类型分为布尔数(BOOL)、字节数(BYTE)、字数(WORD)、双字数(DWORD)、字符(CHAR)、整型数(INT)、双整型数(DINT)、实型数(REAL)、时间(TIME)、日期(DATE)、当大时间(TOD)、S5 系统时间(5TIME)，详细内容请见参考文献[1]和[2]。

2) 复合数据类型

通过组合基本数据类型可以生成复合数据类型，或者通过组合基本数据类型及已有的复合数据类型可以生成复合数据类型。复合数据类型分为 DATE_AND_TIME(日期_时间)、STRING(字符串)、ARRAY(数组)、STRUCT(结构)、UDT(用户定义数据类型)，详细内容请见参考文献[1]和[2]。

3) 参数类型

参数类型是为逻辑块之间传送的形式参数(Formal Parameter)定义的数据类型。参数类型分为 TIMER(定时器)、COUNTER(计数器)、BLOCK(块)、POINTER(指针)、ANY(任意参数)，详细内容请见参考文献[1]和[2]。

3. S7 系列 PLC 指令的数据标记

在程序设计中，指令中的操作数所涉及的数据类型是以其标记体现的。数据标记分为数值标记、日期/时间标记、字符/字符串标记、参数类型标记 4 类，每类又有多种数据标记，详细内容请见参考文献[1]和[2]。

1) 数值标记

数值标记用来表示二进制数(字、双字)、十六进制数、整数、长整数、实数等。例如，2#0100_0011_0010_0001 表示二进制数 16 位(字，WORD)；TRUE 表示布尔值(真=1)，FALSE 表示布尔值(假=0)；W#16#4E5F 表示十六进制数 16 位(字，WORD)。更多数值标记及其详细内容,请见参考文献[1]和[2]。

2) 日期/时间标记

日期/时间标记既可以用来为 CPU 输入日期和时间,也可以为定时器赋值。例如,D♯2020-11-22 表示日期(Date);TOD♯12:34:56.789 表示当天时间(Time_of_day)。更多日期/时间标记及其详细内容,请见参考文献[1]和[2]。

3) 字符/字符串标记

字符标记和字符串标记。例如,'A' 表示 ASCII 字符(CHAR);'PLC'表示字符串(STRING),最多254个字符。

4) 参数类型标记

参数类型标记分为 TIMER(定时器)、COUNTER(计数器)、BLOCK(块)、POINTER(指针)、ANY(任意参数)。例如,T12 表示定时器编号 12,C34 表示计数器编号 34。更多参数类型标记及其详细内容,请见参考文献[1]和[2]。

4. S7 系列 PLC 指令的执行状态

S7 系列 PLC 用一个 16 位的寄存器来存储 CPU 指令的执行状态,称为状态字寄存器,如表 16.2.1 所示,只使用了其中的位 0~位 8(位 9~位 15 未使用)。详细内容请见参考文献[1]和[2]。

表 16.2.1 S7 系列 PLC 指令的状态字

位 15~9	8	7	6	5	4	3	2	1	0
保留	BR	CC1	CC0	OS	OV	OR	STA	RLO	$\overline{FC}$

例如,逻辑运算结果位 RLO(Result of Logic Operation)是状态字寄存器位 1,RLO 位用来存储执行位逻辑指令和比较指令的结果(1 或 0)。

例如,溢出位 OV 是状态字寄存器位 4,若算术运算或浮点数比较指令执行时出现溢出、非法操作、不规范格式等错误,则溢出位 OV 被置 1。

16.2.2 S7 系列 PLC 指令

微课视频 61

微课讲解 61

课件视频 88

前面介绍了 S7 系列 PLC 指令的数据、数据类型、数据标记、执行状态,这些是指令的基础。S7 系列 PLC 的指令有位逻辑指令、装载指令、传送指令、比较指令、转换指令、移位指令、循环移位指令、计数器指令、定时器指令、整数算术运算指令、实数算术运算指令、字逻辑运算指令、跳转指令、程序控制指令、数据块指令、累加寄存器操作指令、状态位指令 17 类,每类又有多条指令。详细内容请见参考文献[1]和[2]。

1. 位逻辑指令

位逻辑指令处理状态信号 1 或 0,分别对应开关通(ON)或断(OFF),继电器线圈或线包通电或断电。逻辑运算结果(RLO)为 1 或 0,用于赋值、启动、停止、置位、复位的操作数,也可以控制定时器和计数器的运行。

位逻辑指令包括 A(与)、AN(与非)、O(或)、ON(或非)、X(异或)、XN(同或,异或非)、( )(嵌套)、NOT(取反)、♯(中间结果位 M)、=(赋值)、SET(将逻辑位置位)、CLR(将逻辑位清零)、S(输出置位)、R(输出复位)、SR(置位复位触发器)、RS(复位置位触发器)、FP(检测上升沿)、FN(检测下降沿)、P(检测上升沿并跳转 JMP)、N(检测下降沿并跳转 JMP)、POS(检测地址上升沿)、NEG(检测地址下降沿)、SAVE(把逻辑运算结果存入 BR 位)。

1) A(与)

功能:两个逻辑变量进行"与"运算,运算规则如下:

```
1 A 1 = 1,1 A 0 = 0,0 A 1 = 0,0 A 0 = 0
```

举例1:(常开触点 I1.0)"与"(常开触点 I1.1),逻辑运算结果赋予 Q1.0。该指令 A 的 IL(指令表)程序如下,双斜线//后面为指令的注释,可有可无。

```
A  I1.0    // 常开触点 I1.0
A  I1.1    // 常开触点 I1.1
=  Q1.0    // I1.0"与"I1.1结果赋予 Q1.0
```

举例2:该指令 A 的 LD(梯形图)程序如图16.2中阶梯1所示。常开触点 I1.0 串联常开触点 I1.1,用 A(AND,与)指令。

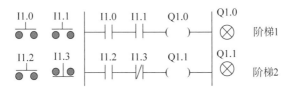

图 10.2　A 和 AN 指令的 LD 程序

2) AN(与非)

功能:两个逻辑变量进行"与非"运算。

举例1:(常开触点 I1.2)"与非"(常闭触点 I1.3),逻辑运算结果赋予 Q1.1。该指令 AN 的 IL(指令表)程序如下:

```
A  I1.2    // 常开触点 I1.2
AN I1.3    // 常闭触点 I1.3
=  Q1.1    // I1.2"与非"I1.3结果赋予 Q1.1
```

举例2:该指令 AN 的 LD(梯形图)程序,如图16.2中阶梯2所示。常开触点 I1.2 串联常闭触点 I1.3,用 AN(AND NOT,与非)指令。触点符号 I1.3 中间的斜线"/"表示常闭触点。

3) O(或)

功能:两个逻辑变量进行"或"运算,运算规则如下:

```
1 O 1 = 1,1 O 0 = 1,0 O 1 = 1,0 O 0 = 0
```

举例1:(常开触点 I1.4)"或"(常开触点 I1.5),逻辑运算结果赋予 Q1.2。该指令 O 的 IL(指令表)程序如下:

```
O   I1.4    // 常开触点 I1.4
O   I1.5    // 常开触点 I1.5
=   Q1.2    // I1.4"或"I1.5 结果赋予 Q1.2
```

举例 2：该指令 O 的 LD(梯形图)程序，如图 16.3 中阶梯 1 所示。常开触点 I1.4 并联常开触点 I1.5，用 O(OR，或)指令。

4) ON(或非)

功能：两个逻辑变量进行"或非"运算。

举例 1：(常开触点 I1.6)"或非"(常闭触点 I1.7)，逻辑运算结果赋予 Q1.3。该指令 ON 的 IL(指令表)程序如下：

```
O   I1.6    // 常开触点 I1.6
ON  I1.7    // 常闭触点 I1.7
=   Q1.3    // I1.6"或非"I1.7 结果赋予 Q1.3
```

举例 2：该指令 ON 的 LD(梯形图)程序，如图 16.3 中阶梯 2 所示。常开触点 I1.6 并联常闭触点 I1.7，用 ON(OR NOT，或非)指令。触点符号 I1.7 中间的斜线"/"表示常闭触点。

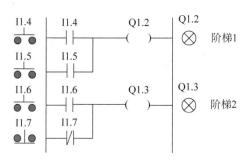

图 16.3　O 和 ON 指令的 LD 程序

★以上介绍了部分位逻辑指令，更多的位逻辑指令及其详细内容请见参考文献[1]和[2]。

2. 计数器指令

S7 系列 PLC 为计数器保留了一块"计数器存储区 C"，每个计数器有计数器字(16 位)和计数器位。其中计数器字用来存放它的当前计数值，计数器位用来存放它的当前计数状态。用计数器地址或名字"C 编号"(如 C12)来访问当前计数器值和计数器位，带字操作数的指令访问计数器值，带位操作数的指令访问计数器位。

计数器字的位 0～位 11 存 BCD 码的计数值，计数值范围为 0～999。另一个计数器字的位 0～位 9 存二进制格式的计数值，计数值范围为 0～999。当计数器复位时，将计数值传送至计数器字。

计数器指令包括 S_CU(加计数器)、S_CD(减计数器)、S_CUD(加减计数器)，以及几条辅助指令。

举例：S_CU(加计数器)

功能：若输入端 CU 的信号状态从 0 变为 1，且计数器值小于 999，则计数值加 1，如

图 16.4 所示。

若输入端 S 的信号状态从 0 变为 1,则将输入端 PV 的 BCD 码计数预置值装入计数器。

若输入端 R 的信号状态从 0 变为 1,则计数器复位,计数值被置 0。

若计数值大于 0,则输出端 Q 的信号状态为 1。

若计数值等于 0,则输出端 Q 的信号状态为 0。

输出端 CV 有当前计数的二进制值。

输出端 CV_BCD 有当前计数的 BCD 值。

该指令 S_CU 的 LD(梯形图)程序,如图 16.4 所示。计数器地址或编号为 C11,触点 I1.1、I1.2、I1.3 依次为输入端 CU、S、R 的信号,C♯18 为输入端 PV 的预置值,输出端 Q 赋予 Q1.1。

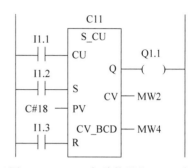

图 16.4 S_CU 加计数器的 LD 程序

若输入端 CU 的 I1.1 信号状态从 0 变为 1,且 C11 的计数值小于 999,则 C11 的计数值加 1。

若输入端 S 的 I1.2 信号状态从 0 变为 1,则将输入端 PV 的预置值 C♯18 装入计数器 C11。

若输入端 R 的 I1.3 信号状态从 0 变为 1,则计数器 C11 复位。

若 C11 的计数值不等于 0,则 Q1.1 为 1;反之,为 0。

将输出端 CV 的二进制当前计数值传送到存储字 MW2。

将输出端 CV_BCD 的 BCD 码当前计数值传送到存储字 MW4。

★以上介绍了一条计数器指令,更多计数器指令及其详细内容请见参考文献[1]和[2]。

3. 整数算术运算指令

整数算术运算指令对累加寄存器 ACCU1 和 ACCU2 中的整数进行运算,结果保存在 ACCU1 中。

整数算术运算包括整数加、整数减、整数乘、整数除、双整数加、双整数减、双整数乘、双整数除、双整数除取余数、加整常数(16 位、32 位)。若执行指令且结果正确(在整数或双整数的允许范围之内),则输出端(ENO)为 1。整数算术运算指令可能影响状态字(表 16.2.1)中的 CC1、CC0、OV、OS 位。详细内容请见参考文献[1]和[2]。

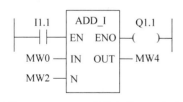

图 16.5 ADD_I 整数加的 LD 程序

1) +I(整数加)

功能:将两个 16 位整数相加,即将 ACCU2 低字的内容与 ACCU1 低字的内容相加,结果保存在 ACCU1 低字中。

举例 1:该指令 ADD_I 的 LD(梯形图)程序,如图 16.5 所示。若整数加条件信号 I1.1 为 1,则 MW0+MW2=MW4。若执行指令且结果正确,则输出 Q1.1 为 1。

举例 2:该指令 +I 的 IL(指令表)程序如下:

```
A    I1.1    // 若整数加条件信号 I1.1 为 1
L    MW0     // 取存储字 MW0 中的加数装入 ACCU1 低字
```

```
L      MW2      // 将 ACCU1 低字的内容装入 ACCU2 低字,
                // 取存储字 MW2 中的加数装入 ACCU1 低字
+ I              // 将 ACCU2 低字的内容加上 ACCU1 低字的内容,
                // 结果(MW0 + MW2)保存在 ACCU1 低字中
T      MW4      // 将 ACCU1 低字的内容(结果)传送到存储字 MW4
=      Q1.1     // 若执行指令且结果正确,则输出 Q1.1 为 1
```

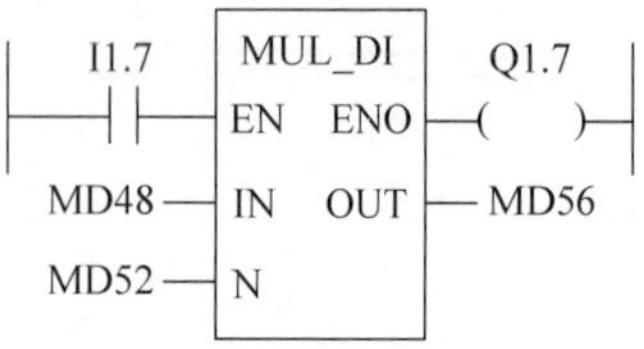

图 16.6 MUL_DI 双整数
乘的 LD 程序

2) * D(双整数乘)

功能:将两个 32 位双整数相乘,即将 ACCU2 的内容乘 ACCU1 的内容,结果保存在 ACCU1 中。如果状态字位 OV=1 且 OS=1,则结果超出 32 位整数的范围。

举例 1:该指令 MUL_DI 的 LD(梯形图)程序,如图 16.6 所示。若双整数乘条件信号 I1.7 为 1,则 MD48 * MD52=MD56。若执行指令且结果正确,则输出 Q1.7 为 1。

举例 2:该指令 * D 的 IL(指令表)程序如下:

```
A      I1.7     // 若双整数乘条件信号 I1.7 为 1
L      MD48     // 取存储双字 MD48 中的被乘数装入 ACCU1
L      MD52     // 将 ACCU1 的内容装入 ACCU2,
                // 取存储双字 MD52 中的乘数装入 ACCU1
* D              // 将 ACCU2 的内容乘 ACCU1 的内容,
                // 结果(MD48 * MD52)保存在 ACCU1 中
T      MD56     // 将 ACCU1 的内容(结果)传送到存储双字 MD56
=      Q1.7     // 若执行指令且结果正确,则输出 Q1.7 为 1
```

★以上介绍了部分整数算术运算指令,更多整数算术运算指令及其详细内容请见参考文献[1]和[2]。

★以上介绍了 S7 系列 PLC 的部分指令,更多指令及其详细内容请见参考文献[1]和[2]。

16.3 LK 系列 PLC 的指令系统

LK 系列 PLC 是和利时公司的产品,该 PLC 的指令系统分为逻辑运算指令、比较指令、移位指令、选择指令、算术运算指令、初等数学运算指令、地址运算指令、数据类型转换指令、赋值和调用指令、标准库指令、实用库指令、检查库指令、扩展库指令 13 类,每类又有多条指令、函数(Function)和功能块(Function Block)。

LK 系列 PLC 支持 6 种编程语言:指令表(IL),梯形图(LD),功能块图(FBD),顺序功能图(SFC),结构化文本(ST)和连续功能图(Continuous Function Chart,CFC)。

LK 系列 PLC 指令系统包含指令、函数和功能块,后两者由库文件提供,可以根据编程需要加载库文件,用多少就加载多少。另外支持用户自定义函数和功能块,并制成自定义的库文件,供用户程序调用,丰富了指令系统。

LK 系列 PLC 的程序采用多层化结构,如图 15.11 所示。程序可以调用程序、功能块和函数,功能块还可以调用功能块和函数,函数也可以调用函数。

16.3.1　LK 系列 PLC 指令的基础

LK 系列 PLC 指令的数据是操作数,也就是内存储器的数据区中的数据。操作数的标识符由"主标识符"和"辅助标识符"组成。"主标识符"表示操作数所在的存储区;"辅助标识符"说明操作数的位数长度,若无辅助标识符,则指操作数的位数是 1 位。

微课视频 62

LK 系列 PLC 指令的基础是数据、数据类型、数据标记。

1. 指令的数据

LK 系列 PLC 指令的数据是指令的操作数,也就是内存储器的数据区的数据。数据区又分为输入区(I)、输出区(Q)、中间区(M)、随机区(N)、保持区(R)。

微课讲解 62

LK 系列 PLC 指令的操作数的"主标识符"有 I(输入区)、Q(输出区)、M(中间区)、N(随机区)、R(保持区)。

LK 系列 PLC 指令的操作数的"辅助标识符"有 X(位)、B(字节)、W(字,2B)、D(双字,4B)。

微课视频 63

1) 输入区(I)

输入区(I)是 PLC 的输入寄存器,在每个扫描周期的首端,CPU 对输入点(DI、AI)进行采样,并将采样值存于内存储器的数据输入区(I)。通过寻址方式访问输入区,可以按位(BIT)、字节(BYTE)、字(WORD)、双字(DWORD)地址访问方式,表示方式分别为 IX0、IB0、IW0、ID0,以此类推。

微课讲解 63

例如,位(BIT)寻址格式为"%IX2.0""%IX2.1",表示字节 2 的位 0、1;字节(BYTE)寻址格式为 IB0、IB1,表示字节 0、1;字(WORD)寻址格式为 IW0、IW2,表示字 0、2,分别占用字节 0 和 1、2 和 3;双字(DWORD)寻址格式为 ID0、ID4,表示双字 0、4,分别占用字节 0、1、2、3 和字节 4、5、6、7。

课件视频 89

2) 输出区(Q)

输出区(Q)是 PLC 的输出寄存器,在每个扫描周期的末端,CPU 将内存储器的数据输出区(Q)的数据传送到物理输出点(DO、AO)。通过寻址方式访问输出区,可以按位(BIT)、字节(BYTE)、字(WORD)、双字(DWORD)地址访问方式,表示方式分别为 QX0、QB0、QW0、QD0,以此类推。

课件视频 90

例如,位寻址格式为"%QX2.0""%QX2.1",表示字节 2 的位 0、1;字节(BYTE)寻址格式为 QB0、QB1,表示字节 0、1;字(WORD)寻址格式为 QW0、QW2,表示字 0、2,分别占用字节 0 和 1、2 和 3;双字(DWORD)寻址格式为 QD0、QD4,表示双字 0、4,分别占用字节 0、1、2、3 和字节 4、5、6、7。

3) 中间区(M)

中间区(M)是 PLC 的中间寄存器,用来存储程序的中间结果、工作状态或临时信息。通过寻址方式访问内存储器的数据中间区(M),可以按位(BIT)、字节(BYTE)、字(WORD)、双字(DWORD)地址访问方式。例如,寻址格式为 M1.0、M1.1、MB0、MB1、MW0、MW2、MD0、MD4。

★以上介绍了 I、Q、M 数据区,更多数据区及其详细内容,请见参考文献[1]、[2]和[5]。

2. 指令的数据类型

LK 系列 PLC 指令的操作数的数据类型因指令而异,例如位逻辑运算指令采用布尔型(BOOL),位状态为 1 或 0;算术运算指令采用整型(INT)、长整型(DINT)、实型(REAL);等等。

LK 系列 PLC 的指令的数据类型分为标准数据类型、结构体(STRUCT)和枚举(ENUM)3 类,后两者为自定义数据类型。

1) 标准数据类型

LK 系列 PLC 的指令系统支持的标准数据类型分为字节型(BYTE)、字型(WORD)、双字型(DWORD)、短整型(SINT)、无符号短整型(USINT)、整型(INT)、无符号整型(UINT)、长整型(DINT)、无符号长整型(UDINT),布尔型(BOOL),实型(REAL),时间型(TIME),字符串(STRING),数组(ARRAY),详细内容请见参考文献[1]、[2]和[5]。

2) 结构体

有时需要将不同类型的数据组合成一个有机的整体,以便于引用,结构体(STRUCT)就具有此功能,其中结构体数组又将不同类型的数组(ARRAY)组合在一起。

结构体由多个成员(或分量)组成,每个成员有成员名及类型,类型可以不同或相同。先定义结构体,后引用结构体的成员。详细内容请见参考文献[1]、[2]和[5]。

3) 枚举

先定义枚举(ENUM),后引用枚举的成员。详细内容请见参考文献[1]、[2]和[5]。

3. 指令的数据标记

在程序设计中,指令中的操作数所涉及的数据类型是以其标记体现的。一般情况下,一个数据标记对应特定的数据类型或参数类型。数据标记分为布尔型数据标记、整型数据标记、实型数据标记、时间型数据标记、字符串型数据标记、数组标记 6 类。详细内容请见参考文献[1]、[2]和[5]。

1) 布尔型数据标记

布尔型(BOOL)数据为逻辑量,占用存储器 1 位(bit),其逻辑值为 TRUE(真)或FALSE(假),也可以表示为 1 或 0。例如

```
SW1: BOOL: = TRUE;   ( * 启动按钮 * )
SW2: BOOL: = FALSE;   ( * 停止按钮 * )
```

2) 整型数据标记

整型数值可以是十进制、二进制、八进制、十六制。如果不是十进制值,则要用二进制、八进制、十六进制数(2、8、16)及符号"#"放在数值前面来表示。例如

```
V1:BYTE: = 25;              ( * 字节型,十进制数 25 * )
V2:WORD: = 2#0010_0011;     ( * 字型,二进制数 0010_0011 * )
V3:DWORD: = 8#24;           ( * 双字型,八进制数 24 * )
V4:SINT: = -128;            ( * 短整型,十进制数 -128 * )
V5:USINT: = 16#C8;          ( * 无符号短整型,十六进制数 C8 * )
V6:INT: = -32768;           ( * 整型,十进制数 -32768 * )
V7:UINT: = 2;               ( * 无符号整型,十进制数 2 * )
V8:DINT: = -2147483648;     ( * 长整型,十进制数 -2147483648 * )
V9:UDINT: = 4294967291;     ( * 无符号长整型,十进制数 4294967291 * )
```

3) 实型数据标记

实型(REAL)数据的特点是有小数位,既可以表示成整数和小数形式,也可以表示成指

数形式。例如

```
V41:REAL: = 8.9;              ( * 实型数 8.9 * )
V42:REAL: = 2.305E + 2;       ( * 实型数 230.5 * )
V43:REAL: =  − 4.5E − 2;      ( * 实型数 − 0.045 * )
```

★以上介绍了布尔型、整型、实型数据标记,更多数据标记及其详细内容请见参考文献[1]、[2]和[5]。

16.3.2 LK 系列 PLC 指令

微课视频64

LK 系列 PLC 的指令,分为逻辑运算指令、比较指令、移位指令、选择指令、算术运算指令、初等数学运算指令、地址运算指令、数据类型转换指令、赋值和调用指令、标准库指令、实用库指令、检查库指令、扩展库指令 13 类,每类又有多条指令、函数和功能块。详细内容请见参考文献[1]、[2]和[5]。

微课讲解64

1. 逻辑运算指令

逻辑运算指令包括 AND(与)、OR(或)、XOR(异或)、NOT(非),输入输出数据类型为BOOL(布尔型)、BYTE(字节型)、WORD(字型)和 DWORD(双字型),逻辑运算结果为 1 或 0。

课件视频91

1) AND——与指令

功能:两个变量或常量的相与运算,即对应的二进制位相与,运算规则如下:

```
1 AND 1 = 1,1 AND 0 = 0,0 AND 1 = 0,0 AND 0 = 0
```

举例:两个二进制数相与,例如 2♯1010_0101"与"2♯0011_1110
AND 指令的 IL 程序:

```
LD    2♯1010_0101    ( * 二进制数 = 2♯1010_0101 * )
AND   2♯0011_1110    ( * 与二进制数 = 2♯0011_1110 * )
ST    Var1           ( * 结果 Var1 = 2♯0010_0100 = 36 * )
```

AND 指令的 ST 程序:

```
Var1: = 2♯1010_0101 AND 2♯0011_1110; ( * 结果 Var1 = 2♯0010_0100 = 36 * )
```

★指令后面括号( )内为指令的注释,且左右括号紧邻星号 * ,注释可有可无。

2) OR——或指令

功能:两个变量或常量的相或运算,即对应的二进制位相或,运算规则如下:

```
1 OR 1 = 1,1 OR 0 = 1,0 OR 1 = 1,0 AND 0 = 0
```

举例:两个二进制数相或,例如 2♯1010_0101"或"2♯0011_1110
OR 指令的 IL 程序:

```
LD      2#1010_0101
OR      2#0011_1110
ST      Var2      ( * 结果 Var2 = 2#1011_1111 = 191 * )
```

OR 指令的 ST 程序：

```
Var2: = 2#1010_0101 OR 2#0011_1110; ( * 结果 Var2 = 2#1011_1111 = 191 * )
```

3) NOT——非指令

功能：变量或常量的取非运算，逐位取非，1 取 0,0 取 1。

举例：二进制数 2#1010_0101 取非

NOT 指令的 IL 程序：

```
LD      2#1010_0101
NOT
ST      Var4      ( * 结果 Var4 = 2#0101_1010 = 90 * )
```

NOT 指令的 ST 程序：

```
Var4: = NOT 2#1010_0101; ( * 结果 Var4 = 2#0101_1010 = 90 * )
```

★以上介绍了部分逻辑运算指令，更多指令及其详细内容请见参考文献[1]、[2]和[5]。

2. 算术运算指令

算术运算指令包括 ADD(加法)、SUB(减法)、MUL(乘法)、DIV(除法)、MOD(取余)。在 LD 程序中,若使能端 EN 的变量为真(TRUE 或 1),则指令运行,并将结果赋予输出变量；反之,不运行。

1) ADD——加法指令

功能：两个或多个变量(或常量)相加(adding)。

输入/输出数据类型：BYTE、WORD、DWORD、SINT、USINT、INT、UINT、DINT、UDINT、REAL、TIME。

举例：$Var1 = 3 + Var2 + 4$

ADD 指令的 IL 程序：

```
LD      3
ADD     Var2,4
ST      Var1      ( * 结果 Var1 = 3 + Var2 + 4 * )
```

ADD 指令的 ST 程序：

```
Var1: = 3 + Var2 + 4;    ( * 结果 Var1 = 3 + Var2 + 4 * )
```

ADD 指令的 LD 程序,如图 16.7 所示。若使能端 EN 的变量 S1 为真(TRUE 或 1),则 ADD 运行,并将结果赋予变量 Var1；反之,不运行。

ADD 指令的 FBD 程序,如图 16.8 所示。

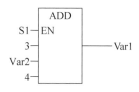

图 16.7　ADD 的 LD 程序

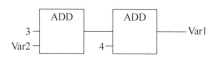

图 16.8　ADD 的 FBD 程序

2) MUL——乘法指令

功能：两个或多个变量(或常量)相乘(multiply)。

输入输出数据类型：BYTE、WORD、DWORD、SINT、USINT、INT、UINT、DINT、UDINT、REAL。

举例：Var5＝Var6×7

MUL 指令的 IL 程序：

```
LD    Var6
MUL   7
ST    Var5    ( * 结果 Var5 = Var6 × 7 * )
```

MUL 指令的 ST 程序：

```
Var5: = Var6 * 7;      ( * 结果 Var5 = Var6 × 7 * )
```

MUL 指令的 LD 程序,如图 16.9 所示。若使能端 EN 的变量 S1 为真(TRUE 或 1),则 MUL 运行,并将结果赋予变量 Var5;反之,不运行。

MUL 指令的 FBD 程序,如图 16.10 所示。

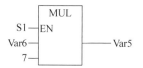

图 16.9　MUL 指令的 LD 程序

图 16.10　MUL 指令的 FBD 程序

★以上介绍了部分算术运算指令,更多指令及其详细内容请见参考文献[1]、[2]和[5]。

3. 定时器功能块

定时器功能块有普通定时器功能块 TP、通电延时定时器功能块 TON、断电延时定时器功能块 TOF 和实时时钟功能块 RTC。

举例：TON——通电延时定时器功能块

功能：当输入 IN 为 TRUE(真或 1)时,则定时器开始计时,即 ET 以 ms(毫秒)计时,直到 ET 等于 PT,使 ET 保持、输出 Q 为 TRUE。计时完毕,当 IN 为 FALSE(假或 0)时,则使 Q 为 FALSE、ET 为 0。计时期间如果 IN 状态变为 FALSE(假或 0)时,则停止计时、ET 为 0。TON 时序,如图 16.11 所示。

输入变量：IN 为 BOOL 型,定时器初始化信号。PT 为 TIME 型,定时时间值。

输出变量：Q 为 BOOL 型,定时器输出。ET 为 TIME 型,当前时间值。

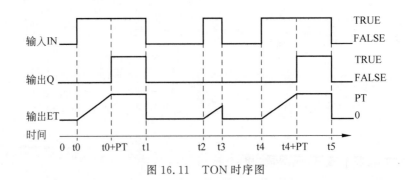

图 16.11　TON 时序图

举例：该功能块实例声明为 TON_1,程序语句中只能用实例名 TON_1。

TON 的 LD 程序,如图 16.12 所示。

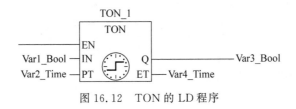

图 16.12　TON 的 LD 程序

★以上介绍了 1 个定时器功能块,更多功能块及其详细内容请见参考文献[1]、[2]和[5]。

4. 字符串处理函数

字符串处理函数有取字符串长度函数 LEN、左边取字符串函数 LEFT、右边取字符串函数 RIGHT、中间取字符串函数 MID、合并字符串函数 CONCAT、插入字符串函数 INSERT、删除字符函数 DELETE、替换字符串函数 REPLACE 和查找字符串函数 FIND。

举例：CONCAT——合并字符串函数

功能：把两个字符串按前后顺序合并成一个字符串。

输入输出变量：STR1 和 STR2 分别为第 1 个和第 2 个字符串或字符串变量输入,把这两个字符串按前后顺序合并成一个字符串输出。

举例：第 1 个输入字符串变量 Var1_String= 'LK-PLC',第 2 个输入字符串变量 Var2_String= 'LM-PLC',把这两个字符串按前后顺序合并成一个字符串,并赋给输出字符串变量 Var3_String= 'LK-PLCLM-PLC'。

CONCAT 的 LD 程序,运行结果如图 16.13 所示。

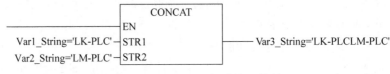

图 16.13　CONCAT 的 LD 程序

★以上介绍了 1 个字符串处理函数,更多函数及其详细内容请见参考文献[1]、[2]和[5]。

★以上介绍了 LK 系列 PLC 的部分指令,更多指令及其详细内容请见参考文献[1]、[2]和[5]。

本章小结

首先介绍了 PLC 指令的结构、操作符、操作数。

然后介绍了 S7 系列 PLC 指令的数据、数据类型、数据标记、执行状态，以及其指令系统，分为位逻辑指令、装载指令、传送指令、比较指令、转换指令、移位指令、循环移位指令、计数器指令、定时器指令、整数算术运算指令、实数算术运算指令、字逻辑运算指令、跳转指令、程序控制指令、数据块指令、累加寄存器操作指令、状态位指令 17 类，每类又有多条指令。

最后介绍了 LK 系列 PLC 指令的数据、数据类型、数据标记，以及其指令系统，分为逻辑运算指令、比较指令、移位指令、选择指令、算术运算指令、初等数学运算指令、地址运算指令、数据类型转换指令、赋值和调用指令、标准库指令、实用库指令、检查库指令、扩展库指令 13 类，每类又有多条指令、功能块和函数。

第 17 章

CHAPTER 17

PLC 的应用设计

PLC 的应用领域十分广泛,例如机械加工和装配(汽车、飞机、机床、机械等),罐装包装(饮料、酒水、药品、食品等),建材建筑(水泥、制砖、制板、电梯等),公共事业(信号灯、水闸、船闸等)。

本章首先介绍 PLC 的应用设计原则和应用设计过程,然后叙述典型的启停控制回路和连锁控制回路,最后列举应用实例,重点分析程序设计。

17.1 PLC 的应用设计概述

课件视频 92

PLC 的应用设计原则是满足被控对象的控制要求,安全可靠,操作简单,维护方便;应用设计过程分为初步设计、详细设计、编程组态和安装调试。

17.1.1 PLC 的应用设计原则

PLC 的应用设计原则是满足被控对象(生产过程和设备)的控制要求,安全可靠,操作简单,维护方便。主要体现在控制方式、操作方式和系统结构 3 方面。

1. 控制方式

PLC 的输入输出以开关信号(DI 和 DO)为主、模拟信号(AI 和 AO)为辅,控制方式以逻辑控制和顺序控制为主、连续控制为辅。

根据被控对象的控制要求,如果初步设计结果只有开关信号(DI 和 DO),并只需逻辑控制和顺序控制,则选用一般的 PLC;如果初步设计结果既有开关信号(DI 和 DO),又有模拟信号(AI 和 AO),不仅有逻辑控制和顺序控制,还有连续控制和特殊控制,则选用中、高档的 PLC,并且要选用相应的专用功能模块。

2. 操作方式

PLC 的操作方式体现在编程组态和操作监视的方式上,以及相应的人机接口设备(编程器、操作监视器、操作员站和工程师站)的选择上。

按照设计选用小型整体式结构的 PLC,一般配置手持式或便携式编程器,只能提供"离线编程"方式。另外还可以配置小型操作监视器,用于现场的显示和少量的操作。

按照设计选用中、大型 PLC,一般配置个人计算机(PC)构成操作员站和工程师站,各自独立工作,相互通信,实现了"在线编程",当然也可以"离线编程"。另一方面,把现场实时参数发送到操作员站,供操作员监视生产过程和设备的运行状况,构成了形象直观、图文并茂的动态操作监视环境。

3. 系统结构

PLC的结构形式分为整体式和模块式两类,并可以采用层次化网络结构。

小型控制系统选用整体式结构主机模块(见图15.1、图15.2)。既可以单机独立工作,也可以多机联网工作。

中、大型控制系统选用模块式结构,采用机架式或导轨式安装(见图15.3),除了主机架外,还有扩展I/O机架或远程I/O机架。采用层次化网络结构,从下至上依次分为直接控制层、操作监控层和生产管理层(见图15.8)。

17.1.2　PLC的应用设计过程

PLC的应用设计过程按顺序分为初步设计、详细设计、编程组态、安装调试,分别介绍如下。

1. 初步设计

设计者首先要全面详细地了解被控对象,分析生产过程和控制要求,分解设备工作步骤并归纳运动规律;然后按照输入输出信号类型,以列表方式统计,例如,DI要分无源接点和有源接点,DO要分触点输出和无触点输出;最后以图、表、文字方式形象地描述控制要求、工作步骤和运动规律。

2. 详细设计

根据初步设计文件,首先进行PLC的选型和硬件配置,对于小型控制系统选用整体式结构主机模块;对于中、大型控制系统选用模块式结构的机架式或导轨式安装,并按照输入/输出信号统计表选择对应的I/O模块,如有特殊的I/O还要选专用功能模块;然后按照所选模块配置安装机架,为每个I/O模块分配信号,再按模块画出信号端子接线表或接线图,同时为每个信号定义名字及所对应的I/O映像寄存器的位号;最后进行逻辑控制回路或顺序控制回路的设计,并用指令表(IL)、梯形图(LD)、功能块图(FBD)、顺序功能图(SFC)或结构化文本(ST)来表示。

3. 编程组态

根据详细设计文件及控制回路图,选择对应的编程语言,也就是从指令表(IL)、梯形图(LD)、功能块图(FBD)、顺序功能图(SFC)和结构化文本(ST)5种编程语言中任选一种或几种,在编程组态软件的支持下编写应用程序。另外,在画面组态软件的支持下绘制操作监视画面,为操作员提供友好的人机界面。

4. 安装调试

根据设计文件和安装图进行PLC的硬件安装、I/O信号接线、人机接口设备的安装和网络接线。用编程器或工程师站向PLC的控制器模块下载应用程序或应用文件,首先进行离线或空载调试,然后进行在线或现场调试,边生产边调试,逐步完善,最终达到设计要求。

17.2　PLC的应用控制回路

人们在设计逻辑控制回路和顺序控制回路的过程中,通常把一个复杂的控制回路分解成若干个控制单元,每个单元又由一些基本的控制回路组成。常用的基本控制回路有启停控制回路、连锁控制回路,更多控制回路及其详细内容,请见参考文献[1]、[2]和[5]。

17.2.1 PLC 的启停控制回路

通常用一对启动和停止按钮来启动和停止设备(如电机、水泵、风机),这两个按钮为点动按钮。其中启动按钮 S1 为常开触点,停止按钮 S2 为常闭触点,另外再用一只启停继电器 R1 及其常开触点 R1 构成启停控制回路,如图 17.1 所示。人们的正常操作次序是:首先按启动按钮 S1 来启动设备,当需要停止设备时再按停止按钮 S2。

1. 停止优先控制回路

在图 17.1(a)中,当停止按钮 S2(常闭触点)不动作(状态为 1)时,一旦启动按钮 S1(常开触点)动作(状态为 1),则使继电器 R1 接通(状态为 1),其对应的常开触点 R1 也接通(状态为 1),此后即使启动按钮 S1 变为无效(状态变为 0),由于触点 R1 接通(状态为 1),仍然保持继电器 R1 接通(状态为 1),也就是说,触点 R1 起到自锁或保持的作用。

在图 17.1(a)中,只要停止按钮 S2 动作(状态为 0),无论启动按钮 S1 状态如何,继电器 R1 都会被关断(状态为 0),所以被称为“停止优先”控制回路。

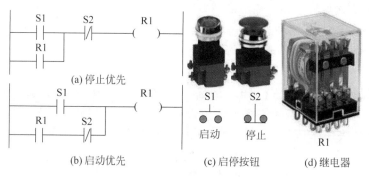

(a) 停止优先　(b) 启动优先　(c) 启停按钮　(d) 继电器

图 17.1　启停控制回路

2. 启动优先控制回路

在图 17.1(b)中,当启动按钮 S1(常开触点)动作(状态为 1)时,继电器 R1 接通(状态为 1),其对应的常开触点 R1 也接通(状态为 1),此时只要停止按钮 S2(常闭触点)不动作(状态为 1),即使启动按钮 S1 变为无效(状态变为 0),由于触点 R1 接通(状态为 1),仍然保持继电器 R1 接通(状态为 1),也就是说,触点 R1 起到自锁或保持的作用。

在图 17.1(b)中,只要启动按钮 S1 动作(状态为 1),无论停止信号 S2 状态如何,继电器 R1 都会被接通(状态为 1),所以被称为“启动优先”控制回路。

17.2.2 PLC 的连锁控制回路

生产过程的各个工序之间、设备的各种运动之间,往往存在着某种相互制约的关系,必须采用连锁控制来实现。例如,电动机的正转和反转,这属于不同时发生的运动之间的连锁控制;某个反应储罐上有进料阀,下有出料阀,只有出料阀关闭的情况下才能打开进料阀,这属于互为发生的运动之间的连锁控制。图 17.2 展示了这两种连锁控制回路,其基本构成和图 17.1 类似,所不同的是在回路中串联了连锁信号。

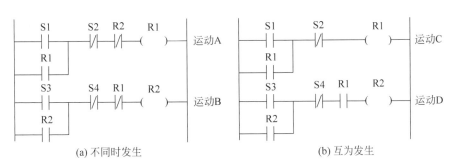

(a) 不同时发生　　　　　　　　　　(b) 互为发生

图 17.2　连锁控制回路

1. 不同时发生的运动之间的连锁控制回路

在图 17.2(a)中,为了实现运动 A 和运动 B 不会同时发生,用继电器 R1、R2 的常闭触点 R1、R2 作为互相连锁的信号,分别串联在对方的控制回路中。

当运动 A 和运动 B 中任何一个要启动时,另一个必须先被停止;反之,两者之中任何一个启动之后,都先将另一个启动控制回路断开,从而保证任何时候两者都不能同时启动;这样就实现了运动 A 和运动 B 不会同时发生的控制要求。

例如,电动机的正转和反转分别代表运动 A 和运动 B,正转时不允许反转,反之亦然。

2. 互为发生的运动之间的连锁控制回路

在图 17.2(b)中,为了实现运动 C 发生之后才能发生运动 D,用运动 C 的继电器 R1 的常开触点 R1 作为连锁的信号,串联在运动 D 的控制回路中。

这样,只有在运动 C 发生之后,才允许运动 D 发生;反之,运动 C 停止后,运动 D 也被停止。在运动 C 发生的情况下,运动 D 可以自行启动或停止。

例如,反应储罐的下出料阀关闭和上进料阀打开分别代表运动 C 和运动 D,只有下出料阀关闭的条件下,才允许打开或关闭上进料阀。

17.3　PLC 的应用设计实例

PLC 应用于生产过程的控制、机械设备的控制和公共事业的管理,实现逻辑控制和顺序控制功能。本节列举的应用实例有十字路口交通信号灯的逻辑控制、物料罐进料的顺序控制,更多应用实例及其详细内容,请见参考文献[1]、[2]和[5]。

17.3.1　十字路口交通信号灯的逻辑控制

十字路口交通信号灯的布置,如图 17.3 所示,起动开关 S0,东西方向的绿灯、黄灯、红灯信号名(变量名)分别为 Z0、Z1、Z2,南北方向的绿灯、黄灯、红灯信号名(变量名)分别为 Z3、Z4、Z5。这就是说,实现十字路口交通信号灯的逻辑控制的 PLC 有 1 个 DI 信号 S0,6 个 DO 信号 Z0、Z1、Z2、Z3、Z4、Z5。

1. 控制要求

十字路口交通信号灯的逻辑控制要求如下:

(1) 该系统由一个启动开关 S0 控制,当 S0 接通时,系统开始工作;当 S0 关断时,系统停止工作,所有信号灯熄灭。

微课视频 66

微课讲解 66

微课视频 67

微课讲解 67

实验演示 3

实验讲解 3

实验演示 4

实验讲解 4

课件视频 94

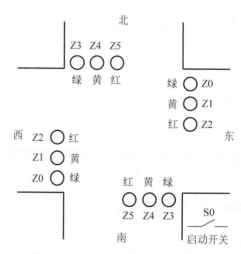

图 17.3　十字路口交通信号灯的布置

(2) 南北红灯亮维持 50 秒,在此期间东西绿灯亮维持 43 秒后,再闪烁 4 秒,紧接着黄灯亮维持 3 秒,此后南北红灯熄灭而东西红灯亮。

(3) 东西红灯亮维持 60 秒,在此期间南北绿灯亮维持 53 秒后,再闪烁 4 秒,紧接着黄灯亮维持 3 秒,此后东西红灯熄灭而南北红灯亮。

周而复始,其工作时序如图 17.4 所示。

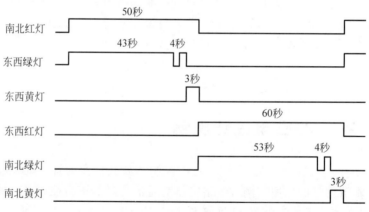

图 17.4　十字路口交通信号灯的逻辑控制时序图

2. 逻辑设计

十字路口交通信号灯的逻辑设计中要用到定时器(TON),相应的时序图和 LD 图分别如图 16.11 和图 16.12 所示。

十字路口交通信号灯的逻辑控制回路,如图 17.5 所示。

南北红灯亮 50 秒,东西红灯亮 60 秒,依次重复。定时器 T1 用于南北红灯亮时间设定(50 秒),定时器 T2 用于东西红灯亮时间设定(60 秒),由图 17.5 中阶梯 1 和阶梯 2 构成脉冲发生器,即 T1Q 为 50 秒 FALSE(状态 0)、T1Q 为 60 秒 TRUE(状态 1),周而复始。T1Q 反(50 秒)用于控制东西绿灯、东西黄灯、南北红灯,T1Q(60 秒)用于控制南北绿灯、南北黄灯、东西红灯。

图 17.5　十字路口交通信号灯的逻辑控制回路

定时器 T3 用于东西绿灯亮时间设定（43 秒），定时器 T4 用于东西绿灯亮闪时间设定（4 秒），定时器 T5 用于东西黄灯亮时间设定（3 秒），由图 17.5 中阶梯 3、阶梯 4、阶梯 5 实现。

东西绿灯亮闪（Z0）由图 17.5 中阶梯 6 实现，其中东西绿灯闪用到 T11Q。在图 17.5 的阶梯 15、16 中，用定时器 T11（1 秒）、T12（1 秒）构成脉冲发生器，即 T11Q 为 1 秒 FALSE（状态 0）、T11Q 为 1 秒 TRUE（状态 1），周而复始。

东西黄灯亮（Z1）由图 17.5 中阶梯 7 实现，东西红灯亮（Z2）由图 17.5 中阶梯 8 实现。

定时器 T6 用于南北绿灯亮时间设定(53 秒),定时器 T7 用于南北绿灯亮闪时间设定(4 秒),定时器 T8 用于南北黄灯亮时间设定(3 秒),由图 17.5 中阶梯 9、10、11 实现。

南北绿灯亮闪(Z3)由图 17.5 中阶梯 12 实现,其中南北绿灯闪用到 T11Q。

南北黄灯亮(Z4)由图 17.5 中阶梯 13 实现,南北红灯亮(Z5)由图 17.5 中阶梯 14 实现。

3. 编写程序

十字路口交通信号灯的逻辑控制采用 LK 系列 PLC 实现,并用相应的组态软件编写 LD 程序如下:

程序名为 C01_V4_002_LD,变量区见 0001～0016 行,如图 17.6 所示。程序区 0001～0016 阶梯,即 LD_01～LD_16,与图 17.5 中阶梯 1～阶梯 16 对应。

```
0001 PROGRAM C01_V4_002_LD
0002 VAR
0003     S0: BOOL; (*起动开关*)
0004     Z0: BOOL; (*东西绿灯*)  Z1: BOOL; (*东西黄灯*)  Z2: BOOL; (*东西红灯*)
0005     Z3: BOOL; (*南北绿灯*)  Z4: BOOL; (*南北黄灯*)  Z5: BOOL; (*南北红灯*)
0006     T1: TON; (*南北红灯亮时间设定*)  T2: TON; (*东西红灯亮时间设定*)
0007     T3: TON; (*东西绿灯亮时间设定*)  T4: TON; (*东西绿灯闪时间设定*)  T5: TON; (*东西黄灯亮时间设定*)
0008     T6: TON; (*南北绿灯亮时间设定*)  T7: TON; (*南北绿灯闪时间设定*)  T8: TON; (*南北黄灯亮时间设定*)
0009     ET1_New: TIME; ET2_New: TIME; ET3_New: TIME; ET4_New: TIME;
0010     ET5_New: TIME; ET6_New: TIME; ET7_New: TIME; ET8_New: TIME;
0011     T1Q: BOOL; T2Q: BOOL; T3Q: BOOL; T4Q: BOOL;
0012     T5Q: BOOL; T6Q: BOOL; T7Q: BOOL; T8Q: BOOL;
0013     T11: TON; (*脉冲发生器时间1设定*)  T12: TON; (*脉冲发生器时间2设定*)
0014     T11Q: BOOL; T12Q: BOOL; ET11_New: TIME; ET12_New: TIME;
0015     R1: BOOL;
0016 END_VAR
```

图 17.6 十字路口交通信号灯的逻辑控制 LD 程序变量区

阶梯 1 和阶梯 2 如图 17.7 所示,阶梯 3～阶梯 16 的详细内容请见参考文献[1]、[2]和[5]。

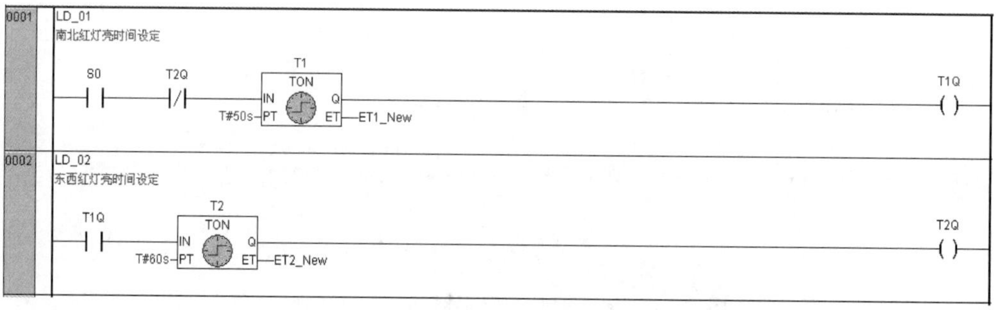

图 17.7 十字路口交通信号灯的逻辑控制 LD 程序区

4. 调试程序

十字路口交通信号灯的逻辑控制 LD 程序运行界面如下:

在图 17.8 变量区 0001～0007 行中,启动开关 S0 为 TRUE,程序运行。

在图 17.8(a)中,东西绿灯亮(Z0 为 TRUE),南北红灯亮(Z5 为 TRUE);

在图 17.8(b)中,东西黄灯亮(Z1 为 TRUE),南北红灯亮(Z5 为 TRUE);

在图 17.8(c)中,东西红灯亮(Z2 为 TRUE),南北绿灯亮(Z3 为 TRUE);

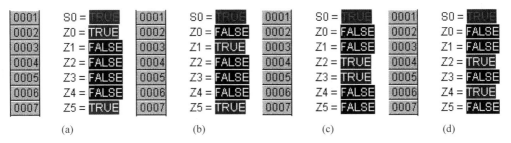

图 17.8　十字路口交通信号灯的逻辑控制 LD 程序运行界面

在图 17.8(d)中,东西红灯亮(Z2 为 TRUE),南北黄灯亮(Z4 为 TRUE)。

程序区 0001~0016 和 LD_01~LD_16 对应图 17.5 的阶梯 1~16,运行界面的详细内容请见参考文献[1]和[2]。

17.3.2　物料罐进料的顺序控制

某物料罐的液位控制过程如图 17.9(a)所示,相应的顺序功能图(SFC)如图 17.9(b)所示。物料罐上、下分别安装了液位测量开关 LH 和 LL,用两台进料泵 P1 和 P2 进料。

课件视频 95

实验演示 5

实验讲解 5

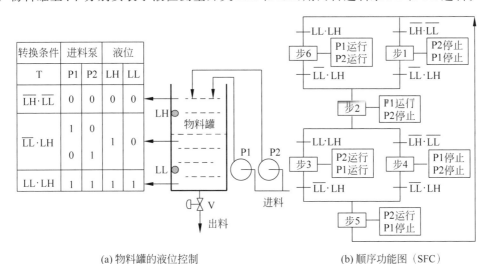

(a) 物料罐的液位控制　　　　　　(b) 顺序功能图（SFC）

图 17.9　顺序控制回路

当液位低于低限 LL 时,LL 取值为 1;高于低限 LL 时,LL 取值为 0。当液位低于高限 LH 时,LH 取值为 1;高于高限 LH 时,LH 取值为 0。

当液位低于低限 LL(LL=1,LH=1)时,两台进料泵 P1 和 P2 同时启动,以便尽快使液位上升到正常液位;当液位在高、低限值范围内(LL=0,LH=1),即液位 L 处于 LH 和 LL 之间(LL<L<LH),液位为正常,应有一台泵运行,而且采用交替运行的方式,即上次是泵 P1 运行,下次一台泵运行时应是泵 P2 运行,反之交替,依次循环;当液位高于高限 LH(LL=0,LH=0)时,两台进料泵都应停止。

图 17.9(a)所示的物料罐的液位控制是一个典型的顺序控制,其顺序功能图(SFC)由上、下两个选择序列串联组成,如图 17.9(b)所示。上选择序列由步 1、步 6、步 2 组成,下选

择序列由步 4、步 3、步 5 组成。每个步(step)对应一个命令(command),启动或停止进料泵。步 3 和步 6 使两台进料泵运行,步 1 和步 4 使两台进料泵停止。为了满足两台进料泵交替运行,设置了步 2 和步 5 的交替功能命令。

在如图 17.9(b)所示的顺序功能图(SFC)中可以看到,同一时刻选择序列的分支步中只能有一个满足转换(transition)条件,当条件为真(true)时,则从前一步转换到后一步;反之,当条件为假(false)时,则不能从前一步转换到后一步。例如,在步 2 活动(active)时,使进料泵 P1 运行和 P2 停止,液位的变化有两种可能,一种可能是液位降低,直到低于低限(LL=1、LH=1),则步 2 前进到步 3,使进料泵 P2 运行和 P1 运行;另一种可能是液位升高,直到高于高限(LH=0、LL=0),则步 2 前进到步 4,使进料泵 P1 停止和 P2 停止。步 5 活动时,前进到步 6 或步 1 与上述相似。

在如图 17.9(b)所示的顺序功能图(SFC)中,从前一步转换到后一步的转换条件用逻辑式表示。例如,步 2 转换到步 3 以及步 5 转换到步 6,既可以用 $LL \cdot LH$ 表示,即逻辑式 $LL \cdot LH = 1$ 时转换;也可以简化用 LL 表示,即逻辑式 $LL = 1$ 时转换。步 3 转换到步 5、步 4 转换到步 5、步 6 转换到步 2、步 1 转换到步 2,用 $\overline{LL} \cdot LH$ 表示,即逻辑式 $\overline{LL} \cdot LH = 1$ 时转换。步 2 转换到步 4 以及步 5 转换到步 1,既可以用 $\overline{LH} \cdot \overline{LL}$ 表示,即逻辑式 $\overline{LH} \cdot \overline{LL} = 1$ 时转换;也可以简化用 $\overline{LH}$ 表示,即逻辑式 $\overline{LH} = 1$ 时转换。

在图 17.9(b)所示的顺序功能图中,用方框表示步和命令,步框和命令框内分别写步号和命令,步框和命令框之间用短水平线连接。步框之间用垂直线连接,再在垂直线上用短水平线表示转换,旁边写转换条件,用逻辑式表示。

PLC 在组态软件的支持下,用户只需在显示器(LCD)屏幕上画出图 17.9(b)所示的顺序功能图,就可以实现相应的顺序控制功能。

本章小结

PLC 的应用设计原则是满足被控对象的控制要求、安全可靠、操作简单和维护方便,主要体现在控制方式、操作方式和系统结构 3 方面。应用设计过程按顺序分为初步设计、详细设计、编程组态、安装调试 4 个阶段。

人们在设计逻辑控制回路和顺序控制回路的过程中,通常把一个复杂的控制回路,分解成若干个控制单元,每个单元又由一些基本的控制回路组成。常用的基本控制回路有启停控制回路、连锁控制回路。

PLC 应用于生产过程的控制、机械设备的控制和公共事业的管理,实现逻辑控制和顺序控制功能。本章列举的应用实例有十字路口交通信号灯的逻辑控制、物料罐进料的顺序控制。

第 4 篇小结

第 4 篇的主要内容有 PLC 的概述、PLC 的指令系统概述、S7 系列 PLC 的指令系统、LK 系列 PLC 的指令系统、PLC 的应用设计。

PLC 的硬件采用模块式结构,基本构成是电源模块、控制器模块、输入/输出模块、串行通信接口模块、专用功能模块,硬件模块的安装有整体式结构、机架式结构;另外还有编程器、操作监视器、操作员站或工程师站。

PLC 的编程软件或编程语言有 5 种:指令表(IL)、梯形图(LD)、功能块图(FBD)、顺序功能图(SFC)和结构化文本(ST)。

PLC 的应用软件分为两部分:一部分是在 PLC 控制器中运行的控制程序或控制软件,另一部分是在操作员站上运行的操作监视画面。

PLC 采用层次化体系结构,基本构成是直接控制层和操作监控层,另外可以扩展生产管理层,构成控制和管理一体化系统。PLC 采用层次化网络结构,基本构成是输入/输出总线(IOBUS)和监控网络(SNET),另外可以扩展生产管理网络(MNET)。

PLC 的控制参数以开关信号为主、模拟信号为辅,控制方式以逻辑控制和顺序控制为主、连续控制为辅。

PLC 的工作方式是周期扫描方式,每个周期的基本工作顺序是读输入、执行程序、写输出,亦称输入过程、程序执行过程、输出过程,另外还有通信处理和自诊断等。

PLC 的指令主要由操作符和操作数构成,操作符用于说明要 CPU 执行的命令,即 CPU 应完成的功能;操作数用于说明操作的对象或目标,即 CPU 操作的信息从哪里得到,要对哪个执行机构、继电器或目标进行操作。

PLC 的输入信号来自外部的传感器、变送器等输入电气器件,例如各类按键开关、按钮开关、行程开关、光电开关等。PLC 的输出信号送给外部的执行器、驱动器等输出电气器件,例如各类电磁继电器、固态继电器、电磁阀、电机等。

S7 系列 PLC 的指令系统分为位逻辑指令、装载指令、传送指令、比较指令、转换指令、移位指令、循环移位指令、计数器指令、定时器指令、整数算术运算指令、实数算术运算指令、字逻辑运算指令、跳转指令、程序控制指令、数据块指令、累加寄存器操作指令、状态位指令 17 类,每类又有多条指令。

LK 系列 PLC 的指令系统分为逻辑运算指令、比较指令、移位指令、选择指令、算术运算指令、初等数学运算指令、地址运算指令、数据类型转换指令、赋值和调用指令、标准库指令、实用库指令、检查库指令、扩展库指令 13 类,每类又有多条指令、函数和功能块。

PLC 应用于生产过程控制、机械设备控制和公共事业管理等领域,首先介绍 PLC 的应用设计原则、应用设计过程和应用设计方法,然后叙述典型的应用控制回路,最后列举应用实例,重点分析程序设计。

第 4 篇 习题与思考题

第 15 章

15.1 概述 PLC 的控制参数和控制功能的主与辅。

15.2 PLC 的编程语言有哪 5 种？

15.3 PLC 的编程设备有哪两种？

15.4 PLC 的操作监视设备有哪两种？

15.5 PLC 的硬件模块式类型有哪几种？

15.6 PLC 的硬件模块的安装方式有哪两种？

15.7 PLC 的软件结构分为哪 3 部分？

15.8 概述 PLC 的层次结构和网络结构。

15.9 概述 PLC 程序的多层化结构。

第 16 章

16.1 概述 PLC 指令的基本构成。

16.2 概述 PLC 指令的操作符的含义。

16.3 概述 PLC 指令的操作数的含义。

16.4 概述 PLC 指令的操作数的两个来源、两种形式和两种表示。

16.5 概述某 PLC 指令的操作数"％IX2.1"和"％QX2.1"的物理含义。

16.6 概述某 PLC 指令的操作数"I2.1"和"Q2.1"的物理含义。

16.7 S7 系列 PLC 指令的操作数的标识符由哪两部分组成？

16.8 S7 系列 PLC 指令的操作数的"主标识符"和"辅助标识符"各有哪几种？

16.9 S7 系列 PLC 指令的输入区(I)数据的位寻址格式 I1.0、I1.1 的含义是什么？

16.10 S7 系列 PLC 指令的输入区(I)数据的字节寻址格式 IB0、IB1 的含义是什么？

16.11 S7 系列 PLC 指令的输入区(I)数据的字寻址格式 IW0、IW2 的含义是什么？

16.12 S7 系列 PLC 指令的输入区(I)数据的双字寻址格式 ID0、ID4 的含义是什么？

16.13 S7 系列 PLC 指令的输出区(Q)数据的位寻址格式 Q1.0、Q1.1 的含义是什么？

16.14 S7 系列 PLC 指令的输出区(Q)数据的字节寻址格式 QB0、QB1 的含义是什么？

16.15 S7 系列 PLC 指令的输出区(Q)数据的字寻址格式 QW0、QW2 的含义是什么？

16.16 S7 系列 PLC 指令的输出区(Q)数据的双字寻址格式 QD0、QD4 的含义是什么？

16.17 S7 系列 PLC 指令的数据类型分为哪 3 类？

16.18 概述 S7 系列 PLC 指令的基本数据类型。

16.19 概述 S7 系列 PLC 指令的复合数据类型。

16.20 概述 S7 系列 PLC 指令的参数类型。

16.21 S7 系列 PLC 指令的数据标记分为哪 4 类？

16.22 概述 S7 系列 PLC 指令的数值标记。

16.23 概述 S7 系列 PLC 指令的日期/时间标记。

16.24 概述 S7 系列 PLC 指令的字符标记和字符串标记。

16.25 概述 S7 系列 PLC 指令的参数类型标记。

16.26 概述 S7 系列 PLC 指令的状态字寄存器的含义。

16.27 概述 S7 系列 PLC 的位逻辑指令,并举例说明。

16.28 LK 系列 PLC 支持哪几种编程语言?

16.29 概述 LK 系列 PLC 程序的多层化结构。

16.30 LK 系列 PLC 指令的操作数的标识符由哪两部分组成?

16.31 LK 系列 PLC 指令的操作数的"主标识符"有哪几种?

16.32 LK 系列 PLC 指令的操作数的"辅助标识符"有哪几种?

16.33 LK 系列 PLC 指令的输入区(I)数据的寻址方式有哪 4 种? 举例说明。

16.34 LK 系列 PLC 指令的输出区(Q)数据的寻址方式有哪 4 种? 举例说明。

16.35 LK 系列 PLC 指令的数据类型分为哪 3 类?

16.36 LK 系列 PLC 指令的标准数据类型有哪几种?

16.37 概述 LK 系列 PLC 指令的布尔型数据标记,并举例说明。

16.38 概述 LK 系列 PLC 指令的整型数据标记,并举例说明。

16.39 概述 LK 系列 PLC 指令的实型数据标记,并举例说明。

16.40 概述 LK 系列 PLC 的逻辑运算指令,并举例说明。

第 17 章

17.1 概述 PLC 的应用设计原则。

17.2 概述 PLC 的应用设计过程。

17.3 概述"停止优先"启停控制回路(见图 17.1(a))的含义。

17.4 概述"启动优先"启停控制回路(见图 17.1(b))的含义。

17.5 概述"不同时发生的运动之间的连锁控制回路"(见图 17.2(a))的含义。

17.6 概述"互为发生的运动之间的连锁控制回路"(见图 17.2(b))的含义。

17.7 概述十字路口交通信号灯的逻辑控制回路图 17.5 中"阶梯 1 和阶梯 2"的构成原理及其功能。

17.8 概述图 17.9(b)中步 2 和步 5 的功能。

17.9 在图 17.9(b)中,步 2 转换到步 3 以及步 5 转换到步 6 的转换条件有哪两种?

17.10 在图 17.9(b)中,步 2 转换到步 4 以及步 5 转换到步 1 的转换条件有哪两种?

附　　录

本附录包括配书资源清单和缩写词，请扫描二维码获取。

参 考 文 献

[1] 王锦标.计算机控制系统[M].3 版.北京：清华大学出版社,2019.

[2] 王锦标.《计算机控制系统》可视化教学光盘[M].北京：清华大学出版社,2022.

[3] 王锦标.计算机控制系统[M].2 版.北京：清华大学出版社,2008.

[4] 王锦标.计算机控制系统[M].北京：清华大学出版社,2004.

[5] 王锦标.和利时 PLC 技术——综合篇[M].北京：机械工业出版社,2010.

[6] 王锦标,方崇智.过程计算机控制[M].北京：清华大学出版社,1992.

[7] 金以慧.过程控制[M].北京：清华大学出版社,1993.

[8] 孙增圻.计算机控制理论及应用[M].北京：清华大学出版社,1989.

[9] Astrom K J,Wittenmark B. Computer Controlled Systems—Theory and Design[M]. Third Edition. 北京：清华大学出版社,2001.

[10] Franklin G F,Powell J D,Workman M L. Digital Control of Dynamic System[M]. Third Edition. 北京：清华大学出版社,2001.

[11] 陆德民.石油化工自动控制设计手册[M].3 版.北京：化学工业出版社,2000.

[12] Fieldbus Foundation. Foundation™ Specification System Architecture,FF-800,1998.

[13] Fieldbus Foundation. Foundation™ Specification 31. 25kbit/s Physical Layer Profile，FF-816,1998.

[14] 陈小枫,等.过程控制现场总线——工程、运行与维护[M].北京：清华大学出版社,2003.

[15] 夏继强,等.现场总线工业控制网络技术[M].北京：北京航空航天大学出版社,2005.

[16] 杨庆柏.现场总线仪表[M].北京：国防工业出版社,2005.

[17] 赵伟.微机原理及汇编语言[M].北京：清华大学出版社,2011.

[18] 殷肖川.汇编语言程序设计[M].北京：清华大学出版社,2005.

[19] 任向民,卢惠林.汇编语言程序设计实用教程[M].北京：清华大学出版社,2009.

[20] 吴勤勤.控制仪表及装置[M].2 版.北京：化学工业出版社,2002.

[21] 范立南,李雪飞.计算机控制技术[M].北京：机械工业出版社,2009.

[22] 刘松强.计算机控制系统的原理与方法[M].北京：科学出版社,2007.

[23] 王永华.现场总线技术及应用教程[M].北京：机械工业出版社,2007.

[24] 张凤登.现场总线技术与应用[M].北京：科学出版社,2008.

[25] 侯维岩,费敏锐.PROFIBUS 协议分析和系统应用[M].北京：清华大学出版社,2006.

[26] 高安邦,杨帅.LonWorks 技术原理与应用[M].北京：机械工业出版社,2009.

[27] 高安邦,孙社文.LonWorks 技术开发与应用[M].北京：机械工业出版社,2009.

[28] 边春元.S7-300/400 PLC 梯形图与语句表编程[M].北京：机械工业出版社,2009.

[29] 王德吉.西门子 PLC 控制技术[M].北京：机械工业出版社,2014.

[30] 王海燕.可编程控制器及工业控制网络[M].上海：上海交通大学出版社,2015.

图 书 资 源 支 持

感谢您一直以来对清华大学出版社图书的支持和爱护。为了配合本书的使用，本书提供配套的资源，有需求的读者请扫描下方的"书圈"微信公众号二维码，在图书专区下载，也可以拨打电话或发送电子邮件咨询。

如果您在使用本书的过程中遇到了什么问题，或者有相关图书出版计划，也请您发邮件告诉我们，以便我们更好地为您服务。

我们的联系方式：

教学资源·教学样书·新书信息

地　　址：北京市海淀区双清路学研大厦 A 座 714

邮　　编：100084

电　　话：010-83470236　010-83470237

资源下载：http://www.tup.com.cn

客服邮箱：tupjsj@vip.163.com

QQ：2301891038（请写明您的单位和姓名）

用微信扫一扫右边的二维码,即可关注清华大学出版社公众号。

人工智能科学与技术
人工智能|电子通信|自动控制

资料下载·样书申请

书圈